测量系统分析
——理论、方法和应用

董双财 编著

中国水利水电出版社
www.waterpub.com.cn
·北京·

内 容 提 要

本书主要阐释了工业生产和运营中有关过程控制和产品控制的测量系统性能和符合性问题，描述了有关测量系统的理论和分析方法，总结了数十个实践应用案例，适用于航空航天、汽车、电子、钢铁、化工等各类制造业和服务业，可作为研发、设计、质量管理等不同专业人员的工具书和参考书。

同时，本书响应《计量发展规划(2021—2035年)》中"构建现代先进测量体系"的号召，加强了测量理论的基础研究，创新性地将测量理论应用于大量实践案例，对构建现代测量体系有重要的应用价值。

图书在版编目（ＣＩＰ）数据

测量系统分析 ：理论、方法和应用 / 董双财编著
. -- 北京 ：中国水利水电出版社，2022.7(2024.5重印)
ISBN 978-7-5226-0753-5

Ⅰ．①测… Ⅱ．①董… Ⅲ．①测量系统－研究 Ⅳ．①P2

中国版本图书馆CIP数据核字(2022)第095367号

书　　名	测量系统分析——理论、方法和应用 CELIANG XITONG FENXI——LILUN，FANGFA HE YINGYONG
作　　者	董双财 编著
责任编辑	徐丽娟　孟青源
出版发行	中国水利水电出版社 （北京市海淀区玉渊潭南路1号D座　100038） 网址：www.waterpub.com.cn E-mail：sales@mwr.gov.cn 电话：(010)68545888（营销中心）
经　　售	北京科水图书销售有限公司 电话：(010)68545874、63202643 全国各地新华书店和相关出版物销售网点
排　　版	北京时代澄宇科技有限公司
印　　刷	天津联城印刷有限公司
规　　格	184mm×260mm　16开本　21.75印张　516千字
版　　次	2022年7月第1版　2024年5月第2次印刷
定　　价	**98.00元**

测量守护健康

Measurements for Health

（2021 年 5 月 20 日第 22 个世界计量日）

前　言

　　自有出版本书的想法以来，我意迟云在的日子一去不复返了。多年来，收获了不少业界朋友们提供的宝贵意见及实用案例，沟通和讨论了理解和应用中的错误和不妥之处。这为本书的出版提出了迫切需求。由于本书所涉及的内容具有较广泛的专业通用性，适用于许多工业应用或服务实践的场合，收集各专业在测量系统分析方面的具体应用方法和实践案例就花费了许多的时间，故而迟迟未能付诸修订行动。去年偶然的一个机会和朋友谈及修订之事，朋友言及颇为期待，并表达出强烈之愿望。这才下定决心不辜负读者的支持和鼓励，促使了本书最新版的诞生。

　　本书最新版的诞生正值世界范围内新冠病毒肆虐，民众进入各公众场所均需测量体温，体温测量结果的准确性不但直接反映了被测者的身体健康状况，而且直接影响是否可以出入公众场所，甚至是否需要隔离管控。故而，保证所采用的体温测量系统的符合性就非常关键，这也是目前各地计量检定机构的关键而紧急的任务。2021 年 5 月 20 日是第 22 个世界计量日，其主题"测量守护健康"也精准地映射出了本书主旨。

　　本书最新版对许多内容完全重新写过，还进行了一些必要的调整，增加了一些新颖的内容，同时加强了对概念和方法的解释，使得该书内容更加翔实和易于理解。最新版内容重新规划共分了十二章。

　　第 1 章是概论，对部分术语做了修订和补充，部分基础内容做了一些改动。

　　第 2 章是测量系统分析统计基础，对原书 2.1 节数据的图形描述工具进行了大量的删改和简化，删除了原 2.2 概率分布函数、2.3 离散变量典型分布、2.4 连续变量典型分布、2.5 参数估计、2.6 假设检验、2.8 简单线性回归分析和 2.9 列联表这七节。在该章两因子析因设计中增加了一般析因实验和含随机因子的两因子方差分析。对非参数统计修正了一些错误之处。

　　第 3 章是测量系统分析变差原理，对测量过程特征修改补充了测量模型的解释，测量变差源的贡献以及测量系统的可预测性等内容，同时还对宽度变差中的重复性和再现性依据 ISO/TR 12888 相应术语进行了补充修改，使其更具有可操作性。

　　原书第 4 章分解成了最新版的第 4～9 共六章，并分别对各章节内容进行重新编写。

　　第 4 章是测量系统研究方法导引，主要介绍测量系统分析概述和测量系统研究的一般程序。

　　第 5 章是计量型测量系统准确度研究，主要围绕稳定性、偏倚和线性三个重要指标来描述。

　　第 6 章是计量型测量系统精密度研究，除保留量具重复性和再现性研究（6.2 节）重点内容外，新增类型 I 的研究、D-研究和新量具验收的 CMC 法。第 6.2 节修改补充了测量能力指数（MCI）以及量具 *GRR* 与过程能力的关系。

第 7 章是计数型测量系统研究，对原书第 4.4.2 节修改补充而成。

第 8 章是属性一致性研究，对原书第 4.4.3 节修改补充而成。

第 9 章是复杂计量型测量系统研究，对原书第 4.5 节修改补充而成，并新增了复杂设计模型下的量具 $R\&R$ 研究一节(9.3)。

第 10 章，值得重点提及，是新增的测量过程评估（EMP）方法，该章内容主要参考了美国知名统计学家 Donald J. Wheeler 博士所著的"EMP Ⅲ"一书中有关章节。旨在向读者提供一个进行测量系统研究的全新视角和应用方法，供读者学习参考。

第 11 章是测量系统分析应用案例解析，包含了原书第 5 章的案例，同时补充大量不同行业应用案例，包括示例解析、计量型和计数型案例以及改进案例，可做为实践性的、具有很强操作性的指南。

第 12 章是原书第 6 章内容的继承，并未做大的修改。

由于使用软件比手工计算更加方便和准确可靠，对各章节中所涉及的举例数据分析，除部分继续使用了 Minitab 统计软件外，还增加了对 JMP 软件的使用，特别对第 11 章某些特定案例的分析和结果解释。关于这些软件的操作并非本书主旨，请读者朋友自行学习使用。

书中举例使用的数据有些仅提供了部分，但全部数据均有 excel、mtw 和 jmp 格式，读者如需要可与作者邮件联系获取。可发送电子邮件至：patrickdong@163.com。

由于本书在理论、方法和应用方面都增加和补充了新的的内容，对于某些读者群体可能会带来一些困难，这是在所难免的。考虑到这点，本书在章节构成时尽量保证各章的独立性，读者可根据自身兴趣和需要直接选读章节，不必要从头到尾地进行阅读。这也或多或少地减轻了这方面的压力。

本书适用于不同行业领域关于测量系统研究的应用，可作为研发设计、工艺、品质技术、质量管理等不同专业人员的学习工具书。也可作为大学工业工程、现代质量管理工程等专业的参考书，当然，在本书编辑的思维方式上不见得和老师的一致，而老师最好按照自己的理解来讲解。

本书的出版承蒙众多的业界朋友的不断督促和鼓励，并得到其大力支持。中国水利水电出版社一直关心着本书的完成和出版。特别要指出的是，赛轮集团股份有限公司为本书提供了部分宝贵的案例和数据。没有这些无私的鼎力相助，出版是不会如此顺利完成的。"自惭菲薄才，深怀众人恩"，谨在此对所有各方面表示衷心的感谢。

希望读者继续对本书予以宝贵的支持和批评指正。

董双财

2021 年 6 月 24 日

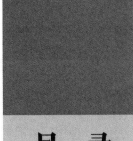

目 录
CONTENTS

前 言

第1章 概 论 ……………………………………………………………… 001

1.1 测量系统分析的基本概念 ……………………………………………… 001

   1.1.1 关于数据 …………………………………………………………… 001

   1.1.2 数据的质量 ………………………………………………………… 002

   1.1.3 测量系统分析的价值体现 ………………………………………… 002

1.2 相关术语 ………………………………………………………………… 003

   1.2.1 术语比较 …………………………………………………………… 003

   1.2.2 测量和测量结果的相关术语 ……………………………………… 007

   1.2.3 测量系统的相关术语 ……………………………………………… 010

1.3 测量的常见问题 ………………………………………………………… 014

1.4 使用测量的四种方式 …………………………………………………… 014

   1.4.1 描述(description) ………………………………………………… 014

   1.4.2 表征(characterization) …………………………………………… 014

   1.4.3 代表(representation) ……………………………………………… 015

   1.4.4 预测(prediction) …………………………………………………… 015

1.5 与其他相关内容之间的关系 …………………………………………… 016

   1.5.1 统计过程控制(SPC)与测量系统分析(MSA) …………………… 016

   1.5.2 测量不确定度与测量系统分析 …………………………………… 016

   1.5.3 ISO 10012与测量系统分析 ……………………………………… 017

   1.5.4 IATF 16949:2016与测量系统分析 ……………………………… 017

   1.5.5 六西格玛与测量系统分析(MSA) ………………………………… 018

1.6 专业统计软件选择 ……………………………………………………… 019

第2章 测量系统分析的统计基础 …………………………………………… 020

2.1 基本统计知识 …………………………………………………………… 020

   2.1.1 数据的分类 ………………………………………………………… 020

   2.1.2 描述性统计 ………………………………………………………… 021

   2.1.3 其他重要的基础知识 ……………………………………………… 025

2.2 单因子试验：方差分析 ………………………………………………… 025

   2.2.1 举例：拉伸强度 …………………………………………………… 026

2.2.2 方差分析 ·· 027

2.3 两因子析因设计 ·· 033

2.3.1 固定效应模型的统计分析 ·· 034

2.3.2 无交互作用的两因子方差分析 ······································ 038

2.3.3 只做一次测量的情形 ·· 039

2.3.4 一般析因试验 ·· 039

2.3.5 含随机因子的两因子方差分析 ······································ 041

2.4 非参数统计 ··· 047

2.4.1 关于非参数统计的基本概述 ··· 047

2.4.2 次序(顺序)统计量、秩和秩统计量 ······························· 048

2.4.3 相关性检验 ·· 049

2.4.4 一致性检验 ·· 055

第3章 计量型测量系统分析变差原理 ································· 062

3.1 测量过程的特征 ·· 062

3.1.1 测量模型 ·· 062

3.1.2 测量变差源的贡献 ·· 063

3.1.3 测量误差的分布 ·· 063

3.1.4 测量系统的可预测性 ··· 064

3.2 测量系统变差的类型 ·· 065

3.2.1 位置变差 ·· 066

3.2.2 宽度变差 ·· 067

3.3 测量系统变差的来源 ·· 069

3.3.1 认识过程变差的组成 ··· 069

3.3.2 测量系统变差来源 ·· 069

3.3.3 GRR 主要变差源 ·· 070

3.4 测量系统变差对决策的影响 ··· 071

3.5 测量系统的能力和性能 ··· 072

3.5.1 测量系统的能力 ·· 072

3.5.2 测量系统的性能 ·· 074

3.6 测量系统的统计特性 ·· 077

第4章 测量系统研究方法导引 ··· 079

4.1 应用测量系统分析的最佳时机 ·· 079

4.1.1 与计量检定/校准相结合 ··· 079

4.1.2 新测量设备验收 ··· 079

4.1.3 生产线的重大改变 ·· 080

4.1.4 与顾客有"冲突" ·· 080

4.1.5 实验室间的量值比对 ··· 081

4.2 测量系统分析的过程方法 ………………………………………………… 081
　4.2.1 PDCA ………………………………………………………………… 081
　4.2.2 MSA 及其相关联的工具和技术 ………………………………… 082
4.3 测量系统研究方法的选择 ……………………………………………… 082
　4.3.1 测量系统的类型 …………………………………………………… 082
　4.3.2 选择适宜的分析方法 ……………………………………………… 083
　4.3.3 测量系统变差源的识别 …………………………………………… 084
4.4 测量系统分析的试验性研究 …………………………………………… 085
　4.4.1 观察性研究和试验性研究 ………………………………………… 085
　4.4.2 试验准备 …………………………………………………………… 085
　4.4.3 结果分析和软件选择 ……………………………………………… 088
4.5 MSA 的一般程序 ………………………………………………………… 088

第5章 计量型测量系统的准确度研究 …………………………………… 090
5.1 稳定性研究 ……………………………………………………………… 090
　5.1.1 稳定性研究流程图 ………………………………………………… 090
　5.1.2 稳定性分析方法 …………………………………………………… 090
　5.1.3 稳定性不好的可能原因 …………………………………………… 092
5.2 偏倚研究 ………………………………………………………………… 092
　5.2.1 偏倚研究的流程图 ………………………………………………… 092
　5.2.2 分析方法——独立样件法 ………………………………………… 092
　5.2.3 分析方法——控制图法 …………………………………………… 096
　5.2.4 造成偏倚的可能原因分析 ………………………………………… 098
5.3 线性研究 ………………………………………………………………… 098
　5.3.1 线性研究的流程图 ………………………………………………… 098
　5.3.2 分析方法——图示法 ……………………………………………… 098
　5.3.3 分析方法——数值法 ……………………………………………… 101
　5.3.4 线性误差的可能原因分析 ………………………………………… 103

第6章 计量型测量系统精密度研究 ……………………………………… 104
6.1 类型 I 研究(Type I Study) …………………………………………… 104
　6.1.1 重复性评估 ………………………………………………………… 105
　6.1.2 偏倚和重复性综合评估 …………………………………………… 105
　6.1.3 偏倚的显著性检验 ………………………………………………… 106
　6.1.4 变异百分比 ………………………………………………………… 106
　6.1.5 评定准则 …………………………………………………………… 106
6.2 重复性和再现性研究(GRR)方法 …………………………………… 107
　6.2.1 简单计量型量具 GRR 研究的一般流程 ………………………… 107
　6.2.2 重复性和再现性研究计划 ………………………………………… 109

6.2.3 测量能力指数(MCI) ……… 112
6.2.4 重复性和再现性研究方法 ……… 115
6.2.5 量具 R&R 与过程能力的关系 ……… 137
6.3 D-研究法(D-Study method) ……… 140
6.4 新量具验收的 CMC 法 ……… 143
6.4.1 重复性评估 ……… 143
6.4.2 示值误差的计算 ……… 143
6.4.3 CMC 指数的计算和评定准则 ……… 144

第7章 计数型测量系统研究 ……… 146
7.1 解析法研究流程图 ……… 146
7.2 两种分析方法 ……… 146
7.2.1 设定规则 ……… 146
7.2.2 不满足规则时的调整 ……… 148
7.2.3 计算零件接受概率 ……… 148
7.2.4 量具性能曲线(GPC) ……… 148
7.2.5 正态概率图上的拟合直线 ……… 151
7.2.6 重复性和偏倚的计算及偏倚的显著性检验 ……… 151
7.3 案例分析 ……… 152

第8章 属性一致性研究 ……… 158
8.1 属性一致性分析的一般描述 ……… 158
8.2 属性一致性研究准备 ……… 159
8.3 属性一致性研究分析方法 ……… 160
8.3.1 Kappa 和 Kendall 统计量 ……… 160
8.3.2 K 类统计量的可接受性准则 ……… 161
8.3.3 一致性检验 ……… 161
8.3.4 相关性检验 ……… 174
8.4 计算机输出示例 ……… 181

第9章 复杂测量系统研究 ……… 185
9.1 概述 ……… 185
9.1.1 背景实例 ……… 186
9.1.2 GRR 研究的基本问题 ……… 186
9.1.3 基本问题的解决方案 ……… 187
9.1.4 条件未完全得到满足时的情况 ……… 190
9.2 破坏性测量的 GRR 研究的试验设计 ……… 190
9.2.1 在假设 c 和假设 d 下的 GRR 研究 ……… 190
9.2.2 在假设 e 和假设 f 下的 GRR 研究 ……… 191
9.2.3 在假设 g 下的 GRR 研究 ……… 191

9.2.4 对象的同质性表示说明 ┈┈┈┈┈┈┈┈┈┈┈┈ 195

9.2.5 案例说明 ┈┈┈┈┈┈┈┈┈┈ 196

9.2.6 其他应注意的内容 ┈┈┈┈┈┈┈┈┈┈┈┈ 201

9.3 复杂设计模型下的量具 $R\&R$ 研究 ┈┈┈┈┈┈┈┈┈┈┈┈ 202

第10章 测量过程评估(EMP)方法 ┈┈┈┈┈┈┈┈┈┈┈┈ 213

10.1 术语释义 ┈┈┈┈┈┈┈┈┈┈┈┈ 213

10.1.1 或然误差 ┈┈┈┈┈┈┈┈┈┈┈┈ 213

10.1.2 组内相关系数 ┈┈┈┈┈┈┈┈┈┈┈┈ 214

10.1.3 四个过程监控等级 ┈┈┈┈┈┈┈┈┈┈┈┈ 216

10.2 AIAG 方法、ANOVA 法和 EMP 方法 ┈┈┈┈┈┈┈┈┈┈┈┈ 217

10.2.1 对 AIAG 量具 $R\&R$ 研究的回顾 ┈┈┈┈┈┈┈┈┈┈ 218

10.2.2 ANOVA 方法回顾 ┈┈┈┈┈┈┈┈┈┈┈┈ 220

10.2.3 EMP 量具 $R\&R$ 研究 ┈┈┈┈┈┈┈┈┈┈┈┈ 224

第11章 测量系统分析应用案例解析 ┈┈┈┈┈┈┈┈┈┈┈┈ 230

11.1 常规的量具 GRR 研究案例解析 ┈┈┈┈┈┈┈┈┈┈┈┈ 230

11.1.1 X 射线测厚仪 ┈┈┈┈┈┈┈┈┈┈┈┈ 230

11.1.2 电子测温仪 ┈┈┈┈┈┈┈┈┈┈┈┈ 231

11.1.3 化学分析仪器 ┈┈┈┈┈┈┈┈┈┈┈┈ 231

11.1.4 物理测试 ┈┈┈┈┈┈┈┈┈┈┈┈ 232

11.1.5 表面粗糙度轮廓仪 ┈┈┈┈┈┈┈┈┈┈┈┈ 232

11.1.6 千分尺 ┈┈┈┈┈┈┈┈┈┈┈┈ 233

11.1.7 天平或秤 ┈┈┈┈┈┈┈┈┈┈┈┈ 234

11.2 测量系统研究应用案例 ┈┈┈┈┈┈┈┈┈┈┈┈ 234

11.2.1 案例一 GRR 用于废水处理后 COD 等五项指标的评价 ┈┈ 235

11.2.2 案例二 车身面板的镀锌钢板表面涂层厚度 GRR ┈┈┈ 239

11.2.3 案例三 流变仪多参数测量系统 GRR ┈┈┈┈┈┈┈┈ 244

11.2.4 案例四 GRR 用于塑料的冲击强度 ┈┈┈┈┈┈┈┈ 248

11.2.5 案例五 高速运转的制动盘表面温度的 GRR 分析 ┈┈ 252

11.2.6 案例六 扩展的 GRR 用于晶圆厚度测量 ┈┈┈┈┈┈ 257

11.2.7 案例七 GRR 用于医疗保健体温测量 ┈┈┈┈┈┈┈┈ 261

11.2.8 案例八 X 射线测厚仪准确度研究 ┈┈┈┈┈┈┈┈ 265

11.2.9 案例九 燃气阀门流量的测量系统重复性评估 ┈┈┈┈ 269

11.2.10 案例十 多台流变仪间准确度比较研究 ┈┈┈┈┈┈ 272

11.2.11 案例十一 钢丝帘线拉断力测量系统 GRR 研究 ┈┈ 276

11.3 属性一致性分析案例研究 ┈┈┈┈┈┈┈┈┈┈┈┈ 280

11.3.1 案例一 半导体芯片封装 ┈┈┈┈┈┈┈┈┈┈┈┈ 281

11.3.2 案例二 轮胎外观缺陷 ┈┈┈┈┈┈┈┈┈┈┈┈ 286

　　　　11.3.3　案例三　儿童社会技能等级评定 ·················· 293
　　11.4　测量系统改善案例 ································ 298
　　　　11.4.1　改善案例一　米秤测量系统准确度改善 ············ 298
　　　　11.4.2　改善案例二　胶片厚度测量系统 GRR 改善 ·········· 305

第 12 章　测量系统管理与发展 ························ 312
　　12.1　供方测量保证能力 ························ 312
　　　　12.1.1　测量系统常规评定 ····················· 312
　　　　12.1.2　样件评估比对 ······················· 313
　　　　12.1.3　外部试验室证明 ····················· 313
　　12.2　公司范围的 MSA 规划与实施 ················· 313
　　　　12.2.1　确定 MSA 的范围 ···················· 314
　　　　12.2.2　确定职能及其所需的资源 ················· 314
　　　　12.2.3　制定 MSA 实施计划 ··················· 315
　　　　12.2.4　测量系统管理与控制 ··················· 315
　　12.3　测量系统监视与改进 ····················· 316
　　　　12.3.1　测量管理循环 ······················· 316
　　　　12.3.2　测量系统的智能化发展 ················· 317

参考文献 ································· 318
附　　录 ································· 320
　　附录 1　偏倚研究用 d_2^* 参数表 ·················· 320
　　附录 2　控制图系数表 ························ 327
　　附录 3　如何解决样本内的变差 ·················· 330
　　附录 4　测量设备计量确认过程 ·················· 332
　　附录 5　章节对应数据文件列表 ·················· 333

第1章
概 论

物无全同，以为同，然测量可辨之异也。——唐纳德·J·惠勒（Donald. J. Wheeler）

1.1 测量系统分析的基本概念

1.1.1 关于数据

早在原始社会，由于生产劳动的发展和社会的进步，人们就已经开始有了计数概念和计数活动，出现了"上古结绳而治"（《周易·系辞下》）这种最原始的计量方法。随后代结绳记事而起的一种有所进步的计量方法是书契记数，随着社会的不断变革最终出现了数字。汉字中的"数""算"两个字，至今被视为计数方法的"活化石"。古代的"数"字，左边是一条绳子打了一串大小不同的结，右边是一支手。"算"字从"竹"到"具"，表示以小竹签（筹）为工具进行计算，后来在这一基础上发展为算盘。它证明早在我国文字出现之前，上述计数方法已经发明和通行了。直至当今时代，我们的周围已经被各种各样的数据所包围，而且也越来越依赖于对数据的分析计算并进行推断和决策。

在日常生活和工作中，您留意过下面的有关数据吗？

（1）虽然不必每天都测量体温，但我们还是知道人体的正常体温在 36.3～37.2℃之间。

（2）水在一个标准大气压下沸腾的温度是 100℃，而凝固的温度则是 0℃。

（3）对于葡萄酒香味浓度的评价一般分为 5 级，分别编码为 1、2、3、4、5。1 表示非常淡，2 表示淡，3 表示一般，4 表示浓，5 表示很浓。

（4）当每天早餐以饼干为主时，如果经常不断地更换饼干品牌，而且对各种品牌进行比较，那就会得出不同的结果分类，如分为松脆的、淡香的、夹心的等等。

其实，这些都是关于数据的例子。这种例子不胜枚举，因为数据几乎渗透到了所有生存空间。上述例子中所包含的数据类型和测量分析方法将会在本书后面章节中陆续介绍。虽然我们的例子不恰好是上面的数据。

那么数据是怎样得到的呢？每天登录网页、打开电视或手机，就可以看到各种数据。

比如天气预报、体育比赛、外汇牌价、股票行情等数据，这些数据都是间接得到的，称为间接数据或二手数据。

当然还有一种数据是第一手的数据或称为直接数据。获得第一手数据并不像得到二手数据那么容易，通常是需要付出较大的代价去收集。比如企业每年都要安排一定数量的资金对顾客满意度进行调研，这是企业生存和竞争的需要。

上面所说的数据是自然的、不受控条件下观测到的，称为观测数据。而对于有些情况，比如在不同的肥料和土壤条件下某农作物的产量是否有差别，两台同型号数控车床生产的同种零件尺寸是否存在显著差异等，这种在人为因素干预情况下收集或测量的数据称为试验数据。

1.1.2 数据的质量

当今时代的生产和服务实践中，对数据的应用比以往任何时候更广泛、更频繁，也更加依赖。在数据应用中不可避免地受到一种潜在风险的影响，这种风险因素就是数据的质量。因为数据的质量直接决定了基于数据的推断和决策的准确性。

对于具有数据自动反馈功能的数控车床来说：如果输入的参数存在较大的偏差，则加工出来的零件很可能是不合格品；如果只从很少的几个调查对象中获取数据，并因此得到满意或不满意的结果，这种结果是靠不住的，因为数据是不充分的；而如果采用分辨力只有1mm的尺子去测量必须精确到0.1mm的物体的长度，所得到的数据是不准确的等等。类似的情况还有很多。只要获得的数据不能准确表征所测量的对象，就表明数据的质量不高。

通常，对于测量值与规定特性的参考值或已知基准值很"接近"时，则认为数据的质量"高"；同样，如果测量值与参考值或已知基准值相差比较"远"时，则称数据的质量"低"。而数据是在某种稳定条件下，通过一个由多因素构成的系统多次测量某统计特性的结果，这个系统称为测量系统，所以，数据的质量取决于测量系统的性能。

对于数据质量的描述，可以采用误差、偏差、准确度、精密度等术语，也可采用某测量系统的偏倚及变差来表征，所以产生低质量数据的原因最普遍的是数据中的变差过大。数据中的变差是由于测量系统及其环境的相互作用造成的。例如，在长度的精密测量中，环境温度对测量结果的影响较大，在标准的环境温度（25±0.5）℃下测量的数据与其他环境温度下的测量数据就可能产生较大的变差。另外，被测对象的被测特性（如长度）也可能会随温度的变化而发生变化，所以对测量数据就很难加以解释，因此所使用的测量系统是不理想的。

1.1.3 测量系统分析的价值体现

测量系统分析（measurement system analysis，MSA），它用于评估测量系统的质量，是运用统计方法来分析研究测量系统中的各个变差源以及它们对测量结果的贡献，并根据可接受的准则判断测量系统的符合性。

对测量系统分析的一个重要前提是将测量活动看成是一个过程——测量过程，这样就可以对测量过程应用任何与过程控制有关的管理、统计和逻辑技术。

随着近年来 IATF 16949（原 ISO/TS 16949）等国际规范在我国众多企业中的广泛应用，为保证过程控制的有效性，测量系统分析越来越受到重视。测量系统分析不但可有效保证内部测量的准确，而且还可以保证与供应商、顾客或其他相关方之间关于数据的一致性比较。另外，通过测量系统分析深入了解影响测量结果的变差源，分析对过程控制和产品控制的影响，可以实现测量系统的持续改进。

虽然测量系统分析方法源于传统的工业制造过程，但是否适用于非传统领域，如服务过程的测量分析，对于这个问题目前尚有颇多争论。例如在国际上著名的 isixsigma 论坛上，有些专家对该问题持肯定意见，而有些专家则持否定态度。在后续的章节中将举例说明，以供辨析。

测量系统能力在产品开发和生产管理中变得越来越重要。随着竞争对手努力显著地改进质量，测量系统的能力正在被推到极限。如今，管理人员需要在进行过程中或设计改进之前检查量具的能力，但努力提高或变更生产过程并不会提高量具能力。量具得出的数据可能会产生误导，而这不会对产品质量带来好的影响。用于测量产品的金钱以及用于改进流程的时间和精力可能会因测量不佳的数据而导致浪费或损失。

1.2　相关术语

在进行测量系统分析时会用到许多术语，这些给出的术语有些来源于现行的国际或国家标准，有些则是为满足测量系统分析的实际应用而重新进行定义的。总的来说，这里提到的定义与美国汽车工业行动集团（以下简写为 AIAG）的规定是基本一致的，目的是避免在讨论测量系统分析时可能会造成混淆和误解。

经过整理和分类，下文对三组术语进行了比较，并将术语分为四类，即有关测量和测量结果的术语、有关测量系统的术语、有关测量变差的术语以及有关研究变差的术语，后两类术语将在第 5、6 章予以详述。

1.2.1　术语比较

1.2.1.1　测量、测量过程与测量系统

（1）测量（measurement）

测量是指以确定量值为目的的一组操作。该定义来源于《国际通用计量学基本术语》（以下简写为 VIM）第 2.1 条。

量值是通过测量来确定的。用皮尺去量某棒的长度，并从尺上读得棒长为 5.34m，这样的操作称为进行了对某棒长度的测量。测量要有一定的手段（测量设备如量具、仪器等），要有人去操作，要用一定的测量方法，要在一定的环境下进行，并且必须给出测量结果。根据被测量或被测对象的复杂程度，测量可以是很简单的操作，也可能是相当复杂的过程。

按测量方法的不同，可分为直接测量和间接测量。用测量设备能直接得到被测量之量值的操作称为直接测量。通过测量与被测量有函数关系的其他量，然后由函数关系计算得到被测量之量值的操作被称为间接测量。例如通过测量边的长度确定矩形面积，通过测量电阻器的电阻和电压确定流过该电阻器的电流，都属于间接测量。

按被测量状态的不同，有静态测量和动态测量之分。在测量期间可认为被测量的值是不变的，称为静态测量。为确定量的瞬时值或其随时间或其他影响量的变化所进行的测量称为动态测量。

按测量的操作方式不同，可以有手动测量和自动测量。

（2）测量过程（measurement process）

《国防计量通用术语》（GJB 2715—96）中给出的相关描述为："与实施测量有关的一组相互关联的资源、活动和影响量。"需要注意的是：

1）资源包括测量设备、测量程序、操作者。

2）影响量包括所有的影响因素，如由环境引起的影响可以是受控的、可控的，或不受控的、不可控的，这种环境的影响增加了过程的变动性和偏离性。

3）过程是指将输入转化为输出的一组相关联的资源和活动。资源可包括人员、资金、设施、设备、技术和方法。

4）测量过程包括各种测量，例如：

①操作人员在一般工厂环境下采用通用仪器按照非正规的方法或程序所进行的测量。

②经培训的校准实验室技术人员采用一套由温控油槽、标准电阻器、比对器和其他辅助设备组成的测量系统，按照详细的程序，为校准其他标准电阻器所进行的测量。

5）一个测量过程可由单台测量仪器组成。

《质量管理体系 基础和术语》（GB/T 19000—2016）第 3.10.2 项给出的定义为："确定量值的一组操作。"

从定义可以看出，"测量"与"测量过程"的定义基本相同，在语言描述上略有不同。"测量"强调的是确定被测量的量值，赋予测量结果；"测量过程"强调的是以过程方法进行测量，应识别和考虑影响测量过程的影响量。

在 AIAG《测量系统分析》第四版中，给出了一个测量过程模型示意图，如图 1.1 所示。

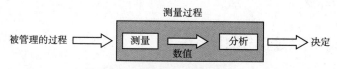

图 1.1　测量过程模型示意图

从图形中可以看出，测量过程这个"暗箱"中不但包含测量操作，而且还包括获得数据以及对数据进行分析。

按《测量管理体系 测量过程和测量设备的要求》（GB/T 19022—2003）7.2 款中的表述，测量过程是测量管理体系的组成部分。每一个测量过程的完整规范包括所有有关设备的标识、测量程序、测量软件、使用条件、操作者能力和影响测量结果可靠性的其他因素。测量过程应在设计的受控条件下实现，并对测量过程进行记录以证明测量过程符合要求。

（3）测量系统（measurement system）

这里所指的测量系统并非指《通用计量术语和定义》（JJF 1001—2011）中给出的定义（组装起来以进行特定测量的全套测量仪器和其他设备），而是一个具有更加广泛内涵的大系统概念：对测量单元进行量化或对被测特性进行评估时，所使用的仪器或量具、标准、操作、方法、夹具、软件、人员、环境及假设的集合。即**用来获得测量结果的整个过程**。

测量系统的目的是为了更好地了解变异的来源，这些变异会影响测量系统所产生的测量结果。在 AIAG《测量系统分析》第四版中提出了两种用来定义测量系统变差的基本来源的模型。

第一种模型简称为"S. W. I. P. E."模型。它包含六个必要的要素：

S　标准（standard）。

W　工作件或零件（workpiece）。

I　仪器（instrument）。

P　人和/或程序（person and/or procedure）。

E　环境（environment）。

第二种模型简称为"P. I. S. M. O. E. A."模型。它包含七个必要的要素：

P　零件（parts）。

I　仪器（instrument）。

S　标准（standard）。

M　方法（method）。

O　操作者（operator）。

E　环境（environment）。

A　假设（assumption）。

通常在测量实施前，要对测量系统性能进行评估，从而对其能力进行评价。

1.2.1.2　计量器具、量具与测量设备

（1）计量器具（metrological equipment）

计量器具又称测量器具，是实物量具和测量仪器的总称。测量仪器是单独的或连同辅助设备一起，用以进行测量的测量器具，如功率计、激光干涉仪等。在中国常称为计量器具。

（2）量具（gauge）

量具是实物量具的简称，是在使用时具有固定形态用来复现或提供定量的一个或多个已知值的测量器具，如砝码、量块等。在测量系统研究中常指任何用来获得测量的装置，通常特指用在工厂现场的装置。

（3）测量设备（measuring equipment）

为实现测量过程所必需的测量仪器、软件、测量标准、标准物质或辅助设备或它们的组合［《质量管理体系 基础和术语》（GB/T 19000—2016）中 3.11.6 项］，称为测量设备。

在计量学中，计量器具和量具标准的称谓统一为测量设备，只是根据计量要求的不

同，测量设备能被用于某些特定的测量过程，而不被确认用于其他测量过程。测量设备作为物资资源被纳入测量管理体系进行控制和管理。

计量器具、量具和测量设备之间的关系如图 1.2 所示。

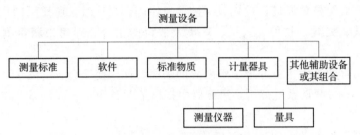

图 1.2 计量器具、量具和测量设备之间的关系

1.2.1.3 测量系统分析与计量确认

测量系统是指用来为被测特性赋值的操作、过程、装置以及其他设备、软件和人员的集合，这包括用于获取测量值的完整过程（来源于 ISO/TR 12888:2011 第 2.1 款）。

测量系统分析（measurement system analysis）与计量确认（metrological confirmation）的不同点表现在定义、对象、目的、特性、方法及要求等方面，具体比较见表 1.1。

表 1.1   **测量系统分析和计量确认比较对照表**

项目	测量系统分析	计量确认
定义	对测量系统特性进行数据分析，以检查其满足测量要求的能力	为确保测量设备符合预期使用要求所需的一组操作
对象	测量系统（如前述六要素或七要素模型）	测量设备
目的	能力和性能	确认状态
特性	系统特性： 　稳定性 　偏倚 　线性 　重复性 　再现性 　属性一致性	计量特性： 　测量范围 　偏移 　重复性 　稳定性 　滞后 　漂移 　影响量 　分辨力 　鉴别力（阈） 　误差 　死区
方法	测量及数据分析	检定、校准、验证、调整或维修等
要求	测量系统的 GRR、属性一致性等满足测量的要求	计量特性满足测量过程的计量要求

1.2.2　测量和测量结果的相关术语

有关可测的量的术语主要介绍六个。

1.2.2.1　［可测］量（"measurable" quantity）

定义：可以定性区别和定量确定的现象、物体或物质的属性。

例如，温度反映了物体冷热的程度，可以用温度计定量地确定某物体的温度的高低，因此温度是一个量。对有些物理现象或物质的属性，如酒的味道、气体的香臭等，虽然可以定性区别但目前尚无法定量确定，这些现象或属性就不是量。

术语"量"可指广义量或指特定量。例如长度、时间、质量、温度、电阻、物质的量的浓度等称为广义量。而某棒的长度、某根电线样品的电阻、某份酒样中乙醇的浓度等称为特定量。常把具有相同单位名称和单位符号的量称为同类量，如功、热、能量、厚度、周长、波长等。

1.2.2.2　［量的］真值（true value "of quantity"）

定义：与给定的特定量的定义一致的值。

真值只有通过完善的测量才有可能获得。一个量的真值仅是一个理想的概念，通常是未知的，但它是测量系统的目标，所有独立的测量值都要尽可能地（经济地）与该值接近。在所有的分析中，通常采用约定真值或参考值来替代真值使用。

1.2.2.3　［量的］约定真值（conventional true value "of a quantity"）或参考值（reference value）

定义：赋予并被承认的（有时是约定的）特定量的值，该值具有与预期用途相适应的不确定度。它是为特定的目的，用以代替量的真值的量值。

约定真值或参考值通常被认为是非常接近真值的，就特定目的而言其差值可以忽略不计。约定真值或参考值可用下列方法确定：

（1）用高一级的测量设备（例如：度量衡实验室或全尺寸检验设备）多次测量的平均值来确定。

（2）由法律定义并强制执行的法定值。

（3）根据理论方法确定的理论值。

（4）由国家或国际性有关组织的试验结果确定的指定值。

（5）由一些科学技术组织主持的合作试验所确定的一致同意的值。

（6）由受影响的各组织所协调一致得到的值。

例如，在给定地点由参照测量标准复现量所赋予的值，可取作约定真值。常数委员会（CODATA）1986 年推荐的阿伏加德罗常数值：$6.0221367 \times 10^{23} \, \mathrm{mol}^{-1}$。

1.2.2.4　［测量］误差（error of "measurement"）

定义：测量结果与被测量的真值之差值。

由于真值不能确定，实际上使用约定真值。测量的目的是要确定被测量的量值，但由于人们对客观规律认识的局限性，测量设备的不准确，测量方法的不完善，温度、湿度、压力、振动、干扰等环境条件的不理想，测量人员的技术水平等原因都会使测量结果与被测量的定义值（即真值）不同。因此测量误差的存在是客观的和普遍的。

设测量误差用 Δ 表示，真值为 x_0，测量结果为 x，则 $\Delta = x - x_0$。Δ 又称绝对误差。

绝对误差有大小和符号，其单位与测量结果的单位相同，如三角形的三个内角之和的真值为 $180°$，实测结果为 $178°$，则绝对误差为 $178° - 180° = -2°$，符号为负，说明测量结果小于真值。不应将绝对误差与误差的绝对值相混淆，后者为误差的模。

Δ / x_0 称为相对误差，即测量的绝对误差与被测量真值之比，相对误差只有大小和符号，没有量纲。

由于通常情况下真值是未知的，因此无法准确确定测量误差的值。

测量误差按其性质可分为随机误差和系统误差两种：

（1）随机误差（random error）是测量结果与同一被测量在重复性条件下的无限多次测量结果的平均值之差值。它受偶然因素影响而以不可预知的方式变化，由于只能进行有限次的测量，所以只可能确定随机误差的估计值，而且不可能被修正。

（2）系统误差（systematic error）是同一被测量在重复性条件下的无限多次测量结果的平均值与被测量的真值之差值。在对同一被测量的多次测量中，它保持不变或按某种规律变化。系统误差及其引起的原因可以是已知的，也可以是未知的。

如果假设：Δ 为测量误差，δ 为测量的随机误差，ε 为测量的系统误差，μ 为无限多次测量结果的算术平均值（即期望），x 为测量结果，x_0 为被测量的真值，则有：

随机误差：$\delta = x - \mu$。

系统误差：$\varepsilon = \mu - x_0$。

误差：$\Delta = x - x_0 = \delta + \varepsilon$。

由于影响量的不可预期的随机变化，使每个测量值随机地偏离其期望值，这就是随机误差。随机误差不是测量值的实验标准偏差或其倍数，这一点要特别注意。

由于某种影响量的影响，使测量值的期望偏离真值，这就是系统误差。在实际工作中，测量不可能进行无限多次，通常被测量的真值又未知，所以无论随机误差还是系统误差均是理想的概念，无法确切知道其值的大小，但可通过改进测量系统来减小客观存在着的测量误差。

1.2.2.5 偏差（deviation）

定义：某值与其参照值之差值。

偏差是一个非常宽泛的概念，它表示某测量值偏离其参照值的程度，在具体应用中，常采用标准偏差及其估计量——实验标准偏差或样本标准偏差来表征同一被测量的多次测量结果的分散程度。

标准偏差是以无限多次测量情况来定义的，所以又称总体标准偏差，用 σ 表示。实际工作中不可能进行无限多次的测量，故无法得到总体标准偏差。用有限次测量的数据，估计得到的测量值的标准偏差称为实验标准偏差或样本标准偏差，用 s 表示，可按如下公式计算：

$$s = \sqrt{\frac{1}{n-1} \sum_{i=1}^{n} (x_i - \overline{x})^2}$$

式中：$\overline{x}$ 为 n 个测量值的算术平均值；x_i 为第 i 次测量值；n 为测量次数或某测量总体的一个样本的样本容量。

误差和偏差两个术语都是测量结果的度量。

1.2.2.6　［测量］不确定度（"measurable"uncertainty）

测量不确定度是经典的误差理论发展和完善的产物，目的是为了澄清一些模糊的概念和便于使用。误差的定义是测量结果减去被测量的真值。按定义，误差应该是一个确定的值，但由于真值往往是未知的，因此误差值无法准确得到。过去，给出测量结果的误差时，往往是通过误差分析给一个测量值不能确定的范围，而不是真正的误差值，并且在误差分析时，要区分随机误差和系统误差，要将随机误差和系统误差进行合成，在这类问题的处理上是不够严格和合理的。因此，自 1963 年美国国家标准局（NBS）的计量专家埃森哈特（Eisenhart）首先提出定量表示"不确定度"的建议以来，历时了近 30 年的时间才于 1993 年由 BIPM（国际计量局）、IEC（国际电工委员会）、IFCC（国际分析化学联盟）、ISO（国际标准化组织）、IUPAC（国际纯化学和应用化学联盟）、IUPAP（国际纯物理和应用物理联盟）及 OIML（国际法制计量组织）等七个权威的国际组织正式颁布了《测量不确定度表示指南》，对测量不确定度的评定和表示方法作了明确的规定。因为它比经典的误差表示方法更为科学和实用，世界各国的计量界已经广泛采用。测量不确定度与测量误差的区别见表 1.2。

表 1.2　　　　　　　　　　　　测量误差与测量不确定度比较表

序号	测量误差	测量不确定度
1	是一个有正或负符号的量值，其值为测量结果减去被测量的真值（或约定真值）	是一个无符号的参数值，用标准偏差或其倍数表示该参数的值
2	表明测量结果偏离真值	表明被测量之值的分散性
3	是客观存在的，不以人的认识程度而改变	与人们对被测量和影响量及测量过程的认识程度有关
4	由于真值未知，不能准确得到测量误差的值，当用约定真值替代真值时，可以得到测量误差的估计值	可以根据实验、资料、经验等信息进行评定，从而可以定量确定测量不确定度之值
5	按性质可分为随机误差和系统误差两类，按定义，该两类误差均是无限多次测量时的理想概念	测量不确定度评定时一般不区分其性质，若需要区分时应表述为："由随机影响引入的测量不确定度分量"和"由系统影响引入的测量不确定度分量"
6	已知系统误差的估计值时，可以对测量结果进行修正，得到已修正的测量结果	不能用测量不确定度对测量结果进行修正，已修正的测量结果的测量不确定度中应考虑修正不完善引入的测量不确定度分量

以上术语之间的关系如图 1.3 所示。

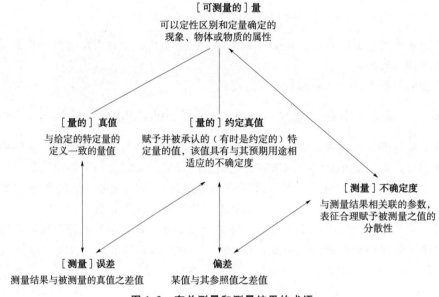

图 1.3 有关测量和测量结果的术语

1.2.3 测量系统的相关术语

有关测量系统的术语这里主要介绍三个。

1.2.3.1 分辨力（discrimination）

分辨力指测量设备的分辨力，也称可读性（readability）、分辨率（resolution），或者最小可读单位、测量分辨率、最小刻度极限或可分辨的最小极限等。

分辨力是测量设备能有效辨别被测特性的微小变化的能力，通常指最小的示值差（见 VIM 第 5.12 款）。也就是该设备能够检测并如实地显示相对于参考值的变化量。

分辨力是由设计所确定的一种固有属性，通常指测量设备的最小刻度单位。如果刻度较"粗略"或者尚可辨别其半刻度且这种辨别有意义时，则可采用刻度值的一半作为分辨力。

在计量学领域，一个通行的规则是测量设备的分辨力应至少等于被测距离的 1/10，传统上把被测距离看作是产品规范，通常称该经验规则为"10:1 规则"。

分辨力可用图 1.4 所示方法形象地加以说明。假如有一把双边刻度尺，上边缘刻度单位为 mm，下边缘刻度单位为 in。从图中可以看出，mm 刻度的最小单位是 1mm，在实际测量中基本不能凭借肉眼准确观测出小于 1mm 的读数（即使赋予其 0.5mm 的读数，也是非常不确定的）。而对于 in 刻度，由于其最小刻度清晰可辨，大约相当于 mm 刻度最小单位的 2.5 倍，所以，在实际观测时，估计其最小单位的半刻度是非常容易且有价值的。

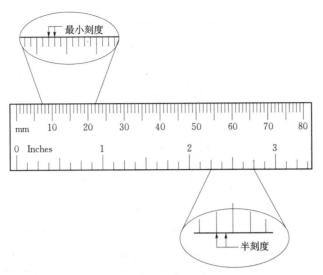

图 1.4　分辨力

1.2.3.2　可区分的类别数（number of distinct categories，NDC）

可区分的类别数指测量数据的分类数量。它可以被测量系统的分辨率以及在实际观测过程中的零件变差来有效划分，通过基于测量系统变差的置信区间范围来确定该分类的大小。其标准估计值为 1.41（PV/GRR）（第 6 章将详细介绍）。可以通过下面的例子来说明不同数据分类的含义。

例如，假如某过程有能力（即 6σ 过程变差小于工程容差），$\sigma=0.0005$，那么，分辨率为 0.0005 时，测量是可接受的，因为可区分的类别数为 $6\sigma/0.0005=6\times0.0005/0.0005=6$ 个；但当分辨率为 0.001 时，可区分的类别数为 3 个，此时按照可接受的准则（可区分的类别数至少应为 5），该测量是不可接受的。

1.2.3.3　有效分辨率（effective resolution）

有效分辨率指测量系统的分辨率，是测量系统把测量划分为"数据分类"的能力，在同一数据分类中对被测特性的测量结果具有相似的数值。例如，某测量系统可精确测量到 0.001mm，那么对于数据 1.0001、0.9998 和 1.0004 来说，认为它们都同属于一个 1.000 的数据分类。换句话说，对这三个数据使用该测量系统获得的测量结果都是一个数 1.000mm。

下面举例说明测量系统分辨率不足时在控制图上的体现。这里提供两组数据（数据文件名称为 ResoluThousdth.xls 和 ResoluRound.xls）。第一组数据是以子组大小等于 5 采集的精确至 0.001in 的测量值（见表 1.3）；第二组数据是以子组大小等于 5 采集的对第一组数据进行四舍五入后得到的值（见表 1.4）。这里每一个子组的 5 个测量值是对同一对象多次测量的结果。

下面的两组控制图（平均值和极差控制图）是分别根据以上两组数据而生成的，如图 1.5 和图 1.6 所示。

表 1.3 第一组部分数据

子组号	1	2	3	4	5
C1	0.142	0.144	0.141	0.140	0.141
C2	0.140	0.145	0.147	0.145	0.137
C3	0.144	0.139	0.139	0.141	0.134
...	...	...	...	...	...
C21	0.141	0.140	0.140	0.139	0.136
C22	0.134	0.138	0.143	0.138	0.139
C23	0.139	0.133	0.140	0.139	0.140
C24	0.140	0.136	0.140	0.140	0.142
C25	0.140	0.140	0.140	0.135	0.139

表 1.4 第二组部分数据

子组号	1	2	3	4	5
C1	0.14	0.14	0.14	0.14	0.14
C2	0.14	0.15	0.15	0.15	0.14
C3	0.14	0.14	0.14	0.14	0.13
...	...	...	...	...	...
C22	0.13	0.14	0.14	0.14	0.14
C23	0.14	0.13	0.14	0.14	0.14
C24	0.14	0.14	0.14	0.14	0.14
C25	0.14	0.14	0.14	0.14	0.14

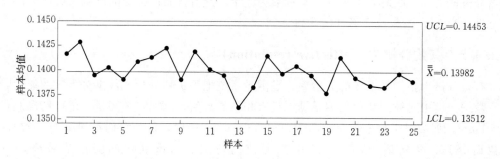

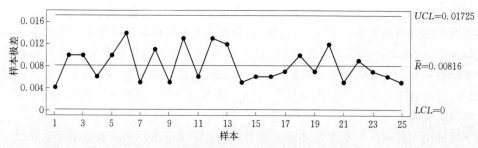

图 1.5 数据精确至千分位时的 Xbar-R 控制图

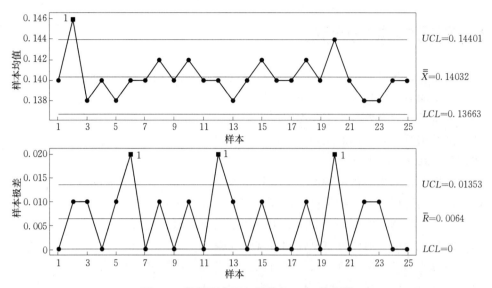

图 1.6　数据四舍五入后的 Xbar-R 控制图

从极差图的对比可见，分辨率不足可通过极差图很容易地判别出来。

图 1.5 的极差图表明（数据采集的）过程是受控的，所有的极差值都在上下控制限之内；图 1.6 的极差图不但有三个点超出了上控制限，而且还显示出离散的"跳动"或"阶跃"，表明过程并不受控。但是，这很可能是由于分辨率不足而引起的，并非过程本身是不受控的。

纠正措施就是采用更高分辨率的测量系统，例如增加数据的位数，提高测量的分辨力，从而改变检测子组内变差的能力来补救。如果对测量系统进一步的改进已经不切实际时，还可以通过使用一种更复杂的控制限计算方法来处理四舍五入的误差，调整控制限。或者，在测量计划中需要使用其他替代的过程监控技术，但这种情况必须得到顾客的批准并在控制计划中予以规定。

以上有关测量系统的术语之间的关系如图 1.7 所示。

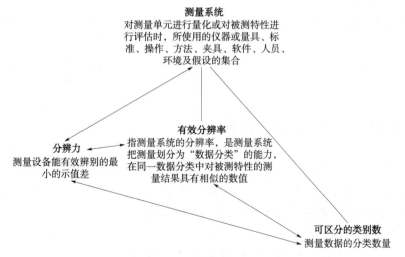

图 1.7　有关测量系统的术语

1.3　测量的常见问题

本书给出并解释了有关测量系统的一些最常见问题的答案。其中包括：

（1）测量的精密度是多少？

（2）测量系统的有效分辨率是多少？

（3）测量相对于某个标准是否有偏倚？

（4）测量系统的线性如何？

（5）如何比较测量某指定特性的不同技术？

（6）如何确定用于表征特定产品特性的测量系统的相对效用？

（7）产品流的测量值有多少变差是由于测量误差引起的？

（8）测量误差中如何区分重复性和再现性变差？

（9）是否使用足够小的测量增量进行测量，以正确反映过程变异？

（10）可以从量具 $R\&R$ 研究中学到什么？

1.4　使用测量的四种方式

对事物的测量是要付出时间和资源的，当然会获得一些良好的结果作为回报。在实施测量之前，在四种不同的测量用途之间进行区分是有帮助的。

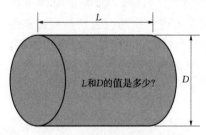

图 1.8　使用测量值进行描述

1.4.1　描述（description）

测量的第一种用途是描述被测项，无论这种描述的需求出于何种动机，测量的基本用途是回答多少的问题。当使用数值来描述被测项时，重要的是要了解所用数值本身所具有的不确定性，这种不确定性将主要源于测量过程中的不确定性。

假设有一个如图 1.8 所示的零件，使用量具测量尺寸 L 和 D，得到的该测量值用以描述该零件尺寸。

1.4.2　表征（characterization）

与第一种方式密切相关的使用测量的第二种方式是相对于规格来表征测量项目。在这里，测量用于对被测对象采取措施，以将被测对象依据规格限表征为合格品或不合格品。另外，不确定性的主要来源将是测量过程中引入的不确定性。

通过理解测量过程的变异能够容易地回答围绕"描述和表征"的常见问题。

比如，如图 1.9 所示，依据尺寸 L 和 D 是否在规范限内来表征该零件是否合格，即尺寸落在规范限内，则表明零件合格，否则，不合格。

1.4.3　代表（representation）

测量的第三种用途是代表未被测量的产品。此处的目的是根据规格表征产品流（production stream）。为此，需要依据被测产品推断未测量产品，这种推断的基础是为获得测量产品而选择的程序。当使用测量代表未测量的项目时，存在多种不确定性来源，包括从批或组中选择样本的不确定性，样本中零件间的差异，用选择的样本代表整批或整组的偏差等。在可以有效地使用数据来"代表"未测量的产品之前，需要有一种对所有这些不确定性进行考虑。

如图1.10所示，从某批或组中随机抽取一个样本，对样本中的零件进行尺寸测量，根据测量结果来代表该批或组的合格情况。

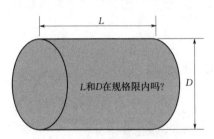

图 1.9　使用测量值进行表征

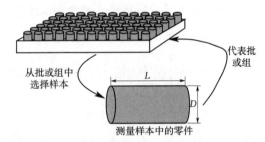

图 1.10　使用测量值代表批或组

1.4.4　预测（prediction）

测量的第四个用途是预测。目的是表征未来的过程结果。使用的机制是对过去行为或过程的表征。在此，不再关心将某些产品分类为合格与否，而是了解未来的期望。当使用数据进行预测时，就必须关注测量误差、生产过程的可预测性以及两种来源的综合变差。因此，除了上面确定的变异源之外，还存在与持续时间相关的不确定性。

如图1.11所示，从产品流中抽取样本，对样本中的零件进行尺寸测量，根据测量结果表征流程水平并预测流程未来的生产。

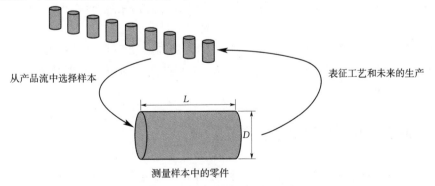

图 1.11　使用测量值进行预测

由于"代表"和"预测"都涉及从被测产品到未测出或尚未生产的产品的外推法，因此就需要有使用这种外推坚实的基础。

此外，由于所使用测量的方式将影响要了解该测量不确定性来源的程度，因此无法为测量系统的质量定义一个简单的指标。任何测量系统都有许多不同的方面，其中一些将影响数据的某些使用，而对其他数据的使用几乎没有影响。

1.5　与其他相关内容之间的关系

测量系统分析并非是一种独立的方法或技术，它是统计过程控制（SPC）应用的重要基础，是测量管理体系中计量确认的重要补充以及控制测量设备符合使用要求的重要保证手段，是 IATF 16949 贯彻实施中重要的组成部分，是六西格玛方法论中最重要的核心工具。它不但涉及大量的数理统计理论并以此为基础，而且还需要考虑实践经验并借助必要的管理手段才能保证其正确而有效地实施。

1.5.1　统计过程控制（SPC）与测量系统分析（MSA）

统计过程控制和测量系统分析都是研究变差的，也都要分析产生变差的原因并采取措施来减少或消除变差。但是统计过程控制的研究对象是过程稳定性，分析产生过程变差的原因是普通原因还是特殊原因，并根据分析结果对过程作出适当的调整。而测量系统分析的研究对象是测量系统（虽然有时也被视为测量过程），即分析测量系统的变差，并判别测量系统的有效性。

当确定了一个给定过程要测量的特性后，首先应该做的就是要对测量这个（些）特性的测量系统进行评价，从而确保为这个（些）特性而收集的数据的质量，以便进行有效分析。

例如，是否对某制造过程进行调整的决定，通常是以测量数据为依据的。将测量数据或依据这些数据而计算的某些统计量与过程要求的统计量（如控制限）进行比较，如果显示该过程已超出统计控制，则对过程进行某种调整，否则不进行调整。可见，数据的质量在很大程度上影响着对过程是否进行调整的决策。我们所期望的是将测量本身的变异减小到某种可接受的水平（考虑到经济因素和可操作原因，有时将测量变异减少到最小并非合理）。但减少测量变异对过程变异评价的影响是很重要的，在进行统计过程控制之前对测量系统进行评价是非常必要的。

另外，对测量系统的短期变异和长期变异的控制和监视都要使用有效的 SPC 控制图，如平均值和极差图、指数加权移动平均（EWMA）图等。所以，从对变差的控制方法上来看，它们是相同的。

1.5.2　测量不确定度与测量系统分析

通常，可将测量系统分析方法视为一种对测量不确定度的多种来源的定量分析工具，在许多情况下，也可使用 MSA 和重复性和再现性（以下简写为 GRR）方法来计算那些重大的标准误差来估计不确定度。

不确定度与 MSA 的主要不同点在于：MSA 专注于理解某测量过程，确定该过程中误差的大小，并评估该测量系统是否适用于产品和过程控制；而不确定度是测量值的范围，通过一个置信区间的定义与测量结果相关联，并包括测量的预期真值。MSA 更多应用于生产现场的测量设备（通称为量具），而不确定度分析更多关注实验室仪器。

通过短期的和长期的测量变差的研究，可以评价测量系统的测量不确定度。通常新建立的测量标准装置或设备在投入使用前，都要进行测量不确定度的评定。

1.5.3　ISO 10012 与测量系统分析

《测量管理体系　测量过程和测量设备的要求》（GB/T 19022—2003）7.1 款规定，应设计并实施计量确认，以确保测量设备的计量特性满足测量过程的计量要求。计量确认包括测量设备校准和测量设备验证。测量系统分析是通过研究系统中测量设备的变差来分析判别测量设备满足测量要求的能力。

在 1.2.1"术语比较"部分中已经对计量确认和测量系统分析进行了比较，通过比较发现测量系统分析是测量设备计量确认的补充，必要时可结合使用，以确保测量过程的质量。计量确认尚存在一些不足之处：

（1）在两次检定/校准的间隔期内，不能完全保证测量设备的不确定度不发生变化，由于检定/校准周期是凭经验确定的，虽然大多数仪器能够保证其质量，但不可避免地会发生偶然故障或由于预想不到的因素使准确度和精密度下降，如果用这样的设备进行测量，实际上测量的质量是没有保障的。

（2）计量确认通常是将测量设备从使用单位运送到计量实验室去检定或校准，不可避免地会有个别情况发生，仪器经过运输回到使用单位时如果已经发生了变化，引起了失准，使用这样的仪器进行测量就会产生错误的结果。

另一方面，从测量管理体系角度来讲，所有的测量设备都应经过检定/校准并合格，而所使用的测量设备（特别是完全同类型的测量设备）是否都要进行测量系统分析，则完全取决于生产过程的需要和顾客的要求。但进行测量系统分析时涉及的所有测量设备都必须经过检定/校准，而且必须是合格的。

测量系统研究既可以是短期行为，也可以像校准一样进行定期的长期研究，目的是能很好地把握测量系统性能的真实水平，保证产品和过程的有效控制。

1.5.4　IATF 16949:2016 与测量系统分析

目前，IATF 16949:2016 是国际汽车推动小组（以下简写为 IATF）创建的一个技术规范，具体是指"汽车生产件及相关服务件组织的质量管理体系要求"。

IATF 16949:2016 对测量系统分析提出了具体要求，并形成单独的参考手册。在咨询和认证的实施过程中，不论是对企业、认证机构还是咨询师，测量系统分析内容始终是实施中的重点和难点。

在 IATF 16949:2016 标准条款"7.1.5 监视和测量资源"中明确规定了"7.1.5.1.1 测量系统分析",该条款说明应进行统计研究来分析在控制计划所识别的每种检验、测量和试验设备系统的结果中呈现的变异,所采用的分析方法及接受准则,应与测量系统分析的参考手册相一致(如偏倚、线性、稳定性、重复性、再现性)。如经顾客同意,也可采用其他分析方法及接受准则。

按照该条款,在实施时我们通常要注意理解如下几点。

(1)对控制计划中列入的测量系统要进行测量系统分析。

(2)测量分析方法及接受准则应与测量系统分析参考手册一致。

(3)经顾客同意,可以采用其它方法及接受准则。

(4)MSA 手册强调要有证据证明上述要求已经达到。

(5)PPAP 手册中规定:对新的或改进的量具和试验设备应参考 MSA 手册进行变差研究。

(6)SPC 手册指出 MSA 是控制图必需的准备工作。

(7)APQP 手册中,MSA 是"过程设计和开发验证""产品/过程确认"阶段的输出之一,要求在试生产当中或之前进行测量系统的评价。

1.5.5 六西格玛与测量系统分析(MSA)

六西格玛诞生于 20 世纪 80 年代中期,那是全面质量管理蓬勃发展的时期。六西格玛是对全面质量管理理论的一种继承、完善和发展。它起源于摩托罗拉,发展于通用电气,如今已成为中外企业持续改进的重要手段。

六西格玛是一套系统化、结构化的业务改进与创新模式,旨在通过严谨、科学的方法论实现组织业务流程突破性改进和设计创新,减少变异,降低浪费,提高质量和效率,提升顾客和其他相关方满意度,以利于组织实现战略目标。

六西格玛质量导致了为识别和控制关键工艺参数而测试测量系统能力的重大进步。随着这些过程改进变得越来越普遍,顾客开始将生产商的质量提高到了新的水平,从而进一步推动了改进循环。广泛的分析和控制用以改善制造性能。随着这种提高质量的运动进入 20 世纪 90 年代,测量系统开始受到重视。突然间,测量仪器成为了数据中特殊原因变异的主要来源之一,这是制造商所忽视的。

"六西格玛(six sigma)""面向制造和装配的设计(DFMA)""六西格玛设计(DFSS)""过程分析"和"稳健设计"都将过程能力作为其分析的主要要素。过程能力表示相对于允许公差的测量数据中的变异。在设计时将会选择具有高生产能力的工艺过程,而在制造过程中,能力较差的过程将采用六西格玛方法进行改进。

通常,在谈及六西格玛管理方法时包含两种模式:一种是六西格玛流程改进模式(DMAIC),另一种是六西格玛设计模式(如 DMADV 等)。

DMAIC 源于 PDCA 循环(P——策划,D——实施,C——检查和 A——处置),其采用的统计技术囊括了众多的概率与数理统计内容,其改进哲学所秉承的"顾客驱动""领导作用"及"追求卓越"等质量理念,已经成为极具竞争力和突破性的改进方法。

DMAIC 代表了六西格玛改进活动的五个阶段:定义(define)、测量(measure)、分析（analyze）、改进（improve）和控制（control）。其中"测量"阶段的任务是通过对已界定的过程进行测量与评估，制定期望达到的目标及业绩标准，同时识别影响过程输出 Y 的输入 X，并验证 Y 的测量系统的有效性。而"改进"阶段通常需要通过试验设计（DOE）等方法确定关键 Xs 的最佳取值和范围，可见，测量系统分析是 DMAIC 中"测量（M）"和"改进（I）"阶段的重要工具和技术。测量系统是否有效直接影响过程数据的有效和质量，进而影响对过程数据的分析和改进。

对于新产品研发、新工艺设计、新服务设计等，就需要采用六西格玛设计。六西格玛设计常用的技术模式有 DMADV、IDDOV、ICOV 以及 DMADOV 等，不同行业的应用采用的模式不同，但设计内容的逻辑是基本相同的。但是，正如在 DMAIC 中一样，测量系统分析仍然是设计过程中识别的 CTQs 和 Xs 数据质量的重要保证，是六西格玛项目团队必须关注的关键过程影响因素，也是项目成功的关键。

1.6 专业统计软件选择

计算机的发展为专业软件的应用提供了巨大便利，具有复杂统计功能以及丰富的报表和图形化输出功能的专业统计软件，也已经从统计学家的"圈内"扩展为被大众所依赖的"傻瓜式"工具，只要输入数据，点几下鼠标，设定些功能选项，立刻就可以得到漂亮的输出结果。

但是，并不是所有的统计软件都能这么理想，即使采用同样的方法，不同软件的输出结果可能存在某些差异，而且中外软件在统计学术语和名称上也存在较大的差异，使得使用者大伤脑筋。所以，在选择统计软件时，应尽量选择知名度高、可操作性强以及满足使用功能要求的软件。

现在企业选择使用较多的统计软件中，包含有关测量系统分析功能的国外软件有如下几种：

（1）Minitab

Minitab 是美国 Minitab 公司研发的，功能强大、齐全，可操作性强的统计软件，是六西格玛管理法应用的首选统计工具。在国外，它不但应用于工业企业，而且还应用于学校的教学，而在国内主要是一些外资和合资企业及实施六西格玛的大型企业在应用。它所包含的有关测量系统分析的功能比较全面。

（2）JMP

JMP 是国际著名数学软件 SAS 的一个重要分支，统计功能强大，在六西格玛管理领域与 Minitab 软件难分伯仲，特别是其试验设计功能特色尤为突出。

（3）Statistica

Statistica 也是知名度较高的软件，功能比较齐全强大，但在可操作性上较 Minitab 要稍差一些，有关测量系统分析的功能不如 Minitab 全面，但在其他功能上却毫不逊色，在我国应用也较多。

在具体统计分析方面，专业统计软件种类较多，这里不一一列举，读者可根据需要选择。

第2章
测量系统分析的统计基础

无论是简单测量系统研究，抑或是复杂测量系统研究，都要建立在大量的实验基础上，更为重要的是必须具备数据分析的多方面的数理统计知识。本章所介绍的内容就是我们在进行测量系统研究时必备的数理统计基础知识。值得一提的是，以下所述统计基础知识旨在揭示与测量系统分析实践相关的理论依据，同时亦可作为学习数理统计知识的基本知识。

2.1 基本统计知识

2.1.1 数据的分类

日常接触到的数据虽然形形色色，但从统计学角度而言，对于测量得到的数据可分为两种基本类型，即连续型数据和离散（非连续）型数据。

用测量设备测量得到的可以连续取值的数据，称为连续型数据，也称计量型数据。它可以在连续坐标上表示，如代表长度、温度和压力等量的数据。这类数据的特点是数据能够比较敏感地反映被测量的变化，包含的信息比较丰富，在进行统计分析时，可以较少的样本数量获得准确的分析结论。但是，有时对测量手段要求较高，有时需要花费比较大的成本去获取数据。

对于离散（或非连续）型数据，也称计数型数据，如合格/不合格、通过/不通过、是/否、好/坏等都具有分明界限的测量表示。这类数据不如计量型数据包含的信息那样敏感丰富，在进行统计分析时，所需样本量往往比较大。但其对测量手段和成本的要求不高。随着对计数型数据的统计分析方法的不断应用，计数型数据越来越受到重视。

实际测量时，确定被测数据的类型十分重要，它决定了数据的统计分析方法以及统计结论的可靠性。在成本因素允许时，应尽量获得计量型数据，以便提供尽可能多的有用信息。

通常，被测量的真值是未知的，测量的目的是使得测量结果数据尽量逼近真值，数据所包含的信息的多少不但取决于数据的类型，更重要的是依赖于所选择的测量尺度，而测量尺度才真正决定了研究这些数据时应使用的统计分析方法，也只有确定了测量尺度，才能真正了解这些统计分析方法是否适用和有效。

在统计学上，将测量尺度分为四类：定类、定序、定距和定比。对于各种测量尺度以及可使用的统计方法的比较，见表 2.1。

表 2.1   测量尺度类型和可使用的统计方法

尺度	定义	例子	统计方法
定类	具备/不具备某属性，只能计算属于某类别的个数	通/不通；成功/失败；接受/拒绝	百分比；比例；χ^2检验
定序	可以说某项所包含的属性比另一项多/少；可以给一些项目排序	味道；吸引力	排序；相关性
定距	任意两个相邻点之间等距；即使等距假设不正确；常常被当作定比尺度；可以加减、排序	日历时间；温度	相关性；t 检验；F 检验；多元回归
定比	零点表示不具有属性；可以进行加、减、乘、除	流逝的时间；距离；重量	t 检验；F 检验；相关性；多元回归

资料来源：质量工程手册，第 516 页

2.1.2 描述性统计

当面对纷繁复杂的各类数据时，往往要寻找可以概括这些数据的一两个数据，例如"平均""差距"或百分比等都是用来概括数据的。由于定性变量比较简单，常用的概括就是比例或百分比，所以我们主要介绍定量变量的描述。

除了用图形表示外，还可以用少量的描述性参数来表示数据，这些描述性参数即所谓的汇总统计量或概括统计量（summary statistic）。由于统计量来自于样本数据，因此对于不同数据或样本，统计量的值也就不同，或者说样本的随机性决定了统计量的随机性。

描述性统计就是使用这些汇总统计量来描述经验分布的特性，也就是从样本中得到的数据分布。主要从两个方面进行描述：分布的位置或中心趋势及散布程度。

2.1.2.1 数据的数值描述

构建良好的数据汇总和显示对于良好的统计结果至关重要，因为它们可以使工程师专注于数据的重要特征，或者提供有关解决问题时应使用的模型类型的见解。我们经常发现用数字描述数据特征很有用。

（1）数据的"位置"

学生在上学时，常用其学习成绩的平均分作为相互之间学习好坏的评价和比较。对于学校的好坏则往往采用平均升学率来衡量。这些说法都是关于平均概念。对于我们要研究的数据，也可以采用某变量观测值的"中心位置"或者数据分布的中心来表述，与这种"位置"有关的统计量通常称为位置统计量（location statistic）。常用的位置统计量包括样本均值或均值、中位数、上下四分位数和众数等。

（2）数据的"尺度"

上大学时，获得一等奖学金是一件非常不容易的事情，因为有些学校规定要达到参加一等奖学金评定的资格要求，必须保证平均成绩在 80 分以上，且每门主课的成绩在 75 分以上，选修课的成绩在"良好"以上。平均成绩是位置统计量，而对每门课程成绩的"均衡性"则采用尺度统计量（scale statistic）来描述。尺度统计量是描述数据散布，即描述集中与分散程度或变化的度量。统计中有许多尺度统计量，一般来说，数据越分散，尺度统计量的值也就越大。常用的尺度统计量包括极差、四分位极差、方差、标准差、均值标准误和变异系数等。

（3）残差和自由度

n 个观测值 y_i 与它们的样本平均的偏差称为残差（residuals），这些残差之和总为 0。于是 $\sum(y-\overline{y})=0$ 建立了一个在残差（$y_1-\overline{y}$，$y_2-\overline{y}$，…，$y_n-\overline{y}$）上的线性约束。因此，这 n 个残差有 $n-1$ 个自由度，即其中只有 $n-1$ 个是独立的。从而，平方和 $\sum(y-\overline{y})^2$ 和样本方差 $s^2=\sum(y-\overline{y})^2/(n-1)$ 就有 $v=n-1$ 个自由度。

2.1.2.2 数据的图形描述

在实际工作中，经常讲"让数据说话"，这并非是指数据本身能够说些什么，而是它的结果和结论能表现出什么。当面对巨大且看似杂乱无章的数据时，如果不进行数据分析的话，至多可以对这样的数据形成一些粗略印象，因此必须进行数据分析。分析数据应该用统计方法，以便结果和结论都是客观的，而不是主观臆断的。我们常用简单的图示法来辅助分析和解释由实验所得的数据。这些图能使实验者快速地看出观测数据的总体位置或中心趋势及其分散程度。

下面将重点介绍直方图（histogram）和箱线图（box plot）这两种最常用的图形工具。

（1）直方图

对数据绘制直方图的最终目的是通过观察和分析得出有效的结论。图 2.1 是表示 200个观测值的直方图，这些观测值是某柱销零件的直径数据，此图显示出这组数据的中心趋势、分散程度及其分布的一般形状。通过对直方图的分布状态，即图形形状的观察来判断隐藏在数据背后的原因。通常将直方图的分布形状分为正常型、锯齿型、孤岛型、偏向型、陡壁型、双峰型和平顶型等，表现出的不同形状隐含着可能存在某些可识别的原因。

直方图是这样做成的：在横轴上划分出若干个小区间（通常是等距的），在第 i 个区间上画一个矩形，使矩形面积与 n_i 成正比，其中，n_i 是数据中落入第 i 个区间中数据的个数。

（2）箱线图

箱线图可同时描述样本数据的几个重要特征，例如中心位置、分散程度、偏离对称性以及识别异常观察值或离群值。箱线图（有时也称为盒须图）在水平或垂直对齐的矩形框

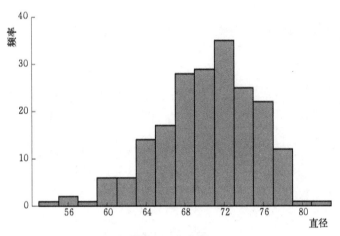

图 2.1　直方图

上显示三个四分位数以及数据的最小值和最大值。该框用第一四分位数 Q_1 的左（或下）边和第三四分位数 Q_3 的右（或上）边围住的范围称为四分位极差（IQR）。箱中画的一条线表明第二四分位数 Q_2（即第 50 个百分位数或中位数）处。箱须从盒子的两端延伸。下箱须是从 Q_1 到 $Q_1-1.5$IQR 内的最小数据点的线。上箱须是从 Q_3 到 $Q_3+1.5$IQR 内的最大数据点的线。比箱须离盒子更远的数据被绘制为单独的点。箱须之外的点，但距离盒子边缘不到 3/4 的距离，称为离群值（outlier）。从框边开始超过 3IQR 距离的点称为极端离群值，如图 2.2 所示。

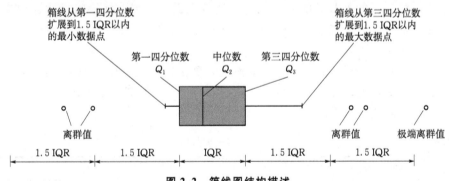

图 2.2　箱线图结构描述

箱线图在数据集之间的图形比较中非常有用，因为它们具有很高的视觉冲击力并且易于理解。图 2.3 显示了两台机器转矩样本数据的箱线图。该图表明两台机器之间平均转矩的差别，也表明了机器 1 相较机器 2 来说，转矩分布的对称性要差，而机器 2 的分散程度要比机器 1 的分散程度大。

直方图及箱线图都可用来概括出一个数据样本的信息，但要更全面地描述样本数据中所包含的信息，则要用到描述性统计和概率分布的方法。

（3）概率图

如何知道特定的概率分布是否是数据的合理模型？通常这是一个重要的问题，因为后续介绍的许多统计技术都是基于总体分布的假设。之前使用的某些图形显示（例如直方图）可以提供有关基础分布形式的信息。但是，除非样本量很大，否则直方图通常不是分

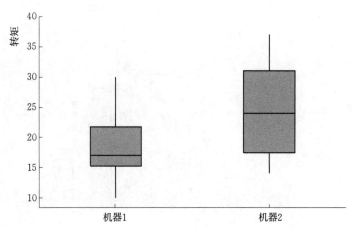

图 2.3　箱线图

布形式的真正可靠的表示。

概率图（probability plot）是基于主观可见的实验数据来判断样本数据是否服从假设分布的一种图形方法。方法非常简单，可以用统计软件快速完成。对于中小样本，它也比直方图更可靠。这里主要关注正态概率图，因为只有当总体（至少近似）为正态时，许多统计技术才适用。

为了构造正态概率图，首先将样本观测值从小到大进行排序，即样本 x_1，x_2，…，x_n 被排成 $x_{(1)}$，$x_{(2)}$，…，$x_{(n)}$，其中 $x_{(i)}$ 被称为次序秩统计量，作图就是通过计算其累积概率 $(i-0.5)/n$。如果假设的分布足够描述该数据，在图上标绘的点就会构成一条直线。如果描绘的点明显偏离直线模式，则假设的模型是不适合的。

以下举例来说明这种方法。

某纺织厂要评估一种新的纺织品的易燃性，测试者随机选择了 16 个纺织品，并在规定的时间内观测火焰的燃烧，并测量燃烧部分的长度，用变量 FL 表示（数据见表 2.2）。要检验 FL 是否服从正态假设。

表 2.2　　　　　　　　　　　　　　　火焰燃烧长度数据

样本	FL	样本	FL	样本	FL	样本	FL
1	3.3	5	3.9	9	3.3	13	3.7
2	3.0	6	4.8	10	3.0	14	2.7
3	4.3	7	4.0	11	3.7	15	3.2
4	3.9	8	3.8	12	3.0	16	4.0

图 2.4 为计算机生成的正态概率图。大多数正态概率图在左面的垂直刻度标出 $100(i-0.5)/n$，而次序观测值标在横坐标上，直线根据图中的点画出来。一个好的规则是在第 25 个百分位数的点和第 75 个百分位数的点之间画一条直线。可以想象沿直线有一支粗铅笔（有人形象地称为"胖铅笔"），它可以覆盖所有的点，此时可认为这些数据服从正态分布。

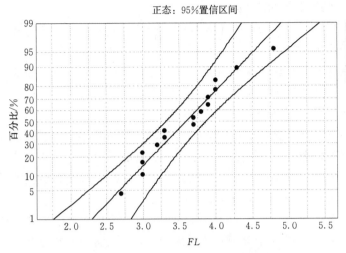

图 2.4 **FL** 的概率图

可以直接通过正态概率图得到均值和标准差的估计。均值用概率图的 50％分位数来估计，标准差用 84％和 50％分位数的差来估计。

当然，图形只是起到辅助判断的作用，可以通过假设检验（比如 Anderson-Darling 检验）计算出 p 值，如果 p 值大于 0.05 则可得出数据是服从正态分布的结论。

2.1.3 其他重要的基础知识

在统计学中，主要研究随机变量的概率分布。随机变量可分为离散型和连续型，相应地对应离散型和连续型概率分布。通常使用两个数字来概括随机变量 X 的概率分布。平均值是对概率分布的中心或中间位置的度量，方差是对分布的分散性或变异性的度量。

在现实生活中，我们通常要根据已经获得的数据，例如抽样调查所获得的数据做出推断性的结论，这种获得结论的方法称为统计推断。统计推断的目标是用总体的一个样本来得出关于该总体的一些结论，可用统计量的点估计和区间估计（置信区间）来表征。

统计推断的另一类重要问题就是假设检验问题。在总体的分布函数完全未知或只知其形式但不知其参数的情况，为了推断总体的某些未知特性，提出某些关于总体的假设。例如，提出总体服从泊松分布的假设，或对于正态总体提出数学期望等于 μ_0 假设等。我们就是要根据样本对所提出的假设作出是拒绝还是不拒绝的决策，假设检验就是作出这一决策的过程。

以上统计基础知识是测量系统分析的重要理论基础，由于可以从任何一本统计学教材中获得相应的内容，在此不做赘述。

2.2 单因子试验：方差分析

方差分析（analysis of variance，ANOVA）在数理统计中得到了非常广泛的应用。后面章节中的量具 $R\&R$（重复性和再现性的通俗缩写，依据不同行业和应用历史，有时也将重复性和再现性缩写为 GRR）研究就以此节内容为基础。

在科学试验和生产实践中，经常要对在不同条件下进行试验或观察得到的数据进行分析，以判断不同条件对结果有无影响。方差分析就是这一应用的有效方法。

在试验中，我们将要考察的试验结果或观察指标称为试验指标或响应。影响试验指标的条件称为因子或因素，常用英文大写字母 A，B，C 表示。因子在试验或观察中所处的状态称为因子的水平，因子 A 的水平常记为 A_1，A_2……

在进行方差分析前有一个非常重要的假定，就是假定在同一条件下的试验结果是来自正态分布的一个样本，而不同条件下的正态总体是相互独立的，但各总体的方差相等。这种假定将体现在各种分析的数学模型中。从这个意义上说，方差分析就是检验若干个具有同方差的正态总体均值是否相等的一种假设检验方法。

根据实际问题中所考察的因子的个数不同，有单因子方差分析和多元方差分析等。本节侧重介绍关于具有 a 个水平（或 a 个处理）的单因子试验的设计与分析方法。

2.2.1 举例：拉伸强度

一家用于制造食品杂货袋的纸张制造商对提高产品的拉伸强度感兴趣。产品工程师认为，拉伸强度是纸浆中木浆浓度的函数，实际有用的木浆浓度范围为 5％～20％。负责这项研究的工程师团队确定了研究木浆浓度的四个水平：5％、10％、15％和20％。他们决定在每个浓度水平上选择六个测试样品。所有 24 个样品在实验室拉伸试验机上以随机顺序进行测试。表 2.3 列出了该试验的数据（数据文件：Tensile Strength. mtw）。

表 2.3 纸张拉伸强度 （psi）

木浆浓度/％	观测值						总和	平均值
	1	2	3	4	5	6		
5	7	8	15	11	9	10	60	10.00
10	12	17	13	18	19	15	94	15.67
15	14	18	19	17	16	18	102	17.00
20	19	25	22	23	18	20	127	21.17
							383	15.96

这是一个具有四个水平的完全随机单因子实验的示例。该因子的水平有时称为处理（treatment），每个处理有六个观测值或重复。随机化在该实验中的作用极为重要。通过按随机顺序运行的 24 次试验，可以平衡可能影响拉伸强度观测值的任何"难以控制的变量"的影响。例如，假设在拉伸试验机上有预热效应；也就是说，机器开启的时间越长，观测到的拉伸强度就越大。如果按照增加木浆浓度的顺序进行所有 24 次运行（即先测试所有 6 个 5％浓度的样品，然后再测试所有 6 个 10％浓度的样品，等等），则观测到的拉伸强度差异也可能是由于预热效应。

以图形方式分析设计试验中的数据非常重要。图 2.5 给出了四个木浆浓度水平下的拉伸强度的箱线图。该图表明改变木浆浓度对拉伸强度有影响。具体而言，较高的木浆浓度会产生较高的拉伸强度观测值。

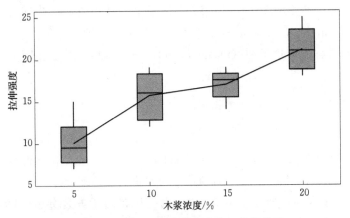

图 2.5　拉伸强度依木浆浓度分组的箱线图

此外，在特定的木浆水平上拉伸强度的分布是合理对称的，并且随着木浆浓度的变化，拉伸强度的变化不会显著变化。

数据的图形解释总是有用的。箱线图显示了各个处理内观测值的变异性（因子水平）以及处理之间的变异性。方差分析是检验若干个均值相等的比较好的方法，它的用途比解决上述问题要更为广泛，可以说方差分析是统计推断领域中最有用和常用的方法。

2.2.2　方差分析

设某一单因子有 a 个想要比较的水平（或处理），a 个处理的每一个中的观测值均为一个随机变量。数据见表 2.4，表中的任一值可用 y_{ij} 表示，代表第 i 个因子水平下的第 j 个观测值，通常，在第 i 个水平下有 n 个观测值。

表 2.4　　　　　　　　　　　　单因子试验的典型数据

处理（水平）	观测值				总和	平均值
1	y_{11}	y_{12}	$\cdots$	y_{1n}	$y_1.$	$\overline{y}_1.$
2	y_{21}	y_{22}	$\cdots$	y_{2n}	$y_2.$	$\overline{y}_2.$
$\vdots$	$\vdots$	$\vdots$	$\vdots$	$\vdots$	$\vdots$	$\vdots$
a	y_{a1}	y_{a2}	$\cdots$	y_{an}	$y_a.$	$\overline{y}_a.$
					$y..$	$\overline{y}..$

2.2.2.1　数据的模型

对上表观测值可建立线性统计模型，即响应变量 y_{ij} 是模型参数的线性函数。一种方法是将模型写成

$$y_{ij} = \mu_i + \varepsilon_{ij} \quad \begin{cases} i = 1.2, \cdots, a \\ j = 1, 2, \cdots, n \end{cases} \qquad 式 (2.2.1)$$

式中：y_{ij} 为第 ij 个观测值，μ_i 为第 i 个因子水平的均值，ε_{ij} 为随机误差分量，我们假定误差 ε_{ij} 服从均值为 0，方差为 σ^2 的独立的正态分布，即 $\varepsilon_{ij} \sim N (0, \sigma^2)$．

式 (2.2.1) 被称为**均值模型 (means model)**。另一种方法是我们定义

$$\mu_i = \mu + \tau_i, \ i = 1, 2, \cdots, a$$

则式 (2.2.1) 变为

$$y_{ij} = \mu + \tau_i + \varepsilon_{ij} \quad \begin{cases} i = 1, 2, \cdots, a \\ j = 1, 2, \cdots, n \end{cases} \qquad 式 (2.2.2)$$

式 (2.2.2) 被称为**效应模型 (effects model)**。μ 为所有水平的共同参数，叫作总均值，τ_i 为唯一对应于第 i 个因子水平的参数，叫作第 i 个处理效应。

因子只研究一个因子，所以式 (2.2.2) 也叫作**单因子方差分析 (One-way ANOVA)** 模型。

2.2.2.2　固定效应模型和随机效应模型

试验中因子的 a 个水平可以通过两种不同的方式进行选择。第一种方式是，a 个水平由试验者具体选定，此时要检验关于水平均值的假设，所得结论仅适用于该分析中所选择的因子水平，并不能推广到未曾考虑的其他相似水平中去。这种方式构建的模型被称为**固定效应模型 (fixed-effects model)**。另一种方式是，a 个水平可以看作是来自一个较大的总体水平的一个随机样本，分析结论可以推广到总体的所有水平，因此，我们要检验关于 τ_i 的变异性并估计之，这就叫做**随机效应模型 (random-effects model)** 或**方差分量模型 (components of variance model)**。

2.2.2.3　固定效应模型的分析

在固定效应模型中，τ_i 处理效应可以被认为是与总均值的偏差，于是

$$\sum_{i=1}^{a} \tau_i = 0$$

令 $y_{i.}$ 表示第 i 个处理的观测值的总和，$\overline{y}_{i.}$ 表示第 i 个处理的观测值的平均值，类似地，$y_{..}$ 表示全部观测值的总和，$\overline{y}_{..}$ 表示全部观测值的总平均值。用符号表示即

$$y_{i.} = \sum_{j=1}^{n} y_{ij}, \quad \overline{y}_{i.} = y_{i.}/n, \qquad i = 1, 2, \cdots, a$$

$$y_{..} = \sum_{i=1}^{a} \sum_{j=1}^{n} y_{ij}, \quad \overline{y}_{..} = y_{..}/N$$

式中：$N = an$ 为观测值的总个数。"点"号表示对相应的下标求和。

我们的关注点在于检验 a 个处理均值的等式，根据处理效应 τ_i，一个等价写法就是

$$H_0: \tau_1 = \tau_2 = \cdots = \tau_a = 0$$

$$H_1: \tau_i \neq 0 \qquad 至少对于一个 i$$

因此，检验 a 个处理均值相等的合适方法就是方差分析。

（1）总平方和的分解

方差分析来源于将总变异性分解为其分量，数据的总变异性由总校正平方总和来度量

$$SS_T = \sum_{i=1}^{a} \sum_{j=1}^{n} (y_{ij} - \overline{y}_{...})^2$$

总平方和恒等式为

$$\sum_{i=1}^{a} \sum_{j=1}^{n} (y_{ij} - \overline{y}_{...})^2 = n \sum_{i=1}^{a} (\overline{y}_{i.} - \overline{y}_{...})^2 + \sum_{i=1}^{a} \sum_{j=1}^{n} (y_{ij} - \overline{y}_{i.})^2 \quad 式（2.2.3）$$

式（2.2.3）就是方差分析的公式，它表明，用总平方和来度量的一组数据的总变异性可以分解为：处理平均值与总平均值之差的平方和，再加上在处理内部的观测值与处理平均值之差的平方和。

可以将式（2.2.3）用符号写为

$$SS_T = SS_{处理} + SS_E$$

式中：$SS_{处理}$叫作处理（在处理之间的）平方和，而SS_E叫作误差（即处理内部的）平方和。

因为有$N = an$个总观测值，故而，SS_T有$N-1$个自由度；又因为有a个因子水平，所以，$SS_{处理}$有$a-1$个自由度；任一水平内部有n个重复，给出$n-1$个自由度，可以用于估计试验误差，考虑a个因子水平，从而误差有$a(n-1) = an - a = N - a$个自由度。

统计量$MS_{处理} = SS_{处理}/(a-1)$被称为处理的均方 **(mean square for treatments)**，$MS_E = SS_E/[a(n-1)]$称为误差均方 **(mean square for error)**，它是误差σ^2的一个无偏估计，即其均方的期望值为

$$E(MS_E) = \sigma^2$$

同理可得，处理均方的期望值为

$$E(MS_{处理}) = \sigma^2 + \frac{n \sum_{i=1}^{a} \tau_i^2}{a-1}$$

我们可以看到，$MS_{处理}$和MS_E是独立的（可以证明是独立分布的χ^2随机变量），因此，当处理均值之间没有差异的原假设为真时，比值

$$F_0 = \frac{SS_{处理}/(a-1)}{SS_E/[a(n-1)]} = \frac{MS_{处理}}{MS_E} \quad\quad 式（2.2.4）$$

服从自由度为$a-1$与$a(n-1)$的F分布。式（2.2.4）就是关于处理均值没有差异的假设的检验统计量。

从均方的期望可知，MS_E是σ^2的一个无偏估计，而且在原假设下，$MS_{处理}$也是σ^2的一个无偏估计。但是，如果原假设不真，$MS_{处理}$的期望值大于σ^2，因此，在备择假设下，检验统计量的分子的期望值将大于分母的期望值，所以，当检验统计量的实现值（f_0）太大时，应该拒绝原假设H_0，即满足

$$f_0 > f_{\alpha, a-1, a(n-1)}, \quad f_0 由式（2.2.4）算得。$$

在使用统计软件计算时，也可以利用p值方法进行决策。

当每个处理具有相等的样本量时，一种有效的平方和的计算方法是

$$SS_T = \sum_{i=1}^{a} \sum_{j=1}^{n} y_{ij}^2 - \frac{y_{...}^2}{N} \qquad \text{式（2.2.5）}$$

$$SS_{处理} = \sum_{i=1}^{a} \frac{y_{i.}^2}{n} - \frac{y_{...}^2}{N} \qquad \text{式（2.2.6）}$$

$$SS_E = SS_T - SS_{处理} \qquad \text{式（2.2.7）}$$

（2）方差分析表

表 2.5 总结了上述的检验过程，称之为方差分析表。

表 2.5 　　　　　　　　　　　　　　　方差分析表

方差来源	平方和	自由度	均方	F_0
处理间	$SS_{处理}$	$a-1$	$MS_{处理}$	$MS_{处理}/MS_E$
误差（处理内）	SS_E	$a(n-1)$	MS_E	
总和	SS_T	$an-1$		

例 2.1 　拉伸强度的方差分析（ANOVA）

考虑在 2.2.1 节讨论过的例子，我们可以使用方差分析来检验以下假设：不同的木浆浓度不会影响纸张的平均拉伸强度。做出原假设和备择假设为

$$H_0: \mu_1 = \mu_2 = \mu_3 = \mu_4 \qquad H_1: \mu_1, \mu_2, \mu_3, \mu_4 \text{ 中至少有一个均值不等}$$

设显著性水平 $\alpha = 0.01$。通过式（2.3.5）、式（2.3.6）和式（2.3.7）计算得到方差分析的平方和为

$$SS_T = \sum_{i=1}^{4} \sum_{j=1}^{6} y_{ij}^2 - \frac{y_{...}^2}{N} = 512.96$$

$$SS_{处理} = \sum_{i=1}^{4} \frac{y_{i.}^2}{n} - \frac{y_{...}^2}{N} = 382.79$$

$$SS_E = SS_T - SS_{处理} = 130.17$$

方差分析概括在表 2.6 中。由于 $f_{0.01,3,20} = 4.94$，我们拒绝原假设 H_0，并得出结论木浆浓度显著地影响纸袋的拉伸强度。还可以计算检验统计量的 p 值如下

表 2.6 　　　　　　　　　　　　拉伸强度数据的 ANOVA

方差来源	平方和	自由度	均方	f_0	p 值
木浆浓度	382.79	3	127.60	19.60	3.59E-6
误差	130.17	20	6.51		
总和	512.96	23			

$$P = P(F_{3,20} > 19.60) \approx 3.59 \times 10^{-6}$$

由于 p 值显著地小于 $\alpha = 0.01$，有足够证据表明原假设 H_0 不真。

（3）计算机输出示例

许多软件包都可以使用方差分析来分析试验数据。有关例 2.1 中纸张拉伸强度试验的计算机输出，见表 2.7。

表 2.7		拉伸强度试验数据方差分析 Minitab 计算机输出			

方差分析

来源	自由度	*Adj SS*	*Adj MS*	F	P
木浆浓度/%	3	382.8	127.597	19.61	0.000
误差	20	130.2	6.508		
合计	23	513.0			

模型汇总

S	R-sq	R-sq（调整）	R-sq（预测）
2.55114	74.62%	70.82%	63.46%

均值

木浆浓度/%	N	均值	标准差	95%置信区间
5	6	10.00	2.83	(7.83, 12.17)
10	6	15.67	2.80	(13.49, 17.84)
15	6	17.000	1.789	(14.827, 19.173)
20	6	21.17	2.64	(18.99, 23.34)

合并标准差=2.55114

计算机输出还显示了每个处理均值的 95%置信区间（95%CI）。第 i 个处理的均值定义为

$$\mu_i = \mu + \tau_i$$

μ_i 的一个点估计是 $\hat{\mu}_i = \hat{\mu} + \hat{\tau}_i = \overline{y}_{i\cdot}$。现在，假定误差服从正态分布，则每个处理均值是服从 $N(\mu_i, \sigma^2/n)$，如果用 MS_E 来估计 σ^2，就可基于 t 分布来建立置信区间，因为

$$T = \frac{\overline{y}_{i\cdot} - \mu_i}{\sqrt{MS_E/n}}$$

服从自由度为 $a(n-1)$ 的 t 分布。

因此，第 i 个处理均值 μ_i 的 $100(1-\alpha)$%置信区间是

$$\overline{y}_{i\cdot} - t_{\alpha/2,a(n-1)}\sqrt{\frac{MS_E}{n}} \leqslant \mu_i \leqslant \overline{y}_{i\cdot} + t_{\alpha/2,a(n-1)}\sqrt{\frac{MS_E}{n}} \qquad 式（2.2.8）$$

例如，在 20%的木浆浓度，均值的点估计为 $\overline{y}_4 = 21.167$，$MS_E = 6.51$，$t_{0.025,20} = 2.086$，于是 95% CI 是

$$\left[\overline{y}_4 \pm t_{0.025,20}\sqrt{MS_E/n}\right]$$

$$\left[21.167 \pm (2.086)\sqrt{6.51/6}\right]$$

或者

$$19.00 \text{psi} \leqslant \mu_4 \leqslant 23.34 \text{psi}$$

同理，可以得到任意两个处理均值之差（即 $\mu_i - \mu_j$）的一个 $100(1-\alpha)\%$ 置信区间是

$$\overline{y}_{i.} - \overline{y}_{j.} - t_{\alpha/2, a(n-1)} \sqrt{\frac{2MS_E}{n}} \leqslant \mu_i - \mu_j \leqslant \overline{y}_{i.} - \overline{y}_{j.} + t_{\alpha/2, a(n-1)} \sqrt{\frac{2MS_E}{n}} \quad \text{式 (2.2.9)}$$

例如，$(\mu_3 - \mu_2)$ 的一个 95% 置信区间是：

$$\left[\overline{y}_{3.} - \overline{y}_{2.} \pm t_{0.025,20} \sqrt{2MS_E/n} \right]$$

$$\left[17.00 - 15.67 \pm (2.086) \sqrt{2(6.51)/6} \right]$$

或者

$$-1.74 \leqslant \mu_3 - \mu_2 \leqslant 4.40$$

因为 95% CI 包括 0，所以可以得出结论，在这两个特定的木浆水平上，平均拉伸强度没有差异。

（4）残差分析和模型检验

方差分析假设每个处理或因子水平的观测值呈正态且独立分布，且方差相等。这些假设可以很容易地利用残差（residual）检验来进行分析，处理 i 的观测值 j 的残差定义为

$$e_{ij} = y_{ij} - \hat{y}_{ij}$$

式中：$\hat{y}_{ij}$ 为对应于 y_{ij} 的一个估计，而 $\hat{y}_{ij} = \overline{y}_{i.}$，即第 i 个处理任一观测值的估计恰好是对应的处理平均值。

残差检验是方差分析的重要组成部分，它应该服从独立的正态分布，其均值为零，方差为未知常数 σ^2，也就是说，残差应该没有明显的模式。我们可以采用残差的图形分析进行模型诊断检测。

1）残差的正态性检验

检验正态性假设可以使用残差直方图。另一种有用的方法是构造一个残差的正态概率图。

2）依时间序列的残差图

依照收集数据的时间顺序绘制残差图有助于检测残差之间的相关性，具有正残差和负残差的趋势表明了正相关性，而这说明不符合误差的独立性假设。

3）残差与拟合值的关系图

该图用以检测残差的等方差性，应不显现出任何明显的模式。有时会出现非常数的方差，如残差会随着 $\hat{y}_{.j}$ 的增大而增大，即残差与 $\hat{y}_{ij}$ 的关系看起来就像一个向右开口的漏斗或喇叭筒，而这是不可接受的。

4）残差与其他变量的关系图

如果数据收集时还跟其他可能影响响应的变量有关，则应绘制残差与那些变量的关系图，只要这类残差中呈现出非随机的模式，那就意味着这些变量影响响应，对于这种变量应予以谨慎控制。

使用软件进行方差分析时，可以同时获得关于残差的各种检验图形（Minitab 中称为残差"四合一"图）。例如，上节举例的残差分析结果如图 2.6 所示。

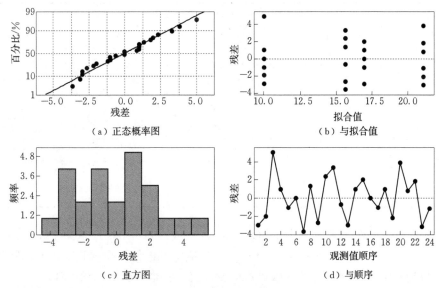

图 2.6　拉伸强度的残差图

（5）决定系数 R^2 及调整后的 R^2

除了基本的方差分析之外，软件程序还给出统计量决定系数（或决定系数）及"R-sq（调整）"（调整后的 R^2）。

一种广泛使用的、用以度量模型适合性的指标是决定系数 R^2 和修正决定系数 R^2_{adj}。决定系数表示响应变差中有多少能够被拟合模型所解释，决定系数越高，说明模型拟合对数据的拟合越好，它可通过下式计算

$$R^2 = \frac{SS_{处理}}{SS_T} = 1 - \frac{SS_E}{SS_T} \qquad 式（2.2.10）$$

为了便于具有不同预测因子的模型之间相互比较，通过考虑模型中预测因子的数量可以对 R^2 做出修正，就得到了修正的决定系数（或称为调整的决定系数），用 R^2_{adj} 表示，计算公式为

$$R^2_{adj} = 1 - \frac{MS_E}{MS_T} \qquad 式（2.2.11）$$

可解释为由方差分析模型所"说明"的数据中的变异性所占的比例。在拉伸强度试验中，"木浆浓度"因子约占拉伸强度变异性的 74.62%。显然，$0 \leqslant R^2 \leqslant 1$ 恒成立，且希望 R^2 有较大的值。

2.3　两因子析因设计

最简单的析因设计只含有两个因子，因子 A 有 a 个水平，因子 B 有 b 个水平，将其安排到析因设计表 2.8 中。如此，试验的每次重复都含有 ab 个处理组合，共有 n 次重复。

表 2.8 　　　　　　　　　　　　 **析因设计表**

		因子 B			
		1	2	⋯	b
因子 A	1	y_{111}，y_{112}，⋯，y_{11n}	y_{121}，y_{122}，⋯，y_{12n}	⋯	y_{1b1}，y_{1b2}，⋯，y_{1bn}
	2	y_{211}，y_{212}，⋯，y_{21n}	y_{221}，y_{222}，⋯，y_{22n}	⋯	y_{2b1}，y_{2b2}，⋯，y_{2bn}
	⋯	⋯	⋯	⋯	⋯
	a	y_{a11}，y_{a12}，⋯，y_{a1n}	y_{a21}，y_{a22}，⋯，y_{a2n}	⋯	y_{ab1}，y_{ab2}，⋯，y_{abn}

令 y_{ijk} 表示因子 A 取第 i 个水平（$i=1，2，⋯，a$），因子 B 取第 j 个水平（$j=1，2，⋯，b$）时第 k 次重复（$k=1，2，⋯，n$）的响应观测值。在试验中，abn 个观测值的顺序是随机选择的，因此，这种两因子析因设计就是一个完全随机化设计。

这些观测值可以用线性统计模型来描述

$$y_{ijk}=\mu+\tau_i+\beta_j+(\tau\beta)_{ij}+\varepsilon_{ijk}\quad\begin{cases}i=1，2，⋯，a\\j=1，2，⋯，b\\k=1，2，⋯，n\end{cases}\qquad 式（2.3.1）$$

式中：μ 为总平均效应，τ_i 为因子 A 的第 i 个水平的效应，β_j 为因子 B 的第 j 个水平的效应，$(\tau\beta)_{ij}$ 为 τ_i 与 β_j 之间的交互作用效应，ε_{ijk} 为随机误差分量，服从均值为 0，方差为 σ^2 的正态分布。通过方差分析可以检验以下假设：因子 A 没有主效应，B 没有主效应以及 AB 没有交互作用效应。由于试验有两个因子，所以被称为两因子方差分析（Two way ANOVA）。

2.3.1　固定效应模型的统计分析

假定 A 和 B 两个因子都是固定因子（fixed factors），也就是说，因子 A 的 a 个水平和因子 B 的 b 个水平都是由试验者特别选择的，且推断均限定于这些水平。处理效应规定为与总平均的偏差，所以 $\sum_{i=1}^{a}\tau_i=0$，$\sum_{j=1}^{b}\beta_j=0$，同样，交互作用效应是固定的并限定其满足 $\sum_{i=1}^{a}(\tau\beta)_{ij}=\sum_{j=1}^{b}(\tau\beta)_{ij}=0$。

为了说明方差分析，需要标识一些符号。令 $y_{i..}$ 表示在因子 A 在第 i 个水平下所有观测值的总和，$y_{.j.}$ 表示在因子 B 在第 j 个水平下所有观测值的总和，$y_{ij.}$ 表示第 ij 单元中所有观测值的总和，$y_{...}$ 表示全部观测值的总和。对应于表 2.8 中的行、列、单元与总和的平均值分别记为 $\overline{y}_{i..}$，$\overline{y}_{.j.}$，$\overline{y}_{ij.}$，$\overline{y}_{...}$，其数学表达式为

$$y_{i..}=\sum_{j=1}^{b}\sum_{k=1}^{n}y_{ijk}\qquad \overline{y}_{i..}=\frac{y_{i..}}{bn}\qquad i=1，2，⋯，a$$

$$y_{.j.} = \sum_{i=1}^{a} \sum_{k=1}^{n} y_{ijk} \qquad \overline{y}_{.j.} = \frac{y_{.j.}}{an} \qquad j=1,2,\cdots,b$$

$$y_{ij.} = \sum_{k=1}^{n} y_{ijk} \qquad \overline{y}_{ij.} = \frac{y_{ij.}}{n} \qquad i=1,2,\cdots,a,\ j=1,2,\cdots,b$$

$$y_{...} = \sum_{i=1}^{a} \sum_{j=1}^{b} \sum_{k=1}^{n} y_{ijk} \qquad \overline{y}_{...} = \frac{y_{...}}{abn} \qquad k=1,2,\cdots,n$$

想要检验的假设如下

H_0：$\tau_1 = \tau_2 = \cdots = \tau_a = 0$ （因子 A 无主效应）

H_1：至少一个 $\tau_i \neq 0$

H_0：$\beta_1 = \beta_2 = \cdots = \beta_b = 0$ （因子 B 无主效应）

H_1：至少一个 $\beta_j \neq 0$

H_0：$(\tau\beta)_{11} = (\tau\beta)_{12} = \cdots = (\tau\beta)_{ab} = 0$ （无交互作用）

H_1：至少一个 $(\tau\beta)_{ij} \neq 0$

方差分析通过将数据中的总变异分解为各组成部分，然后比较此分解中的各部分来检验这些假设。总变异通过观测值的平方总和来表征

$$SS_T = \sum_{i=1}^{a} \sum_{j=1}^{b} \sum_{k}^{n} (y_{ijk} - \overline{y}_{...})^2$$

总校正平方和可具体分解为

$$\sum_{i=1}^{a} \sum_{j=1}^{b} \sum_{k=1}^{n} (y_{ijk} - \overline{y}_{...})^2 = bn \sum_{i=1}^{a} (\overline{y}_{i..} - \overline{y}_{...})^2 + an \sum_{j=1}^{b} (\overline{y}_{.j.} - \overline{y}_{...})^2$$
$$+ n \sum_{i=1}^{a} \sum_{j=1}^{b} (\overline{y}_{ij.} - \overline{y}_{i..} - \overline{y}_{.j.} + \overline{y}_{...})^2 + \sum \sum \sum (y_{ijk} - \overline{y}_{ij.})^2$$

$$式 (2.3.2)$$

用平方和符号记为

$$SS_T = SS_A + SS_B + SS_{AB} + SS_E \qquad 式 (2.3.3)$$

同时，确定各平方和的自由度。对平方总和 $abn-1$ 个总自由度的分配如下：主效应 A 和主效应 B 分别有 a 个水平和 b 个水平，因此，它们分别有 $a-1$ 和 $b-1$ 个自由度；AB 交互作用有 $(a-1)(b-1)$ 个自由度；在 ab 个单元的每一单元内，n 次重复间有 $n-1$ 个自由度，所以，有 $ab(n-1)$ 个误差自由度。式 (2.3.3) 方程右边项的自由度之和即为总自由度。

用每一平方和除以其对应的自由度就得到了各自的均方为

$$MS_A = \frac{SS_A}{a-1} \qquad MS_B = \frac{SS_B}{b-1} \qquad MS_{AB} = \frac{SS_{AB}}{(a-1)(b-1)} \qquad MS_E = \frac{SS_E}{ab(n-1)}$$

假定因子 A 和 B 是固定因子，很容易得到均方的期望值（expected values）为

$$E(MS_A) = E\left(\frac{SS_A}{a-1}\right) = \sigma^2 + \frac{bn \sum_{i=1}^{a} \tau_i^2}{a-1} \qquad E(MS_B) = E\left(\frac{SS_B}{b-1}\right) = \sigma^2 + \frac{an \sum_{j=1}^{b} \beta_j^2}{b-1}$$

$$E(MS_{AB}) = E\left(\frac{SS_{AB}}{(a-1)(b-1)}\right) = \sigma^2 + \frac{n\sum_{i=1}^{a}\sum_{j=1}^{b}(\tau\beta)_{ij}^2}{(a-1)(b-1)}$$

$$E(MS_E) = E\left(\frac{SS_E}{ab(n-1)}\right) = \sigma^2$$

检视这些期望均方，如果没有行处理效应，没有列处理效应以及没有交互作用的原假设为真，则 MS_A、MS_B、MS_{AB} 与 MS_E 都估计了 σ^2。

如果模型式（2.3.1）是合适的，误差项 ε_{ijk} 服从正态独立分布且有常量方差 σ^2，则均方的每一个比值 MS_A/MS_E、MS_B/MS_E 以及 MS_{AB}/MS_E 都服从 F 分布，其分子的自由度分别是 $a-1$、$b-1$ 与 $(a-1)(b-1)$，分母的自由度是 $ab(n-1)$。

两因子方差分析各平方和可以下面的计算公式获得

$$SS_T = \sum_{i=1}^{a}\sum_{j=1}^{b}\sum_{k=1}^{n}y_{ijk}^2 - \frac{y_{...}^2}{abn} \qquad 式（2.3.4）$$

$$SS_A = \sum_{i=1}^{a}\frac{y_{i..}^2}{bn} - \frac{y_{...}^2}{abn} \qquad 式（2.3.5）$$

$$SS_B = \sum_{j=1}^{b}\frac{y_{.j.}^2}{an} - \frac{y_{...}^2}{abn} \qquad 式（2.3.6）$$

$$SS_{AB} = \sum_{i=1}^{a}\sum_{j=1}^{b}\frac{y_{ij.}^2}{n} - \frac{y_{...}^2}{abn} - SS_A - SS_B \qquad 式（2.3.7）$$

$$SS_E = SS_T - SS_A - SS_B - SS_{AB} \qquad 式（2.3.8）$$

计算结果见表 2.9。

表 2.9　　方差分析表

方差来源	平方和	自由度	均方	F
处理 A	SS_A	$a-1$	$MS_A = \frac{SS_A}{a-1}$	$\frac{MS_A}{MS_E}$
处理 B	SS_B	$b-1$	$MS_B = \frac{SS_B}{b-1}$	$\frac{MS_B}{MS_E}$
交互作用	SS_{AB}	$(a-1)(b-1)$	$MS_{AB} = \frac{SS_{AB}}{(a-1)(b-1)}$	$\frac{MS_{AB}}{MS_E}$
误差	SS_E	$ab(n-1)$	$MS_E = \frac{SS_E}{ab(n-1)}$	
总和	SS_T	$abn-1$		

例 2.2　铝板表面上底漆可以通过两种涂布方法：浸涂和喷涂。使用底漆的目的是为了提高涂料的附着力。某工程小组要了解三种不同的底漆的粘附特性是否不同，进行了析因实验，研究了底漆类型和涂布方法对涂料附着力的影响。对于底漆类型和涂布方法的每种组合，分别涂覆三个样品，并测量附着力。试验数据见表 2.10（附着力.mtw）。执行 ANOVA 所需的平方和计算如下。

表 2.10　　　　　　　　　　附着力数据

底漆类型	浸涂	喷涂	$y_{i..}$
1	4.0, 4.5, 4.3	5.4, 4.9, 5.6	28.7
2	5.6, 4.9, 5.4	5.8, 6.1, 6.3	34.1
3	3.8, 3.7, 4.0	5.5, 5.0, 5.0	27.0
$y_{.j.}$	40.2	49.6	$89.8 = y_{...}$

$$SS_T = \sum_{i=1}^{a}\sum_{j=1}^{b}\sum_{k=1}^{n} y_{ijk}^2 - \frac{y_{...}^2}{abn} = 10.72$$

$$SS_{类型} = \sum_{i=1}^{a} \frac{y_{i..}^2}{bn} - \frac{y_{...}^2}{abn} = 4.58$$

$$SS_{方法} = \sum_{j=1}^{b} \frac{y_{.j.}^2}{an} - \frac{y_{...}^2}{abn} = 4.91$$

$$SS_{交互} = \sum_{i=1}^{a}\sum_{j=1}^{b} \frac{y_{ij.}^2}{n} - \frac{y_{...}^2}{abn} - SS_{类型} - SS_{方法} = 0.24$$

$$SS_E = SS_T - SS_{类型} - SS_{方法} - SS_{交互} = 0.99$$

方差分析概括在表 2.11 中。试验使用 $\alpha = 0.05$。表中最后一列的 p 值中，对应两个主效应的 p 值显著地小于 0.05，说明底漆类型和涂布方法对涂料附着力的影响；而对应交互作用的 p 值大于 0.05，说明二者间的交互作用并不显著。

表 2.11　　　　　　　　　　附着力方差分析表

方差来源	平方和	自由度	均方	F	p 值
底漆类型	4.5811	2	2.2906	27.86	0
涂布方法	4.9098	1	4.9089	59.70	0
交互作用	0.2411	2	0.1206	1.47	0.269
误差	0.9867	12	0.0822		
总和	10.7178	17			

下面给出使用 Minitab 计算输出的结果：

方差分析：附着力与底漆类型，涂布方法

因子	类型	水平数	值
底漆类型	固定	3	1，2，3
涂布方法	固定	2	浸涂，喷涂

附着力的方差分析

来源	自由度	SS	MS	F	P
底漆类型	2	4.5811	2.2906	27.86	0

续表

来源	自由度	SS	MS	F	P
涂布方法	1	4.9089	4.9089	59.70	0
底漆类型 * 涂布方法	2	0.2411	0.1206	1.47	0.269
误差	12	0.9867	0.0822		
合计	17	10.7178			

S=0.286744 R-Sq=90.79% R-Sq（调整）=86.96%

同时，图 2.7 给出了对残差检验的结果。可见，残差未出现任何可识别的模式，符合要求。

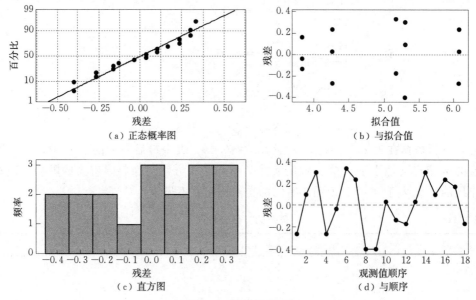

（a）正态概率图　　　　　　　　　（b）与拟合值

（c）直方图　　　　　　　　　（d）与顺序

图 2.7　残差检验图

2.3.2　无交互作用的两因子方差分析

有时，试验者认为没必要在模型中包含交互作用，这样没有交互作用的两因子模型可能是恰当的，即

$$y_{ijk} = \mu + \tau_i + \beta_j + \varepsilon_{ijk} \quad \begin{cases} i=1, 2, \cdots, a \\ j=1, 2, \cdots, b \\ k=1, 2, \cdots, n \end{cases} \quad \text{式（2.3.9）}$$

特别提醒，存在显著的交互作用会对数据解释产生非常大的影响，在模型中舍弃交互作用项必须谨慎。

无交互作用的两因子方差分析比较简单，用上述无交互作用模型对例 2.2 附着力数据进行分析，Minitab 计算输出结果见表 2.12。与先前的分析一样，两个主效应是显著的。

来源	自由度	SS	MS	F	P
底漆类型	2	4.5811	2.2906	26.12	0
涂布方法	1	4.9089	4.9089	55.97	0
误差	14	1.2278	0.0877		
合计	17	10.7178			

表 2.12　　　　　附着力方差分析表

有时，将显著的交互作用项不包含在模型中，可以通过数据的残差分析看出来，无交互作用模型是不适合的。残差与拟合值的关系图可能会出现某些非随机的模式，这些模式的呈现就暗示着交互作用的存在。

2.3.3　只做一次测量的情形

有时，会遇到只做一次测量并无重复的两因子试验，这样每个单元就只有一个观测值，此时效应模型是

$$y_{ij}=\mu+\tau_i+\beta_j+(\tau\beta)_{ij}+\varepsilon_{ij} \quad \begin{cases} i=1,2,\cdots,a \\ j=1,2,\cdots,b \end{cases}$$

可见，两因子交互效应 $(\tau\beta)_{ij}$ 与试验误差 ε_{ij} 不能以任何明显的方式分离开来。因此，除非交互作用效应为零，否则，就没有关于主效应的检验方法。

2.3.4　一般析因试验

许多试验涉及两个以上的因子，两因子方差分析的结果可以推广至一般的情况。考虑因子 A 有 a 个水平，因子 B 有 b 个水平，因子 C 有 c 个水平，等等，将这些因子安排在一个析因试验中。通常，当有完全试验的 n 次重复时，将有 $a\times b\times c\cdots\times n$ 个总观测值。当所有可能的交互作用包括在模型之中时，为了确定误差的平方和，就必须至少进行两次重复（$n\geqslant 2$）。

例如，考虑三因子方差分析模型为

$$y_{ijkl}=\mu+\tau_i+\beta_j+\gamma_k+(\tau\beta)_{ij}+(\tau\gamma)_{ik}+(\beta\gamma)_{jk}$$
$$+(\tau\beta\gamma)_{ijk}+\varepsilon_{ijkl} \quad \begin{cases} i=1,2,\cdots,a \\ j=1,2,\cdots,b \\ k=1,2,\cdots,c \\ l=1,2,\cdots,n \end{cases} \qquad 式（2.3.10）$$

设 A，B，C 是固定的，方差分析见表2.13，关于主效应和交互作用的 F 检验可直接有期望均方得出。

表 2.13　　　　　　　　　　　　　三因子固定效应模型的方差分析

方差来源	平方和	自由度	均方	期望均方	F
A	SS_A	$a-1$	MS_A	$\sigma^2+\dfrac{bcn\sum\tau_i^2}{a-1}$	$\dfrac{MS_A}{MS_E}$
B	SS_B	$b-1$	MS_B	$\sigma^2+\dfrac{acn\sum\beta_j^2}{b-1}$	$\dfrac{MS_B}{MS_E}$
C	SS_C	$c-1$	MS_C	$\sigma^2+\dfrac{abn\sum\gamma_k^2}{c-1}$	$\dfrac{MS_C}{MS_E}$
AB	SS_{AB}	$(a-1)(b-1)$	MS_{AB}	$\sigma^2+\dfrac{cn\sum\sum(\tau\beta)_{ij}^2}{(a-1)(b-1)}$	$\dfrac{MS_{AB}}{MS_E}$
AC	SS_{AC}	$(a-1)(c-1)$	MS_{AC}	$\sigma^2+\dfrac{bn\sum\sum(\tau\gamma)_{ik}^2}{(a-1)(c-1)}$	$\dfrac{MS_{AC}}{MS_E}$
BC	SS_{BC}	$(b-1)(c-1)$	MS_{BC}	$\sigma^2+\dfrac{an\sum\sum(\beta\gamma)_{jk}^2}{(b-1)(c-1)}$	$\dfrac{MS_{BC}}{MS_E}$
ABC	SS_{ABC}	$(a-1)(b-1)(c-1)$	MS_{ABC}	$\sigma^2+\dfrac{n\sum\sum\sum(\tau\beta\gamma)_{ijk}^2}{(a-1)(b-1)(c-1)}$	$\dfrac{MS_{ABC}}{MS_E}$
误差	SS_E	$abc(n-1)$	MS_E	σ^2	
总和	SS_T	$abcn-1$			

例 2.3　机械工程师正在研究在金属切割操作中生产的零件的表面粗糙度确定的三个因素是进给速度（A），切削深度（B）和刀具角度（C）。所有这三个因子都分别设置了两个水平，并且运行了两次析因设计。数据见表 2.14。

表 2.14　　　　　　　　　　　　　表面粗糙度数据

进给速度（A）	切削深度（B）				$y_{i\cdots}$
	0.025cm		0.040cm		
	刀具角度（C）		刀具角度（C）		
	15°	25°	15°	25°	
20cm/min	9	11	9	10	75
	7	10	11	8	
30cm/min	10	10	12	16	102
	12	13	15	14	

对于三因子实验的 ANOVA 计算，使用计算机软件来解决此问题。方差分析见表 2.15。

表 2.15   表面粗糙度方差分析

方差分析：表面粗糙度与进给速度，切削深度，刀具角度

因子	类型	水平数	值
进给速度	固定	2	20，30
切削深度	固定	2	0.025，0.040
刀具角度	固定	2	15，25

表面粗糙度的方差分析

来源	自由度	SS	MS	F	P
进给速度	1	45.563	45.563	18.69	0.003
切削深度	1	10.563	10.563	4.33	0.071
刀具角度	1	3.063	3.063	1.26	0.295
进给速度×切削深度	1	7.563	7.563	3.10	0.116
进给速度×刀具角度	1	0.063	0.063	0.03	0.877
切削深度×刀具角度	1	1.563	1.563	0.64	0.446
进给速度×切削深度×刀具角度	1	5.063	5.063	2.08	0.188
误差	8	19.500	2.438		
合计	15	92.938			

从结果看，在显著性水平为 0.05 时，只有进给速度一个因子的效应显著。显然，使用三个或更多因子的析因试验可能需要运行很多次，特别是在某些因子具有多个（两个以上）水平的情况下。鉴于此，在考虑析因设计时，所有因子都选择两个水平。这些设计易于设置和分析，并且可以用作许多其他有用试验设计的基础。

2.3.5　含随机因子的两因子方差分析

2.3.5.1　随机效应模型

有时经常会对某个有许多可能水平的因子感兴趣，如果从因子的众多水平中随机选取 a 个水平，则称该因子是随机的，相应的推断对因子的全体水平都有效。这与在固定效应情况下得出的结论不同，仅适用于试验中使用的因子水平。

线性统计模型为

$$y_{ij}=\mu+\tau_i+\varepsilon_{ij} \quad \begin{cases} i=1,\ 2,\ \cdots,\ a \\ j=1,\ 2,\ \cdots,\ n \end{cases} \qquad 式（2.3.11）$$

式中：τ_i 与 ε_{ij} 都是随机变量。若 τ_i 的方差为 σ_τ^2，且与 ε_{ij} 独立，则任一观测值的方差为

$$V(y_{ij})=\sigma_\tau^2+\sigma^2$$

方差 σ_τ^2 与 σ^2 称为方差分量（**variance components**）。而模型式（2.3.11）称为方差分量或随机效应模型。为了检验该模型，要求 $\varepsilon_{ij}\sim N(0,\sigma^2),\tau_i\sim N(0,\sigma_\tau^2)$。

方差分析的平方和分解式为

$$SS_T = SS_{\text{处理}} + SS_E$$

仍然是有效的。对于随机效应模型，检验单个处理效应为 0 的假设是没有意义的，所以，我们对方差分量 σ_τ^2 的假设进行检验

$$H_0 : \sigma_\tau^2 = 0 \qquad H_1 : \sigma_\tau^2 > 0$$

如果 $\sigma_\tau^2 = 0$，则所有处理相等；若 $\sigma_\tau^2 > 0$，则处理间存在差异。

随机效应模型的计算步骤和方差分析类似与固定效应的情形，但结论对处理的所有水平有效，这点上是有很大不同的。

在单因子随机效应模型中，可以得到期望均方值

$$E(MS_{\text{处理}}) = E\left(\frac{SS_{\text{处理}}}{a-1}\right) = \sigma^2 + n\sigma_\tau^2 \quad E(MS_E) = E\left[\frac{SS_E}{a(n-1)}\right] = \sigma^2$$

令均方观测值等于它们的期望值，得到

$$MS_{\text{处理}} = \sigma^2 + n\sigma_\tau^2 \qquad MS_E = \sigma^2$$

所以，方差分量的估计为

$$\hat{\sigma}^2 = MS_E$$

$$\hat{\sigma}_\tau^2 = \frac{MS_{\text{处理}} - MS_E}{n}$$

$\hat{\sigma}_\tau^2$ 可能为负数，由于方差不可能小于零，则 $\hat{\sigma}_\tau^2 = 0$。

2.3.5.2 含随机因子的两因子方差分析

假设有两个因子 A 和 B，它们都有许多水平（假设水平的总数量很大或者无穷多）。随机选取因子 A 的 a 个水平，因子 B 的 b 个水平，并采用析因试验设计来安排其水平组合。若试验重复 n 次，则可构建如下线性模型：

$$y_{ijk} = \mu + \tau_i + \beta_j + (\tau\beta)_{ij} + \varepsilon_{ijk} \quad \begin{cases} i=1, 2, \cdots, a \\ j=1, 2, \cdots, b \\ k=1, 2, \cdots, n \end{cases} \qquad 式（2.3.12）$$

式中：τ_i，β_j，$(\tau\beta)_{ij}$，ε_{ijk} 为随机变量，假定它们都服从均值为 0 的正态分布，方差分别为 σ_τ^2，σ_β^2，$\sigma_{\tau\beta}^2$，σ^2，这样，任一观测值的方差是

$$V(y_{ijk}) = \sigma_\tau^2 + \sigma_\beta^2 + \sigma_{\tau\beta}^2 + \sigma^2 \qquad 式（2.3.13）$$

σ_τ^2，σ_β^2，$\sigma_{\tau\beta}^2$，σ^2 称为方差分量。各平方和的计算方法与固定效应的情况相同，但考察期望均方可以证明

$$E(MS_A) = \sigma^2 + bn\sigma_\tau^2 + n\sigma_{\tau\beta}^2, \qquad E(MS_B) = \sigma^2 + an\sigma_\beta^2 + n\sigma_{\tau\beta}^2$$

$$E(MS_{AB}) = \sigma^2 + n\sigma_{\tau\beta}^2, \qquad E(MS_E) = \sigma^2 \qquad 式（2.3.14）$$

由期望均方看出，用来检验无交互作用假设 $H_0 : \sigma_{\tau\beta}^2 = 0$ 的恰当统计量是

$$F = \frac{MS_{AB}}{MS_E}$$

同理，要检验 $H_0 : \sigma_\tau^2 = 0$ 的恰当统计量是

$$F = \frac{MS_A}{MS_{AB}}$$

要检验 $H_0: \sigma_\beta^2 = 0$ 的恰当统计量是

$$F = \frac{MS_B}{MS_{AB}}$$

注意，这些检验统计量与因子 A 和 B 都是固定效应时所用的检验统计量不同。均方的期望常可以用来指导检验统计量的构造。

可用方差分析法来求出方差分量的估计，即

$$\hat{\sigma}^2 = MS_E, \qquad \hat{\sigma}_{\tau\beta}^2 = \frac{MS_{AB} - MS_E}{n}$$

$$\hat{\sigma}_\beta^2 = \frac{MS_B - MS_{AB}}{an}, \qquad \hat{\sigma}_\tau^2 = \frac{MS_A - MS_{AB}}{bn} \qquad \text{式 (2.3.15)}$$

以上方差分量的估计，除 $\hat{\sigma}^2$ 外，其余均可能为负数，若估计值为负数，一样视为零。

例 2.4 测量系统的能力研究

某测量系统用于一种感应电机启动器的功率模块的热抗能力的测量，需要进行量具重复性和再现性（Gage R&R）研究。从生产线上选出了 10 个部件，随机选择 3 名检验员用该量具测量每个部件 3 次，数据见表 2.16（数据表：热抗能力_两因子随机效应.mtw）。测量次序是完全随机的，所以这是一个两因子析因试验，部件和检验员都是随机因子，应用式（2.3.13）的方差分量等式，有

$$\sigma_y^2 = \sigma_\tau^2 + \sigma_\beta^2 + \sigma_{\tau\beta}^2 + \sigma^2$$

式中：σ_y^2 为总变异（包括由不同部件、检验员以及量具造成的变异），σ_τ^2 为部件的变异，σ_β^2 为检验员的变异，$\sigma_{\tau\beta}^2$ 为检验员与部件的交互作用变异，σ^2 为随机试验误差的方差。

表 2.16   **测量系统能力研究的试验数据**

部件	检验员 1			检验员 2			检验员 3		
	1	2	3	1	2	3	1	2	3
1	37	38	37	41	41	40	41	42	41
2	42	41	43	42	42	42	43	42	43
3	30	31	31	31	31	31	29	30	28
4	42	43	42	43	43	43	42	42	42
5	28	30	29	29	30	29	31	29	29
6	42	42	43	45	45	45	44	46	45
7	25	26	27	28	28	30	29	27	27
8	40	40	40	43	42	42	43	43	41
9	25	25	25	27	29	28	26	26	26
10	35	34	34	35	35	34	35	34	35

由于 σ^2 被认为是反映了由同一名检验员测量同一部件时观测到的变异，故而方差分量 σ^2 称为量具的重复性；而 $\sigma_\beta^2 + \sigma_{\tau\beta}^2$ 反映了检验员使用量具所造成的测量系统的其余变异（除了部件本身的变异外），所有它被称为量具的再现性。

表 2.17 列出了本试验的方差分析，采用 Minitab 中的平衡方差分析功能来获得的。通过 P 值小于 0.05，可看出部件、检验员以及检验员与部件的交互作用效应都是显著效应。

表 2.17　　　　　　　　　测量系统能力研究（Minitab 平衡方差分析）

方差分析：热抗能力（℃/w×100）与部件，操作员

因子	类型	水平数	值
部件	随机	10	1，2，3，4，5，6，7，8，9，10
操作员	随机	3	检验员 1，检验员 2，检验员 3

热抗能力（℃/w×100）的方差分析

来源	自由度	SS	MS	F	P
部件	9	3935.96	437.33	162.27	0
操作员	2	39.27	19.63	7.28	0.005
部件×操作员	18	48.51	2.70	5.27	0
误差	60	30.67	0.51		
合计	89	4054.40			

	来源	方差分量	误差项	每项的期望均方（使用无限制模型）
1	部件	48.2926	3	(4) +3 (3) +9 (1)
2	操作员	0.5646	3	(4) +3 (3) +30 (2)
3	部件×操作员	0.7280	4	(4) +3 (3)
4	误差	0.5111		(4)

估计的方差分量如下

$$\hat{\sigma}^2 = MS_E \qquad \hat{\sigma}^2 = 0.51$$

$$\hat{\sigma}_{\tau\beta}^2 = \frac{MS_{AB} - MS_E}{n} \qquad \hat{\sigma}_{\tau\beta}^2 = \frac{2.70 - 0.51}{3} = 0.73$$

$$\hat{\sigma}_{\tau}^2 = \frac{MS_A - MS_{AB}}{bn} \qquad \hat{\sigma}_{\tau}^2 = \frac{437.33 - 2.70}{3(3)} = 48.29$$

$$\hat{\sigma}_{\beta}^2 = \frac{MS_B - MS_{AB}}{an} \qquad \hat{\sigma}_{\beta}^2 = \frac{19.63 - 2.70}{10(3)} = 0.56$$

表的底部包含了随机模型的各期望均方，带圆括弧的数字代表了方差分量 [（4）代表 σ^2，（3）代表 $\sigma_{\tau\beta}^2$，等等]，同时，还给出了方差分量的估计。

估计量具的方差

$$\hat{\sigma}_{量具}^2 = \hat{\sigma}^2 + \hat{\sigma}_{\beta}^2 + \hat{\sigma}_{\tau\beta}^2 = 0.51 + 0.56 + 0.73 = 1.8$$

量具的变异性（只占总变异的 3.6%）相对于产品的变异性显然很小，说明量具能够区分不同等级的产品，这是一种理想的情况。

测量系统能力研究是试验设计常见的应用，这些试验几乎都有随机效应，在后续章节中会有具体应用的详细论述。

2.3.5.3　两因子混合模型方差分析

现在考虑因子 A 固定而因子 B 随机的情况，称为混合模型。线性统计模型为

$$y_{ijk} = \mu + \tau_i + \beta_j + (\tau\beta)_{ij} + \varepsilon_{ijk} \qquad \begin{cases} i = 1, 2, \cdots, a \\ j = 1, 2, \cdots, b \\ k = 1, 2, \cdots, n \end{cases} \qquad 式（2.3.16）$$

式中：τ_i 为固定效应，β_j 为随机效应，假定交互作用 $(\tau\beta)_{ij}$ 为随机效应，并假定 $\sum_{i=1}^{a} \tau_i = 0$，$\beta_j \sim N(0, \sigma_\beta^2)$；而 ε_{ijk} 为随机误差，满足 $\varepsilon_{ijk} \sim N(0, \sigma^2)$。

针对交互作用效应 $(\tau\beta)_{ij}$ 的假定不同，产生了无约束模型和约束模型，主要会影响期望均方的计算，模型的选择主要取决于数据。

例 2.5　测量系统的能力研究再分析

重新考虑例 2.4 的重复性和再现性研究，假定操作员只有 3 人，操作员就是固定因子，部件是随机选择的，所以现在要采用混合模型进行方差分析，选择无约束模型。混合模型的方差分析见表 2.18。

表 2.18　　　　　　　　　　　　两因子混合模型的方差分析

方差分析：热抗能力（℃/w×100）与部件，操作员

因子	类型	水平数	值
部件	随机	10	1，2，3，4，5，6，7，8，9，10
操作员	固定	3	检验员1，检验员2，检验员3

热抗能力（℃/w×100）的方差分析

来源	自由度	SS	MS	F	P
部件	9	3935.96	437.33	162.27	0
操作员	2	39.27	19.63	7.28	0.005
部件×操作员	18	48.51	2.70	5.27	0
误差	60	30.67	0.51		
合计	89	4054.40			

	来源	方差分量	误差项	每项的期望均方（使用无限制模型）
1	部件	48.2926	3	(4) + 3 (3) + 9 (1)
2	操作员		3	(4) + 3 (3) + Q [2]
3	部件×操作员	0.7280	4	(4) + 3 (3)
4	误差	0.5111		(4)

有兴趣的读者也可以选择约束模型进行分析，结果与无约束模型的结果非常相近。

2.3.5.4　方差分量的最大似然估计

上述方差分析也有一些缺点，有时会给出负的方差估计。这说明所用估计法（被称为

矩估计）得到的估计量的统计性质不太好。它不能简单地构建感兴趣的方差分量的置信区间，这无疑是实验者最感兴趣的参数。统计专家们更愿意使用的参数估计方法是**最大似然法（method of maximum likelihood）**。该方法的实施可能会有些复杂，尤其是对于实验设计模型而言。JMP 软件可使用 REML 方法计算随机或混合模型中方差分量的最大似然估计。

最大似然法的全面介绍超出了本书的范围，但其基本思想还是容易说明的。假设 x 是一个概率分布为 $f(x; \theta)$ 的随机变量，其中 θ 是未知参数。设 x_1，x_2，$\cdots$，x_n 是有 n 个观测的随机样本，其联合概率分布是 $\prod\limits_{i=1}^{n} f(x_i, \theta)$，样本观测值被认为是固定的。因此，似然函数就可表示为

$$L(x_1, x_2, \cdots, x_n; \theta) = \prod_{i=1}^{n} f(x_i, \theta) \qquad \text{式 (2.3.17)}$$

这里，似然函数只是一个关于未知参数 θ 的函数。θ 的最大似然估计是使似然函数 $L(x_1, x_2, \cdots, x_n; \theta)$ 达到最大值的 θ 值。

用于估计方差分量的最大似然估计的标准变体称为**残差（或约束）最大似然方法（residual maximum likelihood，REML）**。该方法优于矩估计法，因为它能产生近似正态分布的无偏估计量，且很容易获得其标准误差，并且像所有 MLE 一样，很容易找到置信区间（CI）。REML 的基本特征是，在估计随机效应时，它会考虑模型中的位置参数。

表 2.19 是针对例 2.4 中两因子随机效应模型使用 REML 方法在 JMP 软件中进行分析的输出。输出包含一些模型汇总统计量、以及各个方差分量的估计值、这些估计值与例 2.4 中通过 ANOVA 方法获得的估计值一致。

表 2.19   **例 2.8 使用 REML 估计方差分量**

响应"热抗能力（℃/w×100）"

拟合汇总	
R 平方	0.991998
调整 R 平方	0.991998
均方根误差	0.71492
响应均值	35.8
观测数（或权重和）	90

REML 方差分量的估计值						
随机效应	方差比	方差分量	标准误差	95%下限	95%上限	占合计的百分比
部件	94.485507	48.292593	22.906727	3.3962334	93.188952	96.400
操作员	1.1046699	0.5646091	0.6551292	−0.719421	1.8486387	1.127
操作员×部件	1.4243156	0.7279835	0.3010625	0.1379119	1.3180552	1.453

续表

随机效应	方差比	方差分量	标准误差	95%下限	95%上限	占合计的百分比
残差		0.5111111	0.0933157	0.3681575	0.757543	1.020
合计		50.096296	22.916569	24.132701	159.48357	100.000

−2 对数似然＝295.32696922

注意：合计是正方差分量的总和。

包括负估计值的合计＝50.096296

方差分量估计值的协方差矩阵				
随机效应	部件	操作员	操作员×部件	残差
部件	524.71813	0.002989	−0.02989	−5.76e−13
操作员	0.002989	0.4291942	−0.008967	−7.42e−15
操作员×部件	−0.02989	−0.008967	0.0906386	−0.002903
残差	−5.76e−13	−7.42e−15	−0.002903	0.0087078

　　JMP 也可用于混合模型的分析，使用 REML 方法来估计方差分量。在第 11 章中提供的案例十一"钢丝帘线拉断力测量系统 *GRR* 研究"就是利用 JMP 软件采用 REML 进行的数据分析。

2.4　非参数统计

2.4.1　关于非参数统计的基本概述

　　非参数（nonparametric）统计方法，顾名思义，它是相对于参数统计方法而言的。在传统的数理统计教材中所介绍的方法，大多是参数方法。最基本的概念是总体、样本、随机变量、分布、估计和假设检验等，总体的分布往往是给定的或者假定了的，最常假定的分布就是正态分布。而所要研究的也只是对某些未知参数，如均值和方差进行点估计或区间估计，或者对某些参数值进行各种检验，如 t 检验、F 检验和 χ^2 检验等。

　　然而，在更多的实际场合，对总体的分布作出假定有时是不合理的，因为有时数据并非来自所假定分布的总体，或者数据根本就不是来自一个总体。这样，上述所说的假定总体分布的情况下进行推断的做法就可能产生错误的结论，甚至有时为了用参数统计方法而假定总体的具体分布形式所产生的结论可能是灾难性的。

　　既然如此，人们就希望在不假定总体分布的情况下，尽量从数据本身来获得所需要的信息，实际上这就是非参数统计的主旨。所以**非参数统计方法就是在总体分布形式不了解，或知之甚少时进行推断的统计方法**。这时，非参数方法往往优于参数方法。然而在总体的分布族已知的情况下，应用非参数方法由于没有充分利用已知的关于总体分布的信息，所作出的结论就不如参数方法得到的精确。

非参数的意思是其方法不涉及描述总体分布的有关参数。之所以被称为和分布无关，是因为其推断方法和总体分布无关，而不是与所有的分布（例如有关秩的分布）无关。这里虽对总体分布不作假设，但可能要作一点诸如连续、对称之类的简单假设。

在不知道总体分布的情况下如何利用数据本身所包含的信息呢？一组数据的最基本的信息就是次序。如果可以将数据按大小次序排列，每一个具体数据都有其在整个数据排列（从最小的数起）中的位置或次序，称为该数据的**秩**（rank）。一组数据有多少个观察值，就有多少个秩。在一定的假设条件下，这些秩及其统计量的分布是可求得的，而且与原来数据的总体分布无关。这样就达到了对原始数据不作总体分布假设的情况下进行所需要的推断的目的。这就是非参数统计的基本思想。基于秩统计量的方法在非参数统计中极其重要。在本章中我们不准备涉及太多的内容，只重点介绍相关性检验和一致性检验的有关内容。

2.4.2 次序（顺序）统计量、秩和秩统计量

2.4.2.1 次序统计量

对于样本 $X_1, \cdots, X_n$，如果按照升幂（由小到大）排列，得到

$$X_{(1)} \leqslant X_{(2)} \leqslant \cdots \leqslant X_{(n)} \qquad 式（2.4.1）$$

这就是次序（顺序）统计量（**order statistics**）。其中 $X_{(i)}$ 为第 i 个次序统计量。例如，初等统计概念中的中位数和极差的定义都是基于次序统计量的。

2.4.2.2 秩和秩统计量

对于样本 $X_1, \cdots, X_n$，姑且假定它们的值互不相同，将样本数据按照升幂排列后，每个观测值 X_i 在这个排列中占据的位置，用 $R_i (i=1, 2, \cdots, n)$ 表示。例如有下面一组 10 个数据：15、9、18、3、17、8、5、13、7、19，将这些数据按从小到大的次序排列：3、5、7、9、13、15、17、18、19，可见样本数据 3 在排列中的位置为 1、19 的位置为 10，也就是说，数据 3 的秩为 1，而数据 19 的秩为 10，其他数据对应秩的情况见表 2.20。

表 2.20　　　　　　　　　　　　　数据对应的秩列表

R_i	7	5	9	1	8	4	2	6	3	10
X_i	15	9	18	3	17	8	5	13	7	19

由上可见，R_i 是第 i 个样本 X_i 在样本次序统计量 $X_{(1)} \leqslant X_{(2)} \leqslant \cdots \leqslant X_{(n)}$ 中的位置。同时，记 $R = (R_1, R_2, \cdots, R_n)$，称为样本 $X_1, \cdots, X_n$ 的秩统计量。

2.4.2.3 结和结统计量

（1）结

以上我们都假定样本 $X_1, \cdots, X_n$ 的值互不相同，在实际中有时会遇到样本相等的情况。设样本 $X_1, X_2, \cdots, X_7$ 为 4、6、3、2、-6、4、6，其中 X_1、X_6 都是 4，X_2、

X_7 都是 6。把相同的样本放在一起，称为一个**结 (tie)**，结中样本的个数称为该结的长。现样本有两个结：一个是 X_1、X_6，结长为 2；另一个是 X_2、X_7，结长也为 2。有时为了方便，也把不重复样本称为结长为 1 的样本。

当有结长大于 1 的结出现时，样本的秩通常采用**平均秩法**。

X_5 的秩为 1，X_4 的秩为 2，X_3 的秩为 3，X_1 和 X_6 相同，占据秩 4 和秩 5 的位置，则规定 X_1、X_6 的秩都为 $(4+5)/2=4.5$；X_2、X_7 相同，占据秩 6 和秩 7 的位置，则规定的 X_2、X_7 的秩都为 $(6+7)/2=6.5$，见表 2.21。

表 2.21　　　　　　　　　数据及其对应的秩

i	1	2	3	4	5	6	7
X_i	4	6	3	2	-6	4	6
R_i	4.5	6.5	3	2	1	4.5	6.5

（2）结统计量

一般地，若样本 $X_1,\cdots,X_n$ 由小到大如下排列

$$X_{(1)}=X_{(2)}=\cdots=X_{(\tau_1)}<X_{(\tau_1+1)}=\cdots=X_{(\tau_1+\tau_2)}<\cdots$$
$$<X_{(\tau_1+\cdots+\tau_{g-1}+1)}=\cdots=X_{(\tau_1+\cdots+\tau_g)}$$

式（2.4.2）

式中：$\sum_{i=1}^{g}\tau_i=n$，称（$\tau_1,\cdots,\tau_g$）为**结统计量**。

结统计量将样本 $X_1,\cdots,X_n$ 分成 g 组，按平均秩法，每个组内样本有一个共同秩。设 d_i 为第 i 组的秩，则

$$d_1=(1+\cdots+\tau_1)/\tau_1=(1+\tau_1)/2$$
$$d_2=[(\tau_1+1)+\cdots+(\tau_1+\tau_2)]/\tau_2=\tau_1+(1+\tau_2)/2$$
$$\vdots$$
$$d_g=[(\tau_1+\cdots+\tau_{g-1}+1)+\cdots+(\tau_1+\cdots+\tau_g)]/\tau_g=\tau_1+\cdots+\tau_{g-1}+(1+\tau_g)/2$$

式（2.4.3）

2.4.3　相关性检验

现实中，人们通常想知道某两个变量之间是否有关系，比如性别和教育程度的关系，寿命和居住地域的关系，吸烟及肺部疾病的关系等等。相关分析方法常被用来确定两个或更多个变量之间的线性关系的强弱，是最广泛应用的统计方法之一。在参数统计中，两个随机变量 X 和 Y 的线性相关的程度是由相关系数 $\rho(X,Y)$ 定义的：

$$\rho(X,Y)=\frac{Cov(X,Y)}{\sqrt{Var(X)\cdot Var(Y)}}$$

式中：$Cov(X,Y)=E[(X-E(X))(Y-E(Y))]$，称为 X 和 Y 的协方差。

当 $\rho>0$，说明 X 与 Y 正相关；$\rho<0$，说明 X 与 Y 负相关；$\rho=0$，说明 X 与 Y 不相关（指不线性相关）。

从相关系数的定义看出，只有当我们知道 X 和 Y 的具体分布，并且能求出 X 与 Y 的方差和协方差时，才能求出 $\rho(X, Y)$。当 $\rho(X, Y)$ 求不出来时，通常用样本相关系数（也称为 Pearson 相关系数）r 来估计 $\rho(X, Y)$。

$$r = \frac{\sum\limits_{i=1}^{n}(X_i - \overline{X})(Y_i - \overline{Y})}{\sqrt{\sum\limits_{i=1}^{n}(X_i - \overline{X})^2 \sum\limits_{i=1}^{n}(Y_i - \overline{Y})^2}}$$

相关系数是用来描述在二元总体中两个变量关系的某些方面。虽然有许多种相关系数被提出来并应用，但仅有几种是常用的，即 pearson 相关系数 r，spearman 秩相关系数 r_s、kendall 相关系数和 kendall 协和系数等。

但是，r 特指线性相关系数，对于非线性相关关系，则不能采用该系数。这种情况下，通常采用后几种非参数的系数来度量更广义的单调（非线性）关系。注意这里的"相关"是指相依（dependency）或关联（association）的意思，而不是线性相关。

2.4.3.1　Spearman 秩相关检验

基于与 Pearson 相关系数同样的想法，Spearman 于 1904 年提出了秩相关系数。假设 $X_1, \cdots, X_n$ 和 $Y_1, \cdots, Y_n$ 分别来自 X 和 Y 的样本，姑且假定它们的值互不相同。用 R_i，S_i 分别表示 X_i，Y_i 在 $X_1, \cdots, X_n$ 和 $Y_1, \cdots, Y_n$ 中的秩。Spearman 秩相关系数的定义为

$$r_s = \frac{\sum\limits_{i=1}^{n}\left[(R_i - \frac{1}{n}\sum\limits_{i=1}^{n}R_i)(S_i - \frac{1}{n}\sum\limits_{i=1}^{n}S_i)\right]}{\sqrt{\sum\limits_{i=1}^{n}(R_i - \frac{1}{n}\sum\limits_{i=1}^{n}R_i)^2 \sum\limits_{i=1}^{n}(S_i - \frac{1}{n}\sum\limits_{i=1}^{n}S_i)^2}}$$

由于

$$\sum\limits_{i=1}^{n}R_i = \sum\limits_{i=1}^{n}S_i = \frac{n(n+1)}{2},$$

$$\sum\limits_{i=1}^{n}R_i^2 = \sum\limits_{i=1}^{n}S_i^2 = \frac{n(n+1)(2n+1)}{6}$$

则 r_s 可简化为

$$r_s = 1 - \frac{6}{n(n^2-1)}\sum\limits_{i=1}^{n}(R_i - S_i)^2 = 1 - \frac{6D}{n(n^2-1)}, \qquad \text{式（2.4.4）}$$

式中：$D = \sum\limits_{i=1}^{n}(R_i - S_i)^2$。

Spearman 秩相关系数 r_s 具有类似于参数统计中 Pearson 相关系数 r 的性质，满足 $-1 \leqslant r_s \leqslant 1$。

要检验二元变量 X 和 Y 是否相关，设原假设为 H_0：X 和 Y 是不相关的，而备择假设有三种选择：H_{1A}：X 和 Y 是相关的（双边检验）；H_{1B}：X 和 Y 是正相关的；H_{1C}：X 和 Y 是负相关的。

对于 $n \leqslant 100$，r_s 在原假设下的临界值（c_α）可查 Spearman 秩相关系数检验临界值表得到，在原假设下满足 $P(r_s \geqslant c_\alpha) = \alpha$，$\alpha$ 为给定的检验水平。

当 n 较大时，可利用下面的近似来进行大样本检验。

$$n \to \infty \text{时，} Z = r_s \sqrt{n-1} \to N(0, 1) \qquad \text{式 (2.4.5)}$$

当 X，Y 样本中有结时，以平均秩方法定秩，用 R_i^*，S_i^* 分别表示 X_i 和 Y_i 的秩，则 Spearman 秩相关系数定义为

$$r_s^* = \frac{\dfrac{n(n^2-1)}{6} - \dfrac{1}{12}\left[\sum_i (\tau_i^3(x) - \tau_i(x)) + \sum_j (\tau_j^3(x) - \tau_j(x))\right] - D^*}{2\sqrt{\left[\dfrac{n(n^2-1)}{12} - \dfrac{1}{12}\sum_i (\tau_i^3(x) - \tau_i(x))\right]\left[\dfrac{n(n^2-1)}{12} - \dfrac{1}{12}\sum_j (\tau_j^3(x) - \tau_j(x))\right]}}$$

$$\text{式 (2.4.6)}$$

式中：$\tau_i(x)$、$\tau_j(y)$ 分别表示 X、Y 样本中的结统计量，$D^* = \sum_{i=1}^{n} (R_i^* - S_i^*)^2$。

计算在 H_0 成立的条件下 r^* 的分布比较困难。当 n 较大时，可利用下面的近似

$$n \to \infty \text{时，} Z = r_s^* \sqrt{n-1} \to N(0, 1) \qquad \text{式 (2.4.7)}$$

例 2.6 从某班中随机地抽出 10 名学生，分别将其数学期中成绩（X）和期末成绩（Y）排出名次，列表如表 2.22。

表 2.22 例 2.6 的数据表

X 的秩 R_i	7	6	3	8	2	10	4	1	5	9
Y 的秩 S_i	8	4	5	9	1	7	3	2	6	10

试问在 0.01 水平上 X 和 Y 正相关吗？

解： 首先计算 $R_i - S_i$ 和 $(R_i - S_i)^2$：

											Σ
$R_i - S_i$	−1	2	−2	−1	1	3	1	−1	−1	−1	0
$(R_i - S_i)^2$	1	4	4	1	1	9	1	1	1	1	24

$$r_s = 1 - \frac{6D}{n(n^2-1)} = 1 - \frac{6 \times 24}{10(10^2-1)} = 0.8545$$

根据 Spearman 秩相关系数检验临界值表得 $c_{\alpha(1)} = c_{0.01(1)} = 0.745 < 0.8545$，拒绝 H_0，可以认为数学期中成绩与期末成绩是正相关的。

也计算一下正态近似作为比较，这时 $Z = 2.5635$，单边检验的 p 值为 0.0052，小于给定的水平 0.01，可以拒绝原假设，与上述结论相同。

2.4.3.2 Kendall 相关系数 (kendall's correlation coefficient)

下面我们从另外一个观点看相关问题，同样考虑 Spearman 相关系数中的一对随机变量 (X, Y)，还是姑且假定它们的值互不相同。在给定的一列数对 (X_1, Y_1)，$(X_2,$

Y_2）,…,（X_n，Y_n）,称每个（X_i，Y_i）为一个"对子"。同样的假设检验为：原假设 H_0：X 和 Y 不相关,备择假设 H_1 可以是单边的（X 和 Y 有正相关,或 X 和 Y 有负相关）,也可以是双边的（X 和 Y 相关）。

如果将样本 Y 按从小到大的顺序排列,同时样本 X 的顺序依据样本 Y 的顺序对应排列。对于排序后的样本 X,我们定义如下的符号函数

$$\xi(X_i, X_j) = \mathrm{sgn}(X_j - X_i),\ i < j \qquad 式（2.4.8）$$

式中：$\mathrm{sgn}(t) = \begin{cases} 1 & t>0 \\ 0 & t=0 \\ -1 & t<0 \end{cases}$,此时我们定义 kendall 统计量

$$K = \frac{2}{n(n-1)}\sum_{i}^{n}\sum_{j}^{n}\xi(X_i, X_j) = \frac{2S}{n(n-1)} \qquad 式（2.4.9）$$

式中：$S = \sum_{i}^{n}\sum_{j}^{n}\xi(X_i, X_j),\ i < j$。

这里值得说明的是,也可对排序后的样本 X 求秩,然后在上述符号函数中将 X_i 用其秩 R_i 代替来计算 S。

K 的取值范围从 $-1 \sim 1$,当 X 样本和 Y 样本的大小顺序完全一致时,$K=1$。

当 X 和 Y 样本中有结时,我们定义 kendall 相关系数为

$$K^* = \frac{2S}{\sqrt{n(n-1)-T_x}\sqrt{n(n-1)-T_y}} \qquad 式（2.4.10）$$

式中：$n=$ 样本数量；$T_x = \sum t_x(t_x - 1)$,t_x 是 X 变量的每一个结（具有相同样本观测值）的结长；$T_y = \sum t_y(t_y - 1)$,t_y 是 Y 变量的每一个结的结长。

对于大样本情况,在原假设 H_0 下,K（K^*）有如下渐进正态分布

$$E(K) = \frac{2}{n(n-1)},\ Var(K) = \frac{2(2n+5)}{9n(n-1)}$$

$\dfrac{K - E(K)}{\sqrt{Var(K)}}$ 有渐进正态分布 $N(0, 1)$

即有显著性检验统计量为

$$Z = \frac{K - E(K)}{\sqrt{Var(K)}} = \left[K - \frac{2}{n(n-1)}\right]\frac{3\sqrt{n(n-1)}}{\sqrt{2(2n+5)}} \qquad 式（2.4.11）$$

例 2.7 表 2.23 是某班的前 10 名学生在全年级成绩的排名,现要分析班级内的成绩与全年级成绩的相关性。

表 2.23　　　　　　　　　　例 2.7 的数据表

学生	班内排名（秩）	全年级排名（秩）R
A	1	1
B	2	2
C	3	3

学生	班内排名（秩）	全年级排名（秩）R
D	4	9
E	5	12
F	6	4
G	7	11
H	8	14
I	9	23
J	10	21

解： 首先计算 S 的值，如表 2.24 中得到 $S=37$。

表 2.24 S 值的计算

R	1	2	3	9	12	4	11	14	23	21	$S=\sum\sum \xi(R_i, R_j)$
	1										
	1	1									
	1	1	1								
	1	1	1	1							
$\xi(R_i, R_j)$	1	1	1	-1	-1						
	1	1	1	1	-1	1					
	1	1	1	1	1	1	1				
	1	1	1	1	1	1	1	1			
	1	1	1	1	1	1	1	1	-1		
$\sum \xi(R_i, R_j)$	9	8	7	4	1	4	3	2	-1	0	37

由于样本中没有结，所以计算 Kendall 相关系数为

$$K = \frac{2S}{n(n-1)} = \frac{2 \times 37}{10(10-1)} \approx 0.8222$$

如果利用正态近似，则得 $Z=3.22$，p 值为 0.0013，可在 $\alpha=0.005$ 水平上拒绝原假设，可以认为班级内的成绩与全年级成绩是正相关的。

2.4.3.3 Kendall 协和系数 （kendall's coefficient of concordance）

上面我们研究的是两个变量间的相关问题，然而在实际中还会遇到多个变量间的相关问题。比如，b 个评价人对于 k 个样本的评估，b 个选民对 k 个候选人的评价，b 个咨询机构对 k 个企业的评估及体操裁判员对运动员的打分等等。人们往往想知道，这 b 个结果是否多少有些一致。通常令零假设 H_0：对于不同个体的这些评估是不相关的或者是随机

的；而备择假设 H_1：它们（对各个个体）是正相关的或者是多少一致的。

1937 年 Kendall 和 Smith 提出了协和系数来研究这种多个变量之间相关性的问题。为了便于研究，我们以一个实际问题为例来说明。假设有 b 名裁判，对 k 个歌手进行打分，这样我们得到样本 $(X_{i1}, \cdots, X_{ik})(i=1, \cdots, b)$，姑且假定它们的值都是不同的。

(1) 以 X_{ij} 表示第 i 个裁判对第 j 个歌手打的分数。

(2) 以 R_{ij} 表示 X_{ij} 在 $(X_{i1}, \cdots, X_{ik})$ 中的秩。

(3) 以 R_{+j} 表示第 j 个歌手的秩和，即 $R_{+j} = \sum\limits_{i=1}^{b} R_{ij}$, $(j=1, \cdots, k)$。

(4) 以 T 表示 R_{+j} 与其总平均之差的平方和，即 $T = \sum\limits_{j=1}^{k} \left(R_{+j} - \dfrac{1}{k}\sum\limits_{j=1}^{k} R_{+j} \right)^2$。

如果 b 个裁判对 k 个歌手的判决是不相关的，则任一歌手所得的秩也应没有相关性，各位歌手的秩和也应相差不大，T 取较小的值。但如果裁判的判决是一致的（正相关的），则存在一位歌手的秩和较大，也存在一位歌手的秩和较小，T 取较大的值。

由于 $\sum\limits_{j=1}^{k} R_{+j}$ 是所有秩的和，所以

$$\sum_{j=1}^{k} R_{+j} = b(1 + \cdots + k) = \frac{bk(k+1)}{2}$$

从而

$$T = \sum_{j=1}^{k} \left(R_{+j} - \frac{b(k+1)}{2} \right)^2$$

从公式可见，T 的取值可能大于 1，但通常表示相关性的参数取值大多在 0 与 1 之间。所以，为了与习惯一致，可以使 T 除以一个大于 1 的数，但又不能随便选择一个数作为除数，所以我们选择 b 名裁判的判决完全一致时 T 的最大值

$$T_{max} = \sum_{j=1}^{k} \left[bj - \frac{b(k+1)^2}{2} \right] = \frac{b^2 k(k^2-1)}{12}$$

于是，定义 kendall 协和系数为

$$W = \frac{T}{\dfrac{b^2 k(k^2-1)}{12}} = \sum \frac{\left[R_{+j} - \dfrac{b(k+1)}{2} \right]^2}{\dfrac{b^2 k(k^2-1)}{12}} \qquad \text{式 (2.4.12)}$$

Kendall 协和系数 W 的取值从 0 到 1，当 W 愈接近 1，b 个变量间的正相关性愈好，反之，W 愈接近 0，b 个变量间的正相关性愈差。

当 k 较大时，可以利用大样本性质：在零假设下，对固定的 k，当 $b \to \infty$ 时

$$b(k-1)W \to \chi^2(k-1) \qquad \text{式 (2.4.13)}$$

作为 Kendall 协和系数显著性检验的 χ^2 统计量。

而可能更精确一些的近似为 F 统计量：

$$\frac{(k-1)W}{1-W} \to F(\nu_1, \nu_2)$$

式中：$\nu_1 = b - 1 - 2/k$，$\nu_2 = (k-1)\nu_1$。

W 的值大（显著），意味着各个个体在评估中有明显不同，可以认为这样所产生的评估结果是有道理的。而如果 W 不显著，意味着评估者对于诸个体的评估意见很不一致，则没有理由认为能够产生一个共同的评估结果。

当样本有结时，以平均秩方法定秩 R_{ij}，$R_{+j}^{*} = \sum_{i=1}^{b} R_{ij}$，$(j=1, \cdots, k)$，并令

$$T_i = \sum_{h=1}^{g_i} (t_h^3 - t_h) \qquad 式（2.4.14）$$

式中：t_h 为第 h 个结组（k 个样本按照结分组，$h=1, \cdots, g_i$）的结长，g_i 为第 i 个变量的 k 个样本中结组的数量。因此，kendall 协和系数 W 计算如下

$$W^* = \frac{12\sum_{j=1}^{k} R_{+j}^{*\,2} - 3b^2 k (k+1)^2}{b^2 k(k^2-1) - b\sum_{i=1}^{b} T_i} \qquad 式（2.4.15）$$

同样在大样本时有：在零假设下，对固定的 k，当 $b \to \infty$ 时，

$$b(k-1)W^* \to \chi^2(k-1) \qquad 式（2.4.16）$$

作为 Kendall 协和系数显著性检验的 χ^2 统计量。

例 2.8 有 10 名歌手参加大赛，4 名裁判对歌手的等级排序的结果见表 2.25（数据表名称：Kendallcc.xls）。

表 2.25　　　　　　　　　　　　　例 2.8 的数据表

裁判	被评估的 10 个歌手（$A \sim J$）的排名									
	A	B	C	D	E	F	G	H	I	J
1	9	2	4	10	7	6	8	5	3	1
2	10	1	3	8	7	5	9	6	4	2
3	8	4	2	10	9	7	5	6	3	1
4	9	1	2	10	6	7	4	8	5	3
R_i	36	8	11	38	29	25	26	25	15	7

试问裁判的判定结果是否一致？

解： 计算结果为 $W = 0.8530$，而在零假设下，利用 $\chi^2(9)$ 近似的 p 值为 0.0003，因此，可以对大于或等于该 p 值的水平拒绝零假设，也就是说，裁判的判决是一致的。

2.4.4 一致性检验

在上面章节中，我们介绍了度量变量间相关性的几个参数，如 Pearson 相关系数、Spearman 秩相关系数、Kendall 相关系数以及协和系数等。但有时我们还需要知道多个评价人对某些对象的评价之间的一致性（agreement），如 5 位品酒师对 5 种品牌的酒的芳香度（分为浓香的和淡香的两个级别）评价的一致性，3 个评价人对 10 个零件评估等级的一致性等等。

度量一致性的基本参数有许多种，包括 Kappa 系数（Kappa coefficient），加权 Kappa 系数（Weighted Kappa coefficient），同类 Kappa（Intraclass Kappa），τ 统计量（τ statistic），Tetrachoric 相关系数（Tetrachoric correlation coefficient）等。由于篇幅有限，在此我们主要介绍 Kappa 系数统计量。

Kappa 系数统计量是评估人评估等级之间绝对一致性的一种度量。当数据为名义上的数据（定类数据）时可以使用 Kappa 统计量，但定类数据必须具有两个或以上的水平而且没有自然的顺序，例如松脆的、烂糊的、易碎的。如果数据是定序的，则既可使用 Kappa 统计量，也可使用 Kendall 统计量。

Kappa 统计量是当一致性中的偶然性被消除后一致性的比例。如果 Kappa＝1，意味着有完美的一致性；如果 Kappa＝0，表示一致性可能与偶然性的期望一样。一致性愈强，Kappa 的值愈大。当一致性比偶然性的期望值还要弱时 Kappa 系数可能会出现负值，但这种情况是很少发生的。在实际应用时，Kappa 系数小于 0.7 表示一致性尚待提高，大于 0.9 则认为一致性很好。

这里我们采用通用的字眼"评估人"和"评估等级"来表示观察者、鉴定人和诊断者等以及其做出的判断等级或结果。通常应用最广泛的 Kappa 系数包括科恩（Cohen's）Kappa 和弗雷斯（Fleiss's）Kappa 两种。下面分别予以介绍。

2.4.4.1 科恩（Cohen's）Kappa

Cohen's Kappa 是针对名义上的数据（定类数据）提出来的，在计算 Cohen's Kappa 时，要明确对象属性或基准是否已知。如果被评估对象的属性或基准未知，必须满足下列两个条件：

（1）一个评估人恰好进行两次试验（试验 A 和试验 B）——计算评估人之内的 Cohen's Kappa 系数。

（2）恰好有两个评估人（评估人 A 和评估人 B），每个评估人只进行一次试验——计算评估人之间的 Cohen's Kappa 系数。

针对以上两种条件，可以构建 $k \times k$ 二维列联表，见表 2.26。

表 2.26 $k \times k$ 二维列联表（基准未知）

试验 A（或评估人 A）	试验 B（或评估人 B）				
	1	2	...	k	总计
1	P_{11}	P_{12}	...	P_{1k}	P_{1+}
2	P_{21}	P_{22}	...	P_{2k}	P_{2+}
...					
k	P_{k1}	P_{k2}	...	P_{kk}	P_{k+}
总计	P_{+1}	P_{+2}	...	P_{+k}	1

如果被评估对象的属性或基准已知，则只能计算单个评估人与已知基准之间的 Cohen Kappa 系数。此时，也可构建与基准未知时相同结构的 $k \times k$ 二维列联表，见表 2.27。

表 2.27 $\qquad\qquad k \times k$ 二维列联表（基准已知）

试验 A	基准				
	1	2	…	k	总计
1	P_{11}	P_{12}	…	P_{1k}	P_{1+}
2	P_{21}	P_{22}	…	P_{2k}	P_{2+}
…					
k	P_{k1}	P_{k2}	…	P_{kk}	P_{k+}
总计	P_{+1}	P_{+2}	…	P_{+k}	1

式中：$P_{ij} = n_{ij}/N$；$n_{ij} =$ 第 i 行第 j 列的样本数据；$n =$ 样本总数；$p_{i+} = \sum\limits_{j} p_{ij}$；$p_{+i} = \sum\limits_{i} p_{ij}$。

科恩（Cohen，1960）提出了一个关于名义上的数据（定类数据）原始一致性的标准化系数，该系数的提出依据了两个观察者将对象分类到相同类别中的比例，估计为

$$P_0 = \sum_{i=1}^{k} p_{ii}$$

式中：P_0 为观测的比例；p_{ii} 为二维表对角线上的单值。

在评估间是完全独立的假设下，期望的一致性比例估计为

$$P_e = \sum_{i=1}^{k} p_{i+} p_{+i}$$

于是，得到 Cohen's Kappa 的计算公式：

$$k_c = \frac{P_0 - P_e}{1 - P_e} \qquad\qquad \text{式 (2.4.17)}$$

要确定 Kappa 系数是否显著地异于 0，也就是要对 Cohen Kappa 检验"评估是独立的"（即 Kappa=0）这个原假设 H_0，使用如下估计的大样本渐进方差公式

$$Var(k_c) = \frac{P_e + P_e^2 - \sum\limits_{i=1}^{k} p_{i+} p_{+i} (p_{i+} + p_{+i})}{n (1 - P_e)^2} \qquad\qquad \text{式 (2.4.18)}$$

并假设统计量

$$\frac{k_c}{\sqrt{Var(k_c)}}$$

服从标准正态分布。如果根据该统计量计算的 p 值非常显著地小于给定的显著性水平 α，则拒绝原假设。

例 2.9 表 2.28（数据表名称为 CohenKappa. xls）中的数据是由两个病理学者分别在 1991 年和 2002 年通过对 27 名病人发育不良情况的考察而得到的，考察的结果分为出现（Y）和不出现（N）该病症。分类方法为：$1 = NN$（两次均未出现病症），$2 = NY$（第一次未出现而第二次出现病症），$3 = YN$（第一次出现而第二次未出现病症），$4 = YY$（两次均出现病症）。

表 2.28　　　　　　　　　　病人发育不良情况考察数据表

病理学者 1	病理学者 2				总计
	1	2	3	4	
1	9	4	1	6	20
2	0	1	0	0	1
3	0	0	0	0	0
4	1	1	0	4	6
总计	10	6	1	10	27

解： 从给定的数据来看是一个 4×4 列联表，有两个病理学者（评估人），符合计算 Cohen's Kappa 的条件，根据式 2.4.17 计算得到 Cohen's Kappa＝0.241901。

2.4.4.2　弗雷斯（Fleiss's）Kappa

弗雷斯（Fleiss，1971）提出了一个一般化的 Cohen's Kappa 统计量，作为一组评估人（用 m 表示）之间的一致性的度量。n 个对象中的每一个被 $m(m>2)$ 个评估人独立地分配到互斥的且无遗漏的 k 个名义分类中。例如，在一项研究中，30 个病人被 6 个精神病医师分成 5 类，这 6 个精神病医师是从 43 个精神病医师中随机选出的。

设有 m 个评估人评估每个对象，定义 x_{ij} 为第 $i(i=1，\cdots，n)$ 个对象被分配到第 j（$j=1，\cdots，k$）个分类等级的评估数量，则有

$$\sum_{j=1}^{k} x_{ij}=m$$

并定义

$$p_j=\frac{1}{nm}\sum_{i=1}^{n} x_{ij} \qquad 式（2.4.19）$$

p_j 就是对于第 j 个分类等级所进行的分配的比例。

根据 Kappa 系数的定义

$$K=\frac{P_0-P_e}{1-P_e}$$

如果不同评估人所作出的评估是独立的，则 P_0 是一致的观测比例，P_e 是期望的一致比例。

对于第 i 个对象 m 个评估人之间一致性的程度可以被表示为"一致对（agreeing pairs）"占所有可能组合的对 $m(m-1)$ 的比例

$$p_i=\sum_{j=1}^{k} x_{ij}(x_{ij}-1)/[m(m-1)]$$

因此，n 个对象的总的一致性程度可以通过各 p_i 的均值来度量，即

$$P_0=\frac{\sum_{i=1}^{n}\sum_{j=1}^{k} x_{ij}^2-nm}{n\times m\times(m-1)} \qquad 式（2.4.20）$$

然而，很显然，一致性在某种程度上还有偶然的一致性存在。如果评估人所作出的评估是完全随机的，则期望的一致性平均比例为

$$P_e = \sum_{j=1}^{k} p_j^2 \qquad 式（2.4.21）$$

将 P_0 和 P_e 的公式代入 Kappa 公式，则总的 Kappa 系数可通过下式估计

$$k_F = \frac{\sum_{i=1}^{n}\sum_{j=1}^{k} x_{ij}^2 - nm\left[1+(m-1)\sum_{j=1}^{k} p_j^2\right]}{nm(m-1)(1-\sum_{j=1}^{k} p_j^2)} \qquad 式（2.4.22）$$

简化计算后等于

$$k_F = 1 - \frac{nm^2 - \sum_{i=1}^{n}\sum_{j=1}^{k} x_{ij}^2}{nm(m-1)\sum_{j=1}^{k} p_j(1-p_j)} \qquad 式（2.4.23）$$

在不存在超过偶然性的一致性的原假设 H_0 下，k_F 的渐进方差为

$$Var(k_F) = \frac{2}{nm(m-1)\left(\sum_{j=1}^{k} p_j(1-p_j)\right)^2} \times \left[\left(\sum_{j=1}^{k} p_j(1-p_j)\right)^2 - \sum_{j=1}^{k} p_j(1-p_j)(1-2p_j)\right]$$

$$式（2.4.24）$$

使用统计量 $z = \dfrac{k_F}{\sqrt{Var(k_F)}}$ 来检验原假设 H_0：Kappa$=0$，备择假设 H_1：Kappa>0。

除了对总体一致性的 Kappa 统计量 k_F 外，Fleiss 还对度量 k 个分类中某一分类等级的一致性提供了统计量

$$k_j = 1 - \frac{\sum_{i=1}^{n} x_{ij}(m-x_{ij})}{nm(m-1)p_j(1-p_j)} \qquad 式（2.4.25）$$

总一致性 k_F 是各个分类等级 k_j 的加权平均值，相应的权为 $p_j(1-p_j)$。在原假设下，k_j 的渐进方差为

$$Var(k_j) = \frac{2}{nm(m-1)} \qquad 式（2.4.26）$$

使用统计量 $z = \dfrac{k_j}{\sqrt{Var(k_j)}}$ 来检验：原假设 H_0：Kappa$_j=0$，备择假设 H_1：Kappa$_j>0$。

例 2.10 有 5 位病理诊断医师要对患有癫痫病的 15 位病人的病情进行诊断，诊断结果划分为 3 个等级，即$-1=$稍重，$0=$稳定，$1=$稍轻。评估数据见表 2.29（数据表名称为 FleissKappa.xls）。试问 5 位医师的评估的一致性如何？

解：根据公式，可计算出总体 Kappa 系数以及各分类的 Kappa 系数、Kappa 标准差以及对应的 p 值，见表 2.30。

表 2.29　　　　　　　　　　　　　　病情诊断情况

病人	医师				
	A	B	C	D	E
1	1	1	0	1	0
2	−1	−1	0	−1	−1
3	0	0	0	0	−1
4	−1	−1	−1	−1	−1
5	0	0	0	0	0
6	0	1	1	1	1
7	1	0	1	1	1
8	0	0	0	−1	0
9	−1	−1	−1	−1	−1
10	1	0	1	0	1
11	−1	−1	−1	−1	−1
12	0	0	0	−1	0
13	1	1	1	1	1
14	−1	−1	−1	−1	−1
15	1	1	1	1	1

表 2.30　　　　　　　　　　　　　　计算的 Kappa 系数

分类等级	Kappa	Kappa 标准差	Z	p 值
−1	0.768519	0.0816497	9.4124	0
0	0.448529	0.0816497	5.4933	0
1	0.693627	0.0816497	8.4952	0
总体	0.639423	0.0577777	11.0669	0

从显示结果可以看出，总体 Kappa 系数为 0.639423，评估的一致性比较好。

2.4.4.3　几种判定准则

已经有统计学家将任意的 Kappa 取值的范围与一致性的强度对应起来，并且成为了多个领域共同参考的标准。表 2.31、表 2.32、表 2.33 为 3 个 Kappa 取值范围与一致性强度的对应表。

表 2.31　　　　　　　Kappa 统计量准则表（由 Landis 和 Koch 提出）

Kappa 统计量	一致性强度	Kappa 统计量	一致性强度
<0.00	很差	0.41~0.60	适中
0~0.20	轻微	0.61~0.80	充分
0.21~0.40	尚可	0.81~1.00	几乎完全

表 2.32   **Kappa 统计量准则表（由 Altman 提出）**

Kappa 统计量	一致性强度	Kappa 统计量	一致性强度
<0.20	很差	0.61～0.80	好
0.21～0.40	尚可	0.81～1.00	很好
0.41～0.60	适中		

表 2.33   **Kappa 统计量准则表（由 Fleiss 提出）**

Kappa 统计量	一致性强度
<0.40	很差
0.40～0.75	中趋于好
>0.75	非常好

虽然有此表可作为参考，但是在 Kappa 统计量的使用上还是存在很大的分歧，但至少有如下的一致看法：

Kappa 统计量不应被看作是毫不含糊的标准或者量化一致性的默认途径。

在使用一个有许多争论的统计量时应格外关注。

应考虑备选的统计量并做出明智的选择。

通常，我们应对 Kappa 统计量的两种可能的应用进行区别。

（1）作为检验评估独立性的一种方法，也就是作为一个检验统计量来检验原假设"除了随机性可能引起的一致性外没有额外的一致性"。也就是说，要对评估是否独立做出"是或否"的决策。

（2）作为量化一致性水平的一种方法，也就是可用于度量影响的大小，这正是我们关注的目的。在 Kappa 的公式中引用了一个称为偶然的（期望的）一致性比例的项，该项可以被解释为，只在偶然性下评估者可能做出的结论是"一致"的次数的比例。但是，该项只与评估者的统计独立性的条件相关。如果评估者明显地不独立，则该项作为对实际的一致性水平的修正项的相关性及适合性就值得怀疑了。

因此，通常说"Kappa 是一种对偶然性修正的一致性的度量（chance-corrected measure of agreement）"是会令人误解的。作为一个检验统计量，Kappa 可以验证一致性超过偶然的一致性水平。但是作为一致性水平的一种度量，Kappa 并不是"偶然性修正的（chance-corrected）"。在缺乏某些清晰的评估决策模型的情况下，要了解偶然性是如何影响评估者的真实决策以及应该如何进行修正是决不可能的。使用 Kappa 来量化评估一致性的一种比较好的情形就是，在某种条件下，将其近似为组内相关系数（ICC，第 10 章详述）。但这也是会有问题的，因为规定条件不总是能够得到满足，另外代之的可能是直接去计算 ICC。

第3章
计量型测量系统分析变差原理

3.1　测量过程的特征

前面已经描述了测量过程的定义，我们还可以把测量过程用图 3.1 来表示。

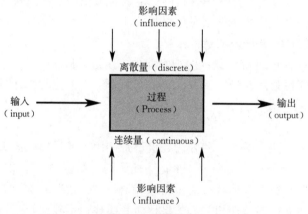

图 3.1　测量过程

一个测量过程可以被看作是一个运行良好的生产过程，该过程的输出就是测量值。测量值的"优度"可通过影响测量值的误差（或不确定度）来描述。

3.1.1　测量模型

要清楚地考虑测量结果和测量误差，有定义明确的结构模型很重要。在此，将使用以下模型：测量值 X 由两个部分组成：产品值 P 和测量误差 E。一般的，产品值 P 也可指任何被测对象的特性实际值。

$$测量值＝产品值＋测量误差$$

$$X＝P＋E$$

在后续阶段，可以将测量误差项分解为多个组成部分。对于一组测量值，平均值为

$$平均值＝产品值的平均值＋误差平均值$$

或者，就概率模型而言：

$$均值（X）=均值（P）+均值（E）$$
$$\overline{X}=\overline{P}+\overline{E}$$

由于希望 X 的均值等于 P 的均值，因此需要 E 的均值为 0。当发生这种情况时，测量值 X 将被称为"无偏的"。当均值（E）不为 0 时，产品值 P 将出现偏倚。因此，测量系统的偏倚取决于误差均值（E）。

同样，假设产品测量值的变差可以用以下特征来表征

$$变差（X）=变差（P）+变差（E）$$
$$\sigma_x^2=\sigma_p^2+\sigma_e^2$$

3.1.2 测量变差源的贡献

结构模型中的误差项（E）将包含上述各种测量变差来源的贡献。通常，采用一种简单线性关系来说明各种变差源的贡献，对于两个变量 y_1 和 y_2

$$y=\mu+\alpha y_1+\beta y_2$$

则与 y 相关的变差为

$$\sigma_y^2=\alpha^2\sigma_{y1}^2+\beta^2\sigma_{y2}^2+2\alpha\beta Cov(y_1,y_2) \qquad 式（3.1.1）$$

如果两个变量是不相关的，则没有协方差项，上式中的最后一项就可以取消。在实际的测量过程中，同时存在实际的过程变差和测量变差，因为通常这两者是相互独立的，总的观测变差就正好是两个变差之和。

实际上，很少考虑变差的单个组成，而希望知道总体变差。但有时，对总的变差有一个估计后又希望将这个总变差分解为若干个单一的变差。

可以用下式确定实际的过程变差与观测的过程变差间的关系：

$$\sigma_{观测}^2=\sigma_{实际}^2+\sigma_{测量}^2 \qquad 式（3.1.2）$$

式中：$\sigma_{观测}^2$ 为观测的过程变差；$\sigma_{实际}^2$ 为实际的过程变差；$\sigma_{测量}^2$ 为测量系统的变差。

观测的变差是贯穿于整个测量过程的各种不同来源（影响因素）变差的一种累积。一个比较重要的活动就是要识别并量化这些来源的变差并使之最小化。

变差不但存在不同的来源，而且还存在不同的变差类型。变差的两个重要的分类是受控变差（controlled variation）和非受控变差（uncontrolled variation）。

受控变差被描述为一种随时间稳定而一致的模式。这类变差是随机的，并在某一常量水平上下均衡波动。非受控变差被描述为一种随时间变化的模式而且不可预测。受控/非受控变差的概念在确定过程是否稳定时是非常重要的。

如果一个过程是以一种一致而可预测的方式运行，则可认为过程是稳定的。也就是说，过程均值是常数而且变差是受控的。如果变差不受控，则或者过程均值是变化的，或者过程变差是变化的，或者两者都变化。

3.1.3 测量误差的分布

由于试验的误差，不同的重复观测常常以粗略的对称分布形式围绕某个中心值变化，

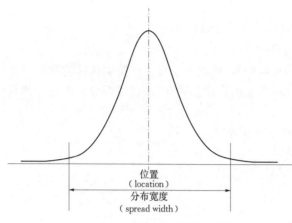

位置
（location）

分布宽度
（spread width）

图3.2　测量误差的正态分布

其中小的偏差发生频率高于大的偏差，这是正态分布的重要表征。所以，对于大多数测量过程，在进行研究时通常假设测量误差服从正态分布（如图3.2所示），这也是进行测量系统分析的基本前提。

3.1.3.1　正态分布的重要性

从两个方面可解释正态分布的重要性：

（1）对真实误差分布产生的一种趋势的中心极限（central limit）效应就是正态形式的。

（2）对某些常用的统计程序的非正态性的稳健性（robustness），其中"稳健性"是指与理论上的正态性偏离的不敏感性。

3.1.3.2　中心极限效应

通常"总的"误差（E）是大量误差充分的综合，会是大量误差成分 e_1，e_2，$\cdots$，e_n 的某个函数。如果每个单一的误差相当地小，应该能够将这个总误差近似表达为这些成分误差的一个线性函数：

$$E = a_1 e_1 + a_2 e_2 + \cdots + a_n e_n$$

式中，$a_i (i=1, 2, \cdots, n)$ 是常数，中心极限定理告诉我们，当试验误差是大量误差成分的综合时，它的分布趋于正态形式，即使误差成分个体的分布明显地非正态。一个重要的条件是没有特殊的误差来源会控制其余的误差来源。

3.1.3.3　对正态性假设程序的稳健性

所有数理统计模型都是近似的，从来没有而且将来也不会有一条精确的直线或者精确地服从正态分布的观测。因此，虽然这里所描述的许多技术是在正态性假设的基础上推导的，但是近似的正态性通常就是对它们有用性要求的重要基础。除非有特殊的声明，否则不要过分担心正态性。当然，应该时时注意检查和核准是否对这点和所有其他假设有总体的违背情况。

3.1.4　测量系统的可预测性

测量系统的精密度将与误差项分布的方差有关。但是，在担心偏倚、精密度或误差项的分布之前，需要回答一个更基本的问题：测量系统是否可预测？此属性将称为测量的一致性（consistency）。因此，一致性、精密度和偏倚都是误差分布的特性。（1）一致性是指测量系统的可预测性。（2）精密度是指可预测的测量系统的变异。（3）偏倚是指可预测的测量系统引入的误差的平均值。

当谈论生产过程的可预测性时，是对产品值 P 的表现感兴趣。但是，由于不能直接观测到这些值，因此必须使用产品的测量值 X。当方差（P）相对于方差（E）较大时，此偏倚不会出现问题。但是，随着方差（P）相对于方差（E）变小，用产品的测量值来表征生产过程的可预测性的能力越来越依赖于具有一致的测量系统。因此，当将数据用于预测时，就需要对这两个方差之间的关系进行某种度量。

测量的另一方面是记录测量值时使用的舍入量。记录的位数以及偶尔用于最后一位的舍入将定义最小的测量增量。通常会不考虑测量误差的大小而错误地选择该增量。测量增量的大小可能会影响检测测量结果变化的能力。当这种情况发生时，四舍五入将影响测量结果的质量和有用性。

没有一致性的测量系统，精密度和偏倚也就只能停留在概念上，并不能得到有效评估。当数据用于对象的描述、表征、代表和预测等不同用途时，一致性、精密度和偏倚是很重要的。

3.2　测量系统变差的类型

传统上通常将测量系统误差分为两类：准确度（accuracy）和精密度（precision），用来分别表示测量过程的位置变差和宽度变差。

准确度指一个或多个测量结果的平均值与一个真值之间一致的接近程度（测量过程必须处于统计控制状态）。准确度是一个定性的概念，在中国工程领域中曾称为精确度或精度。

精密度描述在测量范围内重复测量的预期变差。即当使用同样的测量设备重复测量同样的零件时所得到的变差。《统计学术语》（GB/T 3358.1—1993）第4.11款将精密度定义为："在规定条件下，相互独立的测试结果之间的一致程度。"精密度仅依赖于随机误差，而与被测量的真值或其他约定值无关。

在任何的测量系统内，都可能存在其中的一类或两类变差。如，可能有能精密测量零件（测量值之间的偏差小）但准确性较差的测量设备，也可能有能准确测量零件（测量值的平均值非常接近零件的实际值）但精密度较差的测量设备，还可能有既不精密也不准确的测量设备，故而通常说，这样的测量系统存在着较大的变差。

图3.3非常形象地描绘了准确度和精密度的表现，而且易于理解。但要特别注意的是，在不同的国际组织内对准确度和精密度的定义存在差别，所涵盖的内容也不相同，正是由于这种差别的存在，而且很可能与后续介绍的术语如偏倚等发生混淆，所以在使用中要格外谨慎。

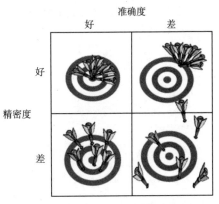

图3.3　准确度和精密度

3.2.1 位置变差

表征位置变差的术语除准确度外还有偏倚、线性和稳定性。

3.2.1.1 偏倚（bias）

偏倚又称为测量的偏倚，是测量结果的期望与参考值差值。可以用多次观测值的平均值与参考值之差来计算偏倚，如图 3.4 所示。偏倚是由一种或几种系统误差所引起的。通常可通过校准/检定来估计或消除偏倚。

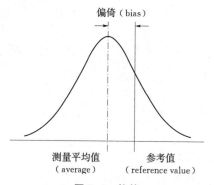

图 3.4　偏倚

在理想的环境条件下，校准/检定的输出与"真值"相关。但是，并不能保证在工作条件下，量具能准确地复现"真值"。温度、湿度、操作者以及其他因素都可能将偏倚引入到测量中。对于这个问题没有简单的处理方法，但是可以通过量具研究和控制图对测量过程中的偏倚进行分析和控制。

3.2.1.2 稳定性（stability）

指在规定的一段较长时间内，用同一测量系统对同一基准或零件的同一特性进行测量所得到的总变差。它是在规定的整个时间内的偏倚的变化，有时又称为漂移，如图 3.5 所示。

稳定性表征的是测量系统响应的一种缓慢变化。

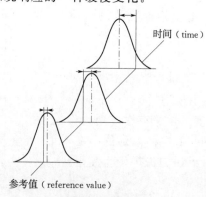

图 3.5　稳定性

3.2.1.3 线性（linearity）

线性是指在测量设备预期的工作（测量）量程内偏倚值的差异。线性可被视为在不同的量程大小上偏倚的变化，或者说，线性是多个独立的偏倚值在测量设备的整个量程范围内的相关性，如图3.6所示。

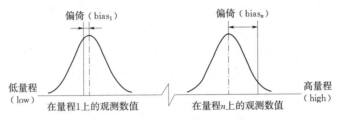

图 3.6　线性

通常希望在整个量程大小上保持常量偏倚，或者偏倚变化呈线性关系，即偏倚随着量程大小的线性增长而线性增加（或减小），这样更便于对线性的修正。

以上表示位置变差的术语间的关系可用图3.7来描述。

图 3.7　表示位置变差的术语

3.2.2 宽度变差

除了传统上的精密度概念可表征宽度变差外，现在最常用的是重复性和再现性以及其合成的 $R\&R$ 或 GRR。

3.2.2.1 重复性（repeatability）

在《量具重复性和重现性研究的选择性示例》（ISO/TR 12888:2011）第2.4款中，将重复性定义为："在重复性条件下的精密度。"重复性可以根据特性结果的分散性定量表示。在第2.5条中，将重复性条件定义为："对同一测试/测量项目，由同一操作员在短时间内使用同一设备，在同一测试或测量设施中，以相同的方法获得独立的测试/测量结果的观测条件。"

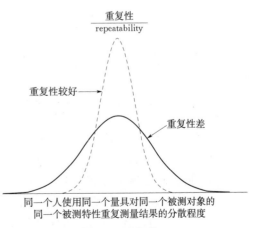

同一个人使用同一个量具对同一个被测对象的
同一个被测特性重复测量结果的分散程度

图 3.8　重复性

如图3.8所示。

重复性条件包括：

（1）相同的测量程序或测试程序。

（2）同一操作员。

（3）在相同条件下使用的相同测量或测试设备。

（4）同一地点。

（5）在短时间内重复。

在 AIAG《测量系统分析》（第四版）中对重复性的描述为："在确定的测量条件下指的是——确定的零件、仪器、标准、方法、操作者、环境和假设之下，测量系统内部的变差。"

以上两个定义实际上是一致的，只不过在 AIAG 的定义中更加明确地指出，重复性并非单指设备内部变差，包含在测量系统模型中的任何因素发生的内部变差均可视为重复性。它是在重复性条件下连续测量的随机误差的表现。

3.2.2.2 再现性（reproducibility）

《统计学术语：第一部分 一般统计学术语》（GB/T 3358.1—1993）第 4.17 款将再现性定义为："在再现性条件下，测试结果之间的一致程度。"再现性条件是指在进行测试的实验室、操作者、测试设备、测试程序（方法）和测试时间有本质变化的情况下，对同一被测对象相互独立进行的测试条件。这个定义与美国材料与试验协会（ASTM）的定义相同。但是在进行测量系统的重复性和再现性研究时，如果考虑较多的条件变化，会带来很多问题，所以，在 AIAG 的 MSA 手册中所采用的再现性定义为："不同评价人使用相同的测量仪器对同一被测对象的同一特性进行测量所得的平均值之间的差异。"如图 3.9 所示。

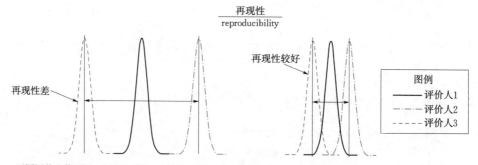

不同评价人使用同一个量具对同一个被测对象的同一被测特性分别重复测量结果的平均值之间的分散程度

图 3.9 再现性

由此可见，再现性表现为评价人之间的变差。

在《量具重复性和重现性研究的选择性示例》（ISO/TR 12888:2011）第 2.6 条中，再现性表示当不同的评价人员使用同一设备测量同一零件时发生的变化。但需要注意：

（1）该术语仅应在 GRR 研究中使用。

（2）此再现性定义与 ISO 3534:2，ISO 5725:1 和 ISO/IEC 指南 99 中的定义不同。该定义用于与 GRR 计算和其他行业标准相关的软件中。

（3）计算机软件输出的"再现性"表示此处定义的"量具再现性"。

3.2.2.3　量具的重复性和再现性

在表征测量系统变差时，通常将重复性和再现性进行合成，合成后得到的变差称为量具的 GRR 或 $R\&R$，在工业上有时也称"双性"。表达如下

$$\sigma_{GRR}^2 = \sigma_{\text{Repeat.}}^2 + \sigma_{\text{Reprod.}}^2 \qquad\qquad 式（3.2.1）$$

式中：σ_{GRR}^2 为量具重复性和再现性变差；$\sigma_{\text{Repeat.}}^2$ 为量具重复性变差；$\sigma_{\text{Reprod.}}^2$ 为量具再现性变差。

有时，还使用一致性和均一性来描述宽度变差。

3.2.2.4　一致性（consistency）

一致性是指测量系统随着时间变化测量变差的差值，它可以看成是重复性随时间变化的差值。影响一致性的因素都属于特殊原因，可能包括零件的温度、电子设备预热和设备磨损等。

对于一致性可采用极差控制图（R）或标准差控制图（s）进行监视和评价。

3.2.2.5　均一性（uniformity）

均一性是量具整个工作量程内变差的差值。它可以看成在不同的量程大小下重复性的同质性（相同性）。影响均一性的因素可能包括：由于位置不同，夹具允许更小/更大的零件尺寸引起的变差，刻度的可读性不够以及读数的视差等。

对于以上表征宽度变差的术语，其间关系如图 3.10 所示。

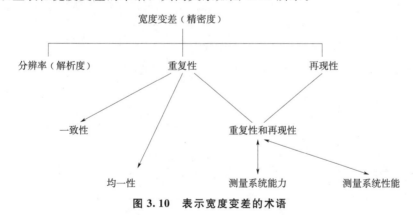

图 3.10　表示宽度变差的术语

3.3　测量系统变差的来源

3.3.1　认识过程变差的组成

对过程的每个观测值都包含实际过程变差和测量变差，如图 3.11 所示。

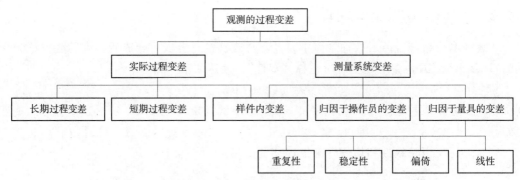

图 3.11　有关研究变差的术语

3.3.2　测量系统变差来源

　　从测量系统误差模型可见，影响测量系统的变差来源是多方面的。变差来源不但包括普通原因变差，还包括特殊原因造成的变差，而且在不同的情形下，特殊原因是不尽相同的，这就更增加了测量系统变差分析的难度。在通常情况下，只能关注测量系统变差的主要来源，而且通常采用如图 3.12 所示的因果图对变差来源进行分析，图中所示因果图应随着对测量系统变差源的深入理解而变化。

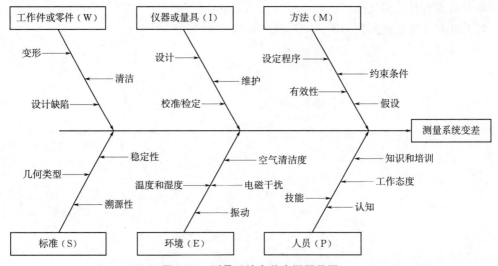

图 3.12　测量系统变差来源因果图

　　由于通常是采用测量系统的输出（测量结果）进行必要的统计分析并作出决策，所以在测量结果中就包含了所有来源变差的影响，那些能够被量化的来源变差的累积效应称为测量系统误差。所以，测量系统误差就有可能包含（但不限于）如下的变差分量：

　　（1）敏感度（阈值）。

　　（2）分辨力。

　　（3）重复性。

（4）偏倚。

（5）线性。

（6）再现性。

（7）仪器或夹具之间的差异。

（8）使用的方法、程序之间的差异。

（9）不同的操作人之间的差异。

（10）环境因素等。

3.3.3 *GRR* 主要变差源

在测量系统 *GRR* 研究中，通常重点研究如下变差：

（1）评价人变差（appraiser variation）

在稳定的条件下，不同评价人（操作者）使用相同的测量仪器和方法对相同的被测对象进行测量所得到的平均值的变差，通常表示为 *AV*。它是产生测量系统变差的普通原因引起的变差之一，是由于评价人使用同一测量系统的技能和方法之间的差异所导致的变差。

在制造业中，通常将评价人变差假设为与测量系统有关的"再现性误差"。而在非制造业中，就不能这样假设，可以用评价人变差评估评价人工作技能的差异。

（2）零件间变差（part-to-part variation）

零件间变差是指对不同零件进行测量时产生的彼此间的变差。

（3）交互作用变差（interaction variation）

采用方差分析时两个或多个因子之间相互作用的结果，在测量系统分析中特指评价人与零件间的相互作用而产生的变差。可通过对该变差的显著性检验确定变差的显著性。

（4）量具变差（equipment variation）

量具变差就是指重复性。参照 3.2.2 节。

3.4 测量系统变差对决策的影响

通常，不论要决定是否对某过程进行调整，还是要检验某个或某批零件是否合格，都是通过测量结果来判断的。测量结果中包含的测量系统变差将对决策有非常大的影响。

首先，让我们分析一下对被测量的零件作出是否可以接受的决策时，测量系统变差的影响。通常在检验零件时认为在规范限内的零件为"好"（或"合格"）零件，超出规范限的零件为"坏"（或"不合格"）零件。

为了更好地理解变差的影响，以下讨论时，假设只有一个零件，而且测量过程稳定，变差只包含量具的重复性变差和再现性变差。

对于任何的决策都可能会犯错误，测量零件也不例外。当对零件的测量分布与规范限相比较时，就有可能犯两类错误，我们可以称之为第Ⅰ类错误或风险和第Ⅱ类错误或风险。

所谓第Ⅰ类错误或风险，用 α 表示，是指当被测量零件实际是"好"的而被判为"坏"的时所犯的错误，如图 3.13 所示。

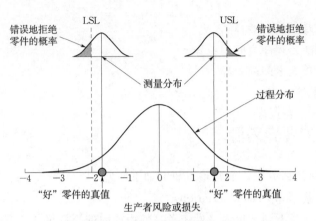

图 3.13　第Ⅰ类错误或风险

所谓第Ⅱ类错误或风险，用 β 表示，是指当被测量零件实际是"坏"的而被判为"好"的时所犯的错误，如图 3.14 所示。

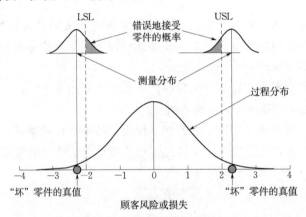

图 3.14　第Ⅱ类错误或风险

其次，来分析一下测量系统变差对过程决策的影响。同样在分析前设定假设：过程是统计受控的（稳定的）、对准目标值并具有可接受的变差。

对过程决策的影响类似对产品决策的影响，也会产生两类错误。第Ⅰ类错误是将影响过程的普通原因（稳定过程的主要影响因素）识别为特殊原因，而第Ⅱ类错误则是将影响过程的特殊原因识别为普通原因。

通常用以表征过程能力的参数称为过程能力指数 C_p，其定义式为

$$C_p = \frac{T}{6\sigma}$$

式中：T 为公差范围。再将 3.1.2 式组合起来可得出观测过程能力指数与实际过程能力指数之间的关系：

$$(C_p)_O^{-2} = (C_p)_P^{-2} + (C_p)_M^{-2} \qquad\qquad 式（3.4.1）$$

3.5 测量系统的能力和性能

在进行统计过程控制（SPC）研究时，经常提到过程能力（C_p）和过程性能（P_p），类似地，在进行测量系统变差研究时，提到了测量系统能力和测量系统性能，它们分别是对测量系统的短期评估和长期评估的综合变差效应。

3.5.1 测量系统的能力

测量系统能力指测量系统的短期变异，是对测量系统变差短期内的估计值，包括偏倚和 GRR 等变差（具体的评定方法参见第 5、6 章）。这些变差分量都是与时间有关的（time-related），而且应在规定的条件和量程范围内进行估计。

对测量系统能力的评估可以按一定的周期进行，也可以根据生产或某种特殊需要不定期进行。虽然并非每次都必须在量具的整个量程范围内进行能力评价，但必要时应对测量系统的全面能力进行评估。

在实际应用中，除了要对测量系统的能力做具体评估（计算各能力指数）外，还应对系统的短期变异——重复性进行控制。对短期变异或重复性的控制是通过对重复观测值的标准偏差的监视进行的。观测数据可以来源于对某单个基准件的测量，或者具有代表性的系列基准件。所选择的基准件必须有与作业中的测量项相同的类型和几何尺寸。

对于量具精密度的变化，特别当出现异常和退化现象时必须进行处理。精密度的变化可通过标准差控制图（简称 s 图）显示出来，即将短期标准偏差的值绘制在控制图上。为进行测量应制定一个数据采集计划，如每天一次，每周两次，或任何合适的采集测量数据的时机。

计算短期标准差要求数据必须构成子组，子组的构成取决于数据采集计划。如果规定每天一次测量，则可规定每 3 天或 5 天（只要大于 2 天即可）构成一个数据子组。如果每周测量两次，也可规定每两周数据构成一个子组。但为了减小特殊原因出现的机会，最好在较短的时间内构建数据子组，例如可以规定每周测量 3 次或 5 次，这样每周的数据就可以构成一个子组了。

3.5.1.1 s 图的中心线和控制限

在图形上标绘的点是 s_i，它是每个子组内的样本标准偏差。

$$s_i = \sqrt{\frac{1}{n_i-1}\sum_{j=1}^{n_i}(x_{ij}-\overline{x}_i)^2}$$

式中：n_i 为第 i 个子组的大小；x_{ij} 为第 i 个子组第 j 次测量的数据。

中心线代表子组标准偏差的平均值，计算公式为

$$\overline{s} = \frac{1}{m}\sum_{i=1}^{m}s_i \qquad\qquad 式（3.4.2）$$

式中：m 为子组数量。

当总体标准差 σ 未知时，可推出其估计值为

$$\hat{\sigma} = \frac{\bar{s}}{c_4(n_i)} \qquad\qquad 式（3.4.3）$$

式中：$c_4(n_i)$ 为与子组样本容量 n_i 有关的常数，可查表得到。于是得到 s 图的控制限为

$$\left.\begin{array}{l} UCL = c_4(n_i)\hat{\sigma} + k\hat{\sigma}\sqrt{1 - c_4^2(n_i)} \\ CL = c_4(n_i)\hat{\sigma} \\ LCL = c_4(n_i)\hat{\sigma} - k\hat{\sigma}\sqrt{1 - c_4^2(n_i)} \end{array}\right\}$$

k 为规定的绘制控制限时的标准差的倍数，通常选择 $k = 3$。此时，还可定义

$$B_3 = 1 - \frac{3}{c_4(n_i)}\sqrt{1 - c_4^2(n_i)}$$

$$B_4 = 1 + \frac{3}{c_4(n_i)}\sqrt{1 - c_4^2(n_i)}$$

则

$$\left.\begin{array}{l} UCL = B_4\bar{s} \\ CL = \bar{s} \\ LCL = B_3\bar{s} \end{array}\right\}$$

3.5.1.2 短期变异的监控

一旦控制图的中心线和控制限由历史数据确定以后，测量过程就进入了监控阶段。下面我们结合具体实例来说明：

某厂从 2004 年 1 月至 12 月一直采用控制图对编号为 10 号的天平进行精密度的监控，选择的核查标准是国家基准的标准砝码。从 1 月到 8 月共进行了 168 次测量，子组大小均等为 3。控制图的控制限是基于前 8 个月的数据计算获得的，且每年对控制限进行一次修正（控制图上限 $UB = 0.073$）。从 9 月份开始的测量数据同样依据规定的子组大小。

补充 9 月份采集的数据并延长控制限（数据表名称为 longs0621.xls）绘制标准差（s）图，如图 3.15 所示。

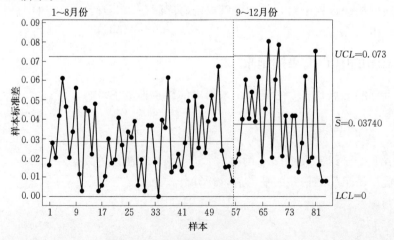

图 3.15 天平精密度标准差控制图

从图 3.15 可以看出，截至 12 月月底天平的精密度已经出现了三个超出控制限的点。显然，这些超出的点很大程度表明产生了某种显著的变化。当每个新的短期标准偏差（点）被标绘在控制图上时，出现超出控制限的点可能表明了失控，失控的点应该采取补偿措施，同时有必要了解失控信号的可能原因。

3.5.2　测量系统的性能

测量系统性能是指测量系统的长期变异，是所有变差源长期的总的影响。它是随机的和系统的测量误差的组合效应，不但包括了短期变异，而且还包括偏倚、稳定性和一致性变差。这些变差分量也都是与时间有关的，而且也应在规定的条件和量程范围内进行估计。

3.5.2.1　长期变异的控制图

通过对核查标准随时间的持续的测量监控可以控制偏倚和长期变异。有两种控制图可以实现对核查标准的持续的测量过程的监控以及发现显著变化的失控信号，这就是属于休哈特控制图的单值图（X 控制图）和指数加权移动平均控制图（EWMA）。

（1）单值控制图

当我们只关注测量系统的长期变异时，可以不采用子组的形式采集数据，因为这样既可以节约时间，又可节约费用。还有某些破坏性实验的情况，只能有一个可能的观测值。针对上述情况，可利用每个样本中所得到的单个数据（样本容量为 1）进行过程的控制和监视。

在单值图上标绘的是 x_i，即所有 k 个测量机会中的全部 n 个观测值的第 i 个测量值。

单值图的中心线代表了测量过程的均值，即所有观测值的平均值，表示为 $\overline{x}$。

$$\overline{x} = \frac{\sum_{i=1}^{n} x_i}{n}$$

由于样本容量为 1，样本组无法提供组内变差 σ 的估计值，故波动只能通过计算移动极差来得到。计算移动极差 MR_i 时，必须首先设定跨距 w（span），即用于计算移动极差的样本观测值的数量。实际上，跨距就相当于虚拟的子组的大小，通常设为 $w=2$。

而 σ 的估计值采用下式

$$\hat{\sigma} = \frac{\overline{MR}}{d_2(w)} \qquad\qquad 式（3.4.4）$$

式中：$\overline{MR}$ 为移动极差的平均值，$d_2(w)$ 为与跨距有关的常数，可查表得到。

于是得到单值图的控制限为

$$\left.\begin{array}{l} UCL = \overline{x} + k\hat{\sigma} \\ CL = \overline{x} \\ LCL = \overline{x} + k\hat{\sigma} \end{array}\right\}$$

k 为规定的绘制控制限时的标准差的倍数，通常选择 $k=3$。

在实际应用中，单值控制图对检测较大的过程变化是比较好的，但对于较小的过程偏移（如从 0.5 到 1 倍的标准偏差）的敏感性不足。要检测过程的小偏移，需要采用 EWMA 控制图。

（2）EWMA 控制图

EWMA（exponentially weighted moving average）控制图基于所有历史数据都具有权重，距今越远的数据，权重越小；距今越近的数据，权重越大。它被认为很适合对过程的小偏移进行快速检测。

1）EWMA 控制图的统计量

我们来考虑普遍情形，设 x_{ij} 为第 i 个子组第 j 个观测值，则 EWMA 统计量 Z_i 为

$$Z_i = \lambda \bar{x}_i + (1 - \lambda) Z_{i-1} \qquad \text{式（3.4.5）}$$

式中：λ 为常数，$0 < \lambda \leqslant 1$，通常在计算时默认为 0.2；$\bar{x}_i$ 为第 i 个子组的平均值；而 EWMA 统计量的初始值 Z_0 一般取为 μ。

如果测量结果是单值序列，则用 x_i 替代上述公式中的 $\bar{x}_i$。

2）EWMA 控制图的控制限

EWMA 控制图的中心线代表了过程的均值。当数据子组大小不变时，控制限公式如下

$$LCL_i = \overline{\overline{x}} - k \left(\frac{\hat{\sigma}}{\sqrt{n}} \right) \sqrt{\frac{\lambda}{2 - \lambda} \left[1 - (1 - \lambda)^{2i} \right]}$$

$$UCL_i = \overline{\overline{x}} + k \left(\frac{\hat{\sigma}}{\sqrt{n}} \right) \sqrt{\frac{\lambda}{2 - \lambda} \left[1 - (1 - \lambda)^{2i} \right]} \qquad \text{式（3.4.6）}$$

式中：$\overline{\overline{x}}$ 为估计的过程均值，$\hat{\sigma}$ 为估计的标准偏差，n 为子组大小。K 为规定的绘制控制限时的标准差的倍数，通常选择 $k = 3$。

3.5.2.2 长期变异的监控

一旦控制图中心线和控制限根据历史数据确定后（任何"坏"的观测值被剔除，并重新计算控制限），测量过程就进入了监控阶段。下面显示的单值控制图和 EWMA 图是对质量校准过程的监控。为了便于两种图的比较，两个图采用了相同的数据（数据表名称为 longs0621.xls），而且中心线和控制限的计算依据了前 8 个月获得的数据。监控阶段从第 9 个月开始，两个图的控制限均采用 3 倍的标准差计算。

对于控制图应经常地从整体上来看，以便识别漂移或过程的偏移。在图 3.16 中，只有 2 个点超出控制限，而发生在 9 月份后的小的但显著的过程偏移只能通过检测整个控制图上随时间排列的点而发现，从点的排列可以看出，许多的点非常靠近上控制限，数据点在两条控制限间的分布是不均匀的，这表明可能存在下列之一的某种变化：

（1）过程均值可能与参考标准的变化有关。

（2）变异可能是由于量具精密度的变化或者测量过程中其他因素影响的结果。

然而，只凭个别超出控制限的点并不能说明过程的这种小偏移是永久性的，因为单值控制图在检测过程的小偏移时显得功效不足，在这种情况下，最好还是选择功效较强的 EWMA 控制图。但是，如果基于 9 月份以后的数据重新计算控制限，则这种变化就非常清晰地显示出来了，重新构建分阶段单值控制如图 3.17 所示。

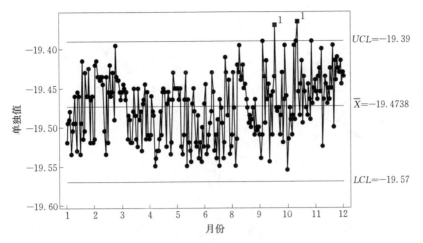

图 3.16 监控质量校准过程的单值控制图

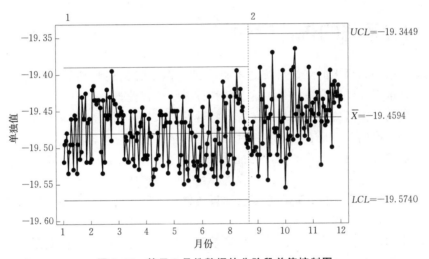

图 3.17 基于 9 月份数据的分阶段单值控制图

在下面的 EWMA 图中，用来检测失控信号的并非原始数据而是 EWMA 统计量，因为 EWMA 统计量是加权平均值，它比单个的测量值具有更小的标准偏差，因此，EWMA 控制图的控制限间距要比上述的单值控制图的控制限间距窄。

图 3.18 显示许多超出控制限的点开始产生在大约 4 月至 8 月间以及 10 月中旬至 12 月间，而且过程均值确实产生了一倍标准差的偏移，EWMA 控制图对这种小偏移是非常敏感的。

以上控制图的控制策略都是基于历史数据对未来测量值的预测。每次对核查标准的新的测量被实时地标绘在控制图上，如果这些值落在控制限之内，则表明过程是稳定不变的；如果这些点超出控制限之外，则可能是过程失控并应采取补偿措施，同时在研究离群点的处理措施时有必要了解失控信号的可能原因。

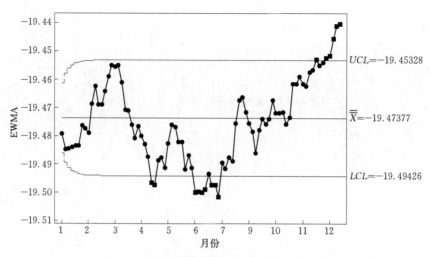

图 3.18 监控质量校准过程的 EWMA 控制图

3.6 测量系统的统计特性

在测量实践中，理想的测量系统是不存在的，但是我们还是期望测量系统具有零变差、零偏倚及准确无误的测量结果，这些特性称为统计特性。

对于不同的测量目的，对测量系统统计特性的要求是不同的，要根据具体情况规定统计特性的可接受准则。但是有些基本特性必须是测量系统所应具备的。

（1）足够的分辨力。量具的分辨力能将公差或过程变差划分为 10 等分或更多，通常称为 10：1 规则。这个比例规则已经成为选择量具时的首选原则。

（2）统计受控状态。也就是在重复性测量条件下，测量系统的变差只能由普通原因造成，而不能存在特殊原因。

（3）较小的系统变差。当以公差评估测量系统的可接受性时，系统变差至少应小于规范限值。当以过程变差评估测量系统的可接受性时，系统变差至少应小于过程变差。

第4章
测量系统研究方法导引

4.1 应用测量系统分析的最佳时机

无论何时，在收集任何数据之前，均需评估测量系统的准确度和精密度，以确保它不会成为一个对数据造成显著影响的变异源。要使得观测到的任何变异实际上均来自于感兴趣的产品或过程所引起——确保数据的真实性和完整性。

理论上，任何时候对测量系统的能力有兴趣时皆可考虑进行测量系统分析研究。但在实践中，不仅需要考虑时间和成本，而且还要关注量具的使用环境、频率及其本身的使用寿命等因素，选择恰当而有效的时机就显得比较明智了。

4.1.1 与计量检定/校准相结合

通常，如果量具刚刚检定/校准合格，就可以不考虑做准确度方面的分析，比如偏倚和线性。然而，此时，如果能做一次量具 $R\&R$ 研究，则可为该测量系统提供一个很好的基线水平，做为一个能力评价新的"起点"。

值得注意的是，量具经过检定/校准合格是量具 $R\&R$ 研究的基本要求。忽视检定/校准或忽视量具 $R\&R$ 研究都不能保证测量系统提供真实数据的能力。在企业的计量管理部分应该做好管理筹划。

4.1.2 新测量设备验收

对于新测量设备在这里分成两类：一类是通用类，比如游标卡尺等；另一类是专用测试设备，通常较复杂且具有专用测量用途，比如 X 射线测厚仪等。对于新购置的通用类量具来说，首先要完成的是计量检定/校准，可以采取送到有资质的计量检定部门完成。对于不便于拆卸的量具，比如流量计，可以要求计量部门提供上门服务，实现现场校准。但对于专用测试设备来说，采用现场校准比较合适。特别不建议，仅采用设备厂商提供的针对设备的校准程序。

实践中发现，企业在购置新的测量设备时非常注重品牌、型号及其用途，对于设备验收时更关注其是否能够快速调试并投入使用，但对于测量系统的分析往往关注不够，更多时候根本不去考虑采用更加独立有效的方法进行测量系统的验收，从而导致后续运营维护和维修难度和成本很大，苦不堪言。

本书后面章节介绍的测量系统分析的各种方法可为新测量设备验收提供有效保证。

4.1.3 生产线的重大改变

随着智能制造的不断应用，生产线逐步实现自动化和智能化，除了生产设备的更新换代之外，测量手段和测量设备也会随之升级，自动化甚至智能化测量必将广泛应用。测量的效率会大大提高，测量成本会降低。在测量的有效性方面，非单点数据的轮廓曲线测量以及相关联的多参数同时测量并快速输出将成为可能，从静态测量到动态测量，从离线测量到在线测量已是大势所趋。这就要求，测量系统的分析方法必须随着测量过程的这种变化而不断更新。但值得注意的是，并非智能化技术本身而是有效的测量系统分析方法才是测量数据真实性的保证。选择使用有针对性的、有效而合理的测量系统分析方法将成为应用的主要任务。

4.1.4 与顾客有"冲突"

产品的提供和接收涉及两方的行为，即生产方和顾客。从技术上来讲，产品的顺利交接有一个非常重要的"关节"——合格产品。有时候，生产方在产品出厂前通过检验后声明产品是合格的，而顾客在接收同批的产品时也在检验后提出产品不合格，这种情况屡见不鲜。生产方在私下里抱怨顾客无理取闹，顾客则武断地指责生产方把关不严，出现这种"冲突"，问题到底在哪儿呢？

一个真实的案例可以阐明这一切。一个铝制品企业生产食品用铝箔，铝箔中重金属含量（铅、砷、镉）是一项非常重要的控制指标。铝箔出厂前由厂家提供检测结果给顾客，顾客也要对接收的铝箔进行入厂检验。"冲突"发生了，出厂检验合格的铝箔被顾客拒收，理由是顾客检验的结果是不合格。经过多方面的沟通、分析，最终通过比对试验（同样的样本分别交付双方进行试验）识别出来问题的根本原因：双方使用的测量系统是不同的，且均未做过测量系统分析。

厂家所使用的检测仪器（量具）是直读式光谱仪，且为厂家自己设计。这里有这样的一个背景，食品用铝箔在 2008 年前国家并不强制要求检测上述重金属，厂家只是对每批产品抽样，然后送到有资质的检测部门检测。2008 年以后有了强制要求，厂家发现该产品送外检成本很高，于是利用其已有的直读式光谱仪改造了一台检测仪器，这样产品就可以实现自检。内部计量部门对该检测仪器做了简单的校准以后就投入了使用。而顾客方采用的检测仪器是进口的重金属光谱仪，一直保持良好的校准记录。

比对试验的结果并不能指出任何一方是存在问题的，于是双方决定分别进行测量系统的分析，进行偏倚和线性分析时采用同一标准件，而研究重复性和再现性则从同批同卷铝箔（假定铝箔是匀质的）上取样。

顾客方的重金属光谱仪偏倚和线性满足要求，$R\&R$ 水平略高于 30％的边界水平，分析原因并采取了适当的改善措施后，再次研究分析，结果显示能力充分。而厂家的研究结论则是准确度和精密度均不符合使用要求，于是设立了一个六西格玛项目，经过为期 4 个月的项目期成功改善了其测量系统，使其准确度和精密度均满足使用要求，并纳入正常的计量管理范畴。最终，双方重新对同批铝箔进行检验，结果完全一致。

当出现与顾客的"冲突"时，从测量入手，以数据作为识别问题的依据是正确而有效的选择。

4.1.5 实验室间的量值比对

与用在生产过程中的测量系统不同的是，实验室内的测量仪器更需要关注测量的准确度和精密度，因为，这些测量仪器大多属于精密仪器或者标准仪器，担负着量值传递的重要任务，处于传递链的中高端（工作基准以上）。

目前国际上更多采用的是量值的测量不确定的评定和比对，但评定方法中所采用的统计技术和分析方法具有很大的相似性，也就是说，如果将关注焦点转移到测量仪器本身及其所构建的测量系统的能力上面，而非仅关注量值的真实性和可传递性，那么，本书后续章节所介绍的方法也同样适用。比如在第 11 章的计量型测量系统分析案例中涉及到的拉丁方设计和交错嵌套设计等方法。

4.2 测量系统分析的过程方法

任何测量结果都是源自测量过程或系统。测量过程将由许多输入变量和影响测量最终值的一般条件组成，包括过程变量、硬件和软件及其属性以及获得测量值所需的人力资源等。在任何关于测量系统的研究中，最重要的是测量过程的关键特性。测量系统分析（MSA）研究就是用来描述表征测量过程的这些关键特性的一些方法。

这些方法的运用遵循的是过程方法，从而保证了这些方法运用的有效性。

4.2.1 PDCA

PDCA 循环是过程方法的典型代表模式。在《质量管理体系—要求》（ISO 9001:2015）和《测量管理体系 测量过程和测量设备的要求》（ISO 10012:2003）中都有清晰阐述。PDCA模式指的是策划（plan）、实施（do）、检查（check）和采取措施（act）四个步骤，它有两个重要的特点，第一个特点是 PDCA 循环是一个周而复始的运行模式，它从策划开始，经过实施、检查顺序运行到采取措施阶段后，会自动进入到下一轮循环，重新从 P（策划）开始运行，而且在 PDCA 的各个阶段内部同样存在着 PDCA 循环模式。如图 4.1 所示。第二个特点是每一次循环进入到下一轮新的循环时都要有所提升。就好像一个轮子从楼梯底端向上爬一样，每一次都能跨上一个台阶。这样测量系统分析就能得到一个适宜的评估方法并达到持续改进的目的。如图 4.2 所示。

测量过程的实施和改进需以 PDCA 模式为指南。

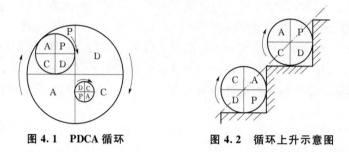

图 4.1　PDCA 循环　　　　　图 4.2　循环上升示意图

4.2.2　MSA 及其相关联的工具和技术

测量系统分析（MSA）无论是从技术还是管理方面都不是单一的一个任务，不仅涉及与生产或科研有关的测量系统的构成、变差源的分析和识别、试验方法的设计和数据收集、风险和成本的控制、数据分析结果的解释以及改善措施的提出和实施等等，而且，更重要的是测量系统变差不应成为过程能力提升的"绊脚石"。

目前，在六西格玛方法论的项目应用中，与 MSA 有关的工具和技术之间的简单链接可用如图 4.3 所示。

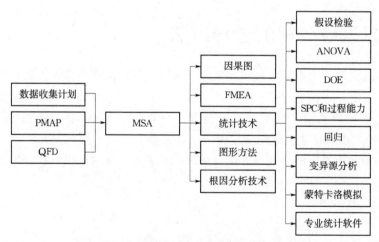

图 4.3　与 MSA 有关的工具和技术

4.3　测量系统研究方法的选择

4.3.1　测量系统的类型

在不同的行业和领域，测量系统的复杂程度存在很大的差别。依据构成测量系统模型的各要素的复杂程度，可分为简单测量系统和复杂测量系统。若依据其测量结果的数据属性，则可将测量系统分为两种基本类型：连续型（或计量型）测量系统和离散型（或计数型）测量系统。

计量型测量系统主要的研究变差包括评价人变差（再现性）、设备变差（重复性）、样件间变差、交互作用变差以及其他因素变差等。计数型测量系统的主要研究变差是重复性及属性一致性和有效性，一般情况下，计数型测量系统的复杂性相较于计量型测量系统要低一些。具体研究方法将在后续章节予以阐述。

对于简单计量型测量系统分析，关注的主要变差包括测量仪器（量具或设备）、操作者和样件。而复杂测量系统分析研究的变差源要复杂得多且具有特殊性。多采用试验设计（DOE）或多变异分析等其他统计方法来确定变差源因子的效应及其变差贡献。

4.3.1.1　简单计量型测量系统

所谓简单计量型测量系统是指非破坏性的，而且对每个测量对象（如样件）都能重复观测的测量系统。在实际进行测量系统研究时，往往要假设一些先决条件，如此才能保证所提供的研究方法和分析程序的可用性。通常的条件为：

（1）只考虑影响测量系统的主要变差，即量具、评价人和测量对象。

（2）忽略被测对象的结构上的变差（或称为内部变差）的影响，而这类变差通常会使重复性变坏，对于这类变差将采用其他的评定方法来进行量化。

（3）实施操作时保证测量的随机性和统计的独立性。

（4）研究期间被测对象的物理结构和属性特性不能发生变化。

（5）测量结果与时间无关。

4.3.1.2　复杂计量型测量系统

复杂计量型测量系统是相对于简单计量型测量系统而言的，它往往是指那些破坏性的或其他不可重复的测量系统，被测对象的特性每次随试验会发生不同程度的变化。如发动机或变速箱的动力计试验。还包括复杂设计模型下的计量型测量系统，所研究的变差源要比简单计量型的多一个或以上，实际上属于多变异源研究范畴。

复杂计量型测量系统研究也需要像简单计量型测量系统那样事先给定某些约束条件，比如对于破坏性试验时选取的样件的同质性假定。

本书后续章节为计量型测量系统以及计数型测量系统的分析研究提供了一些可供选择的方法。

4.3.2　选择适宜的分析方法

计量型测量系统分析将分别对其准确度、精密度进行研究，同时提供了复杂计量型测量系统的分析方法，还引入了一个具有对比性的新方法——测量过程评估（EMP）法。表4.1提供了对各种方法的简单描述。

表 4.1   测量系统分析方法对照表

测量系统类型	测量系统特性		分析方法
计量型	偏倚		控制图法 t 检验 拉丁方设计
	线性		回归分析
	稳定性		控制图法
	重复性和再现性（GRR）	简单	平均值和极差法； 两因子方差分析法（ANOVA） EMP 法
		复杂	复杂设计模型下的 R&R 方差分析 交错嵌套设计
计数型	属性一致性		属性一致性分析（Kappa，Kendall）
	偏倚和重复性		解析法（GPC 量具性能曲线）

对于某个测量系统的评估可以有许多的评估程序，要判断某个程序是否适用于特定的测量系统有时是非常困难的，因为存在许多的影响因素，有已知因素，也有未知因素。对于评估程序要通过长期的不同设计的试验来检验其适用性，但有时这是非常不实际的，需要大量的时间和费用，而且得到的结果也许并不能令那些质量管理者满意。如果不考虑评估的适用性而对所有的测量系统均采用那些所谓通用的评估方法，则有可能得到的结果令所有的人都迷惑不解，甚至得出相反的结论。曾经听到过某知名汽车零零件制造商的质量经理的迷惑和抱怨："我们的测量设备全部都是进口的，目前已经达到国际水平，但对其进行'双性研究（GRR）'得到的结果却是大大超出了30％的可接受水平，而评价人变差很小，不论如何选择样件，其一致性也都非常好，也就是零件间变差很小。我已经做过几次了，每次结果都这样，这是为什么呢？"这里姑且不对这个问题进行技术上的剖析，但首要的一个问题是"为什么要对这个测量系统选择进行'双性'的评估呢？评估的目的到底是什么？"。

对于不同测量系统的评估程序的适用性没有简洁通用的方法，除去要考虑的时间和费用因素外，至少还应注意：

第一，明确测量系统评估的目的。是要与其他测量系统进行结果比对，还是要用于产品检验、过程控制，抑或是向外部顾客提供测量系统能力的证明等。

第二，根据测量系统的数据输出属性（计量型或计数型），选择准备评估的变差特性，但对于测量得到的计量型数据并非必须总是采用计量数据的分析方法，有时也不得以将计量数据按照某种规则转换为计数数据（或属性数据），并采用对属性数据的分析方法。

4.3.3 测量系统变差源的识别

实践中，测量系统分析常见的问题是"套用"选择的分析方法，"知其然，不知其所以然"，即对方法成立的设定条件和要求并不了解。这样即使得出了分析结果，也未必能够准确地解释和决策。

正确做法的首要步骤应该是全面定义测量系统并识别和分析影响测量系统的变差源。利用鱼骨图对测量系统的变差来源进行分析是常用的方法。根据测量系统的使用情况从专业角度对测量系统分析做出合理假设，并掌握主要变差及其水平。3.4.1 节对此有详细说明。

4.4 测量系统分析的试验性研究

4.4.1 观察性研究和试验性研究

在科研组织、企业以及政府和学术机构中都有进行许多类型的测量。通常，数据来自实验性成果或观察性研究。根据这些数据，做出可能具有广泛社会、经济和政治影响的管理决策。

本书主要描述从试验性研究中获得的数据分析，而非观察性研究。观察性研究的数据被认为是某些正在持续运行的操作的副产品。这些数据可能是被动的或有意识收集的，将由持续进行的产品流中的数据组成，通常是在已知输入保持不变的情况下收集的。换言之，在观察性研究中，数据会跟踪过程。

另一方面，试验数据是在不同条件下收集的，这些条件是为了获得数据的明确目的而设立的。试验数据将始终由在不同条件下收集的规定数量的数据组成，因此往往比观测数据昂贵。此外，基于其获取方式，希望试验数据能够代表特殊条件之间的差异。因此，当分析试验数据时，目的是要寻找那些包含在数据中的差异。而且，如果无法找到期望的差异，将不得不进行更多的实验，这将迫使选择更加保守和更高探索性的试验数据分析。

4.4.2 试验准备

古人云"谋定而后动"，此处指的是要提前做好研究计划。测量系统研究试验计划是在确定好研究目的并考虑完成试验条件后来制定的，通常，应该包括但不限于：

(1) 哪些人员参与试验，角色如何分工？

(2) 是否需要内外部技术支持？容易获得吗？

(3) 试验需要标准件（或物质）吗？如何获得？

(4) 需要使用特定的软件程序吗？有接口吗？

(5) 试验场所（生产线）便于安排试验吗？需要跟谁沟通协调？

(6) 试验需要多长时间？需要哪些人员跟踪试验过程？

(7) 试验需要多少成本？

(8) 试验过程中可能存在哪些风险？如何预防？

(9) 是否编制了数据收集计划？

（10）试验的操作是否已有标准的操作程序（SOP）作为指南？

（11）数据收集完成后，谁负责分析和解释？

（12）发现不足需要改进时，谁负责组织执行并验证？

这里需要特别强调有关数据收集计划的内容。

数据收集计划经常被忽略，因为它是一个简单的工具，并且其价值不为人知。一个好的数据收集计划有助于确保数据的有用性（测量正确的事物）和有效统计（正确地测量事物）。通常使用数据收集矩阵来计划和组织项目的数据收集过程。

抽样计划对于测量系统研究非常重要。试验的设计不良会导致测量过程中的真实变异被低估或高估，从而导致对测量系统能力的评估过于乐观或悲观。

创建数据收集计划至少需要包括如下几项内容。

4.4.2.1　决定收集什么样的数据

一般来说，对于测量系统所测量的是过程输入变量（X）还是输出变量（Y）并不重要，只是在某些场合，比如六西格玛项目中，可以更加清晰地对任务进行跟踪。但对被测特性的数据属性是需要分清楚的，属于连续型还是离散型数据，这决定了所选择的测量系统分析方法。

4.4.2.2　制定操作性定义

在任何数据收集活动开始时，应为将要收集的每个数据元素建立操作定义。操作定义清晰、准确地说明了如何使用一个特定的测量。它们有助于确保共同的、一致的数据收集和结果解释。

应精确地描述数据收集过程，说明数据收集者应该采取哪些步骤、应测量什么特性或指标、如何进行测量以及应使用什么样的数据收集矩阵等。比如，如果测量一个物体的长度，如何能确保在测量过程中，数据收集者每次都把卡尺放在同一个位置？

当数据用于表征一个特性指标时，还要进一步定义将要使用的公式以及公式中使用的每个术语。另外，还应包括测量手段的要求。比如"高质量焊料"是一项必须通过明确定义"高质量焊料"的含义来实施的要求。这可能包括口头描述、放大倍数、照片、物理比较样本以及更多其他条件。

4.4.2.3　数据收集矩阵

不同的设计采用不同的表格来收集测量数据。表4.2和表4.3提供了用于交叉和嵌套设计的基本布局的模板，分别具有3名评价人，3次重复和每个操作员测量的10个零件（或样件）。两种布局之间的主要区别是"零件编号"列（代表要测量的零件）。对于交叉设计，三名评价人使用相同的"零件编号"栏，表示同一零件子组由不同的评价人员进行测量。但是，对于嵌套设计，有一个不同的"零件编号"。每位评价人的列，这意味着一个评价人只能测量一个零件。

需要注意的是，选用不同的统计软件进行数据分析，对数据表的格式可能会有不用的要求。

表 4.2   **一般化的 *GRR* 交叉设计表格**

零件编号	评价人 A			评价人 B			评价人 C		
	第1次	第2次	第3次	第1次	第2次	第3次	第1次	第2次	第3次
1									
2									
3									
4									
5									
6									
7									
8									
9									
10									

(表头上方:GRR 研究)

表 4.3   **一般化的 *GRR* 嵌套设计表格**

评价人 A				评价人 B				评价人 C			
零件编号	1	2	3	零件编号	1	2	3	零件编号	1	2	3
A1				B1				C1			
A2				B2				C2			
A3				B3				C3			
A4				B4				C4			
A5				B5				C5			
A6				B6				C6			
A7				B7				C7			
A8				B8				C8			
A9				B9				C9			
A10				B10				C10			

(表头上方:GRR 研究)

　　测量系统分析时,除了一般化的设计布局外,建议构建类似结构化的数据收集矩阵,同时融入对样本量、随机化等因素的考虑。

4.4.2.4 样本量

　　下列因素会影响样本大小的选择:

(1) 获取样本的难易程度。要考虑时间和成本以及可行性这些制约因素。

(2) 数据类型。离散型数据相对于连续型数据来说，需要收集更多的样本。

(3) 对决策的需求。需要采用多大的置信度来进行决策。

在 GRR 研究的抽样计划中，应确定零件的子组大小、评价人的数量和轮数。一般而言，选择三到五个评价人来进行两到三轮试验来测量 10 个以上的零件。请注意，所选样本必须来自生产过程，并代表整个生产变异。（在很难获得 10 个或更多零件的情况下，尽管可以用很少的零件来估计 GRR，但零件变差的不确定性可能会很大，因此 %R&R 可能不可靠。在这种情况下，如果已知过程标准偏差，强烈建议您使用已知的标准偏差，而不要使用根据少量样品估算出的过程标准偏差。）

无论何时，无论什么目的，关于样本量有一句经验性的总结"可能的情况下，获得大样本"，可以作为每一次数据收集前确定样本量的指南。

4.4.2.5　随机化

随机化是使用统计方法的基石。它的意思是，试验材料的分配和试验中各次试验运行的顺序都是随机确定的。统计方法要求观测值（或误差）是独立分布的随机变量，随机化通常能使这一假定有效。数据收集过程中，有一些难以控制的因子产生的变异性可能会影响结果，适当的随机化亦有助于"平均掉"可能出现的这些难以控制的因子的效应。

在 GRR 研究的测量过程中，随机化是一个非常重要的考虑因素。随机化意味着操作员应按随机顺序测量零件。在实验过程中，常常受到一种所谓"记忆效应"的影响，它会对测量结果带来额外的变异。因为关注度更高的评价人可能会导致对测量过程变异的估计不足。应尽量避免这种效应，要排除试验中的这种干扰，随机化是很好的选择。随机化有时也称为"盲测（blind measurement）"。

4.4.3　结果分析和软件选择

测量系统研究对数据的分析，如果还停留在用 Excel 表格模板来僵化地"套用"分析，那就太落伍了。如果是为了简单方便且不容易发生错误，那现在选择使用专业的统计软件应该比"固定"的文件模板更灵活、更适用、更不容易犯错。

"工欲善其事，必先利其器"，本书中案例的分析除了简单地手工计算外，大都采用了 Minitab17 或 JMP13 软件进行分析，选择使用的依据是便于分析和对结果展示的全面性。

4.5　MSA 的一般程序

通常进行测量系统分析时并不总是同时研究其所有的变差，而是根据测量系统的使用目的来规定对测量系统进行评价的周期和研究特性。例如对于刚刚校准/检定合格的量具来说，一般情况下就可以不对其准确度（偏倚）再进行研究。而对于新的将要投入使用的测量系统可能要完成其全部的特性研究，一般程序中包括如下几个方面：

（1）研究准备。

（2）稳定性评估。

（3）评估分辨力。

（4）确定准确度（偏倚研究）。

（5）校准/检定。

（6）线性评估。

（7）确定重复性和再现性。

绘制 MSA 一般程序的流程如图 4.4 所示。

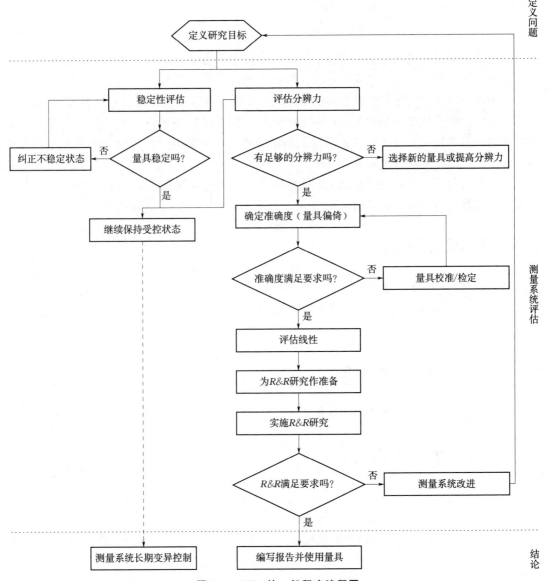

图 4.4　MSA 的一般程序流程图

第5章
计量型测量系统的准确度研究

测量准确度反映了测量结果与被测量的真实值之间的接近程度。测量仪器是由人创造的，总体上每次测量都是一个实验过程。因此，测量结果不可能绝对准确。

准确度是评价测量质量的最重要的特征之一。准确度评估通常需要可进行多次测量的含有标准值的物质标准（样件）。任何特定测量的准确度取决于所用测量仪器的准确度、所采用的测量方法，有时还取决于实验人员的技能。由于始终无法知道可测量的真实值，因此必须通过估计来获得测量的准确度。

计量型测量系统的准确度研究主要通过稳定性、偏倚和线性三个指标来体现。建议在了解下面内容之前回顾第 3 章的有关内容。

5.1　稳定性研究

稳定性研究的目的是确定测量系统是否稳定。可以选取一个已知其参考值的样件或者在预期的测量范围的下限、上限和中间位置选取不同的基准件，在一定的周期内多次测量并形成控制图来进行控制和监视。

5.1.1　稳定性研究流程图

图 5.1 给出了稳定性研究的程序说明。

5.1.2　稳定性分析方法

对于稳定性来说，没有特别的数据分析和指数，一般采用控制图，通过建立控制限（UCL、CL、LCL）来进行结果分析和评价。

例 5.1　为了确定一个新的测量装置稳定性是否可以接受，工艺小组在生产工艺中程数附近选择了一个零件。这个零件被送到测量实验室，确定基准值为 6.01。小组每班测量这个零件 5 次，每周 5 班，共测量 4 周（20 个子组）。收集所有数据以后，绘制了平均值和极差控制图（$\overline{X}-R$）（数据表名称为 data_stable.xls），如图 5.2 所示。

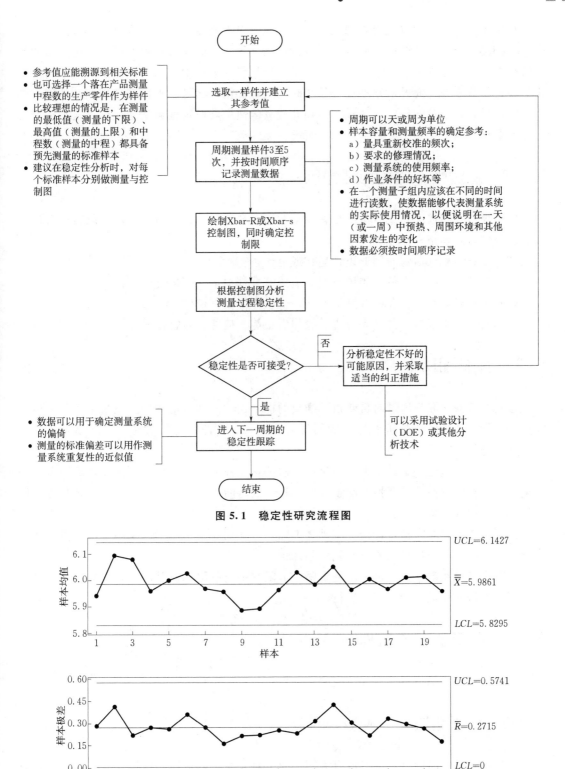

图 5.1 稳定性研究流程图

图 5.2 稳定性研究平均值和极差控制图

从控制图显示，测量过程是稳定的，因为没有出现明显可见的特殊原因影响。

对测量系统稳定性的研究应该是一个持续的过程，不但要进行短期研究，更重要的是进行长期的监视。根据实际情况，应在测量系统的研究策划中予以具体规定。对于初次使用的新的量具来说，通过对基准件较长时间的测量数据评估可获得稳定性周期，从而有助于稳定性研究样本量的确定。实践中，随着量具的使用其稳定性会发生变化，这就需要对稳定性要求较高的量具不断评估其稳定情况。

5.1.3 稳定性不好的可能原因

（1）仪器需要校准，或者需要重新调整缩短校准周期，特别对于使用期限较长且使用频次较高的量具要格外注意。

（2）注意监视仪器随时间的正常老化或退化。

（3）对所选择的基准件的维护不当，造成基准件损坏或磨损过度。

（4）测量时对环境状况的控制不严格，使得环境显著变化。

（5）其他应用误差，如夹紧位置、操作者技能、疲劳、观察错误等。

5.2 偏倚研究

量具的偏倚研究是通过对可获得基准值的样本或选择一个落在产品测量中程数的生产零件——指定其为偏倚分析的样本的测量来完成的。有两种分析方法：一种是独立样件法；另一种是控制图法。

独立样件法是让一个评价人以通常的方法测量样件 $n \geqslant 10$ 次以上，并通过数值分析确定偏倚量及检验偏倚的显著性。测量应在尽量短的时间内完成，并且应是同一评价人、同一量具和相同的设置。

控制图法是建立在稳定性研究基础之上的，当采用 $\overline{X}-R$ 或 $\overline{X}-s$ 图显示测量系统处于稳定状态时，其数据可用来进行偏倚的评价。

有时也可以在期望的测量范围的下限、上限和中间范围选择基准件，这样获得的数据可以将线性研究和偏倚研究同时进行。

5.2.1 偏倚研究的流程图

图5.3给出了偏倚研究的程序说明。

5.2.2 分析方法——独立样件法

首先将对样件的测量数据形成直方图，通过对直方图的审视，明确没有特殊原因或异常后，则可继续分析。但要特别注意，对于 $n < 30$ 时（通常认为是小样本），解释和分析要谨慎。

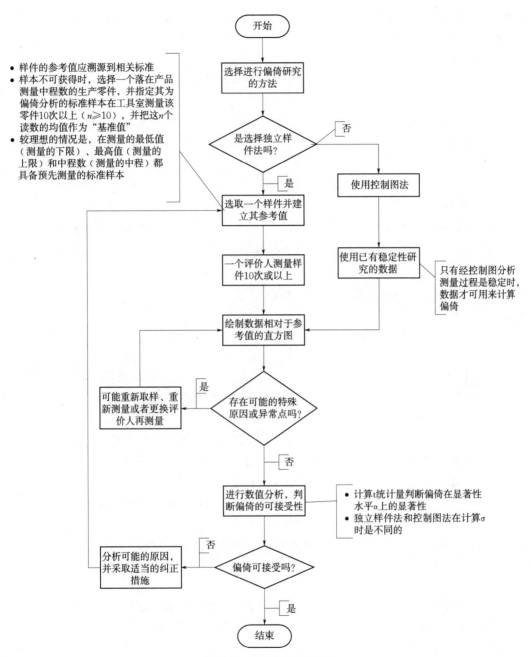

图 5.3　偏倚研究流程图

（1）计算 n 个读数的均值

$$\overline{X} = \frac{\sum\limits_{i=1}^{n} x_i}{n}$$

式（5.2.1）

（2）计算重复性标准差

采用样本极差法或者样本标准差法均可计算重复性标准差。重复性标准差用来计算统

计量 t 值，从而计算 p 值来检验对于所有的基准值或每一基准值偏倚是否为 0。

1）极差法

当一个基准值只对应一个零件（样件）时，采用极差法来计算重复性标准差

$$\hat{\sigma}_r = \frac{\max(x_i) - \min(x_i)}{d_2^*}$$ 式（5.2.2）

式中：x_i 为对样件第 i 次的测量值；d_2^* 查附录 1 的 d_2^* 表得出，即 $d_2^*(g, m) = d_2^*(1, n)$。

另设

$$\hat{\sigma}_b = \frac{\hat{\sigma}_r}{\sqrt{n}}$$

2）标准差法

当一个基准值只对应一个零件（样件）时，采用标准差法计算重复性标准差

$$s = \sqrt{\frac{\sum (x_i - \overline{x})^2}{n-1}}$$ 式（5.2.3）

式中：x_i 为对样件第 i 次的测量值；n 为测量次数。

另设

$$\hat{\sigma}_b = \frac{s}{\sqrt{n}}$$

（3）确定偏倚的统计量

根据偏倚的定义可知，偏倚＝观测值的平均值－基准值，即

$$Bias = \overline{X} - \mu$$ 式（5.2.4）

在实际应用中，还经常使用偏倚百分比的概念，它可以是占过程变差或公差的百分比。当过程标准差为 σ 时，过程变差记为 6σ，则可计算占过程变差的百分比

偏倚％＝100×（｜平均偏倚｜/6σ）

当给定某公差为 T（上公差限－下公差限）时，则可计算占公差的百分比

偏倚％＝100×（｜平均偏倚｜/T）

则不论采用极差法或标准差法计算重复性标准差，都能确定如下的 t 统计量

$$t = \frac{\overline{X} - \mu}{\hat{\sigma}_b} = \frac{Bias}{\hat{\sigma}_b}$$ 式（5.2.5）

当采用极差法时，t 统计量的自由度 ν 可在附录 1 的 d_2^* 表中查到，p 值可以从具有该自由度和 t 值的 t 分布计算得出。但是，当采用标准差法时，t 分布的自由度为 $n-1$，p 值由 t 分布计算得出。

（4）偏倚的显著性检验和置信区间

对于偏倚进行假设检验——t 检验的原假设 H_0：偏倚＝0，备择假设 H_1：偏倚≠0，这是一个双边检验。采用 p 值进行显著性判断。

当计算得到的 p 值小于给定的显著性水平 α 时，认为偏倚是显著的异于 0，是不可接受的。

在实际应用中，有时还需要确定在给定的显著性水平 α 下偏倚的置信区间。根据 t 统计量得到在显著性水平 α 下偏倚的置信区间

$$Bias \pm t_{1-\alpha/2}(v) \cdot \hat{\sigma}_b \qquad\qquad 式（5.2.6）$$

式中：$t_{1-\alpha/2}(\nu)$ 在标准的 t 分布表（如 α 分位数表）中可以查到。

如果 0 这个值落在上述置信区间内，认为偏倚在 α 水平是可接受的。一般情况下，选择 $\alpha=0.05$（即 95% 的置信度），但实际应用中，如果选择不同的 α 值，必须得到顾客的同意。

例 5.2 一个制造工程师在评价一个用来监视生产过程的新的测量系统。测量装置分析表明没有线性问题，所以工程师只评价了测量系统的偏倚。在已记录过程变差基础上，从测量系统操作范围内选择一个零件，该零件经全尺寸检验测量以确定其基准值，而后该零件由领班测量了 15 次，经过测量，确定基准值为 6.0（数据表 gagebias.xls）。

根据数据绘制直方图如图 5.4 所示。

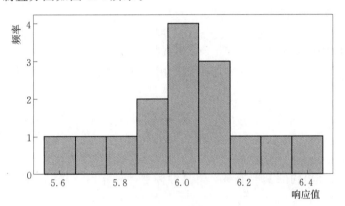

图 5.4　直方图

从图 5.4 可以看出，数据无异样，可以进一步分析。

1）若采用极差法，得到的结果见表 5.1。

表 5.1　　　　　　　　　　　　　　极差法分析结果

次数	偏倚均值	σ_r	σ_b	95%偏倚置信区间	t 统计量	p 值
15	0.0067	0.2251	0.0581	（−0.1180, 0.1313）	0.11	0.910

可见，表中 p 值（0.910）大于给定的显著性水平 0.05，而且 0 值落在 95% 置信区间之内，认为偏倚可接受。

2）若采用标准差法，得到的结果见表 5.2。

表 5.2　　　　　　　　　　　　　　标准差法分析结果

次数	偏倚均值	σ_r	σ_b	95%偏倚置信区间	t 统计量	p 值
15	0.0067	0.2120	0.0547	（−0.1107, 0.1241）	0.12	0.905

可见，表中 p 值（0.905）大于给定的显著性水平 0.05，而且 0 值落在 95% 置信区间之内，认为偏倚可接受。

对两种方法计算的结果比较可知，虽然有些小的差异，但结论都是一致的。

5.2.3　分析方法——控制图法

（1）根据样本数据（一般为子组形式）绘制控制图，从图中获得均值$\overline{\overline{X}}$。

（2）计算偏倚：$Bias = \overline{\overline{X}} - \mu$，其中 μ 为基准值。

（3）计算重复性标准偏差。

1）极差法

当多个零件具有相同的基准值时或一个零件采用子组形式进行测量时，采用极差法计算重复性标准差

$$\hat{\sigma}_r = \frac{\overline{R}}{d_2^*} \qquad \text{式（5.2.7）}$$

式中：d_2^* 是基于子组数量（m）和图中子组容量（g）查附录 1 的 d_2^* 表得到。

注：该 d_2^* 不同于上述独立样本法中所使用的 d_2^* 的值，其含义不同。

另设

$$\hat{\sigma}_b = \frac{\hat{\sigma}_r}{\sqrt{gm}} \qquad \text{式（5.2.8）}$$

2）标准差法

当多个零件具有相同的基准值时，重复性标准差是样本合并标准差

$$s = \sqrt{\frac{(n_1 - 1) \times s_1^2 + \cdots + (n_g - 1) \times s_g^2}{(n_1 - 1) + \cdots + (n_g - 1)}} \qquad \text{式（5.2.9）}$$

式中：s_1 为零件 1 被测量 n_1 次的样本标准差，s_g 为零件 g 被测量 n_g 次的样本标准差。

另设

$$\hat{\sigma}_b = \frac{s}{\sqrt{n_1 + \cdots + n_g}} \qquad \text{式（5.2.10）}$$

（4）确定偏倚的 t 统计量

$$t = \frac{\overline{Bias}}{\hat{\sigma}_b} \qquad \text{式（5.2.11）}$$

式中：$\overline{Bias}$ 为偏倚平均值。

对于极差法，t 分布的自由度 ν 可在附录 1 的 d_2^* 表中查到，p 值可以从具有该自由度和 t 值的 t 分布计算得出。对于标准差法，t 分布的自由度为 $(n_1 - 1) + \cdots + (n_g - 1)$，$p$ 值可以由 t 分布计算得出。当计算得到的 p 值小于给定的显著性水平 α 时，认为偏倚是显著的异于 0，是不可接受的。

同样，依据 t 统计量可以计算得到在显著性水平 α 下偏倚的置信区间

$$\overline{Bias} \pm t_{1-\alpha/2}(\nu) \times \hat{\sigma}_b \qquad \text{式（5.2.12）}$$

式中：$t_{1-\alpha/2}(\nu)$ 在标准的 t 分布表（如 α 分位数表）中可以查到。

如果 0 这个值落在上述置信区间内，认为偏倚在 α 水平是可接受的。一般情况下，选择 $\alpha = 0.05$（即 95% 的置信度），但实际应用中，如果选择不同的 α 值，必须得到顾客的同意。

例 5.3 采用稳定性研究时的案例数据（见稳定性研究举例 Data_Stable.xls）。在本例中，基准值＝6.01，子组容量＝5，子组数量＝20。

1）使用极差法时，对数据绘制平均值和极差控制图，如图 5.5 所示。

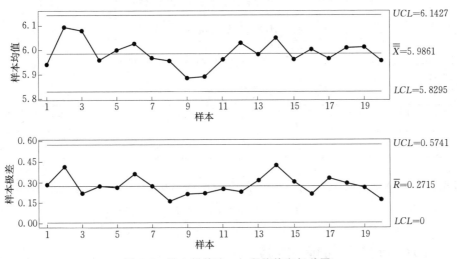

图 5.5 独立样件法——平均值和极差图

从图中可得，$\overline{\overline{X}}=5.9861$，$\overline{R}=0.2715$，于是得到分析结果见表 5.3。

表 5.3   极差法分析结果

次数	偏倚均值	σ_r	σ_b	95%偏倚置信区间	t 统计量	p 值
100	-0.0239	0.1163	0.0116	$(-0.0471,0.0007)$	-2.0546	0.044

可见，表中 p 值（0.044）小于给定的显著性水平 0.05，而且 0 值也落在 95%置信区间之内，认为偏倚不可接受。

2）使用标准差法时，对数据绘制平均值和标准差控制图，如图 5.6 所示。

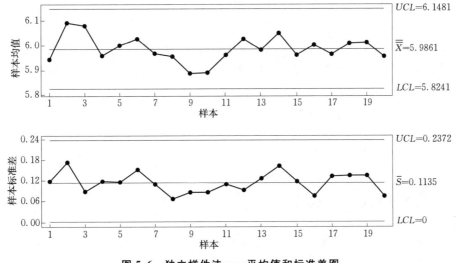

图 5.6 独立样件法——平均值和标准差图

从图中可得，$\overline{\overline{X}} = 5.9861$，$\overline{s} = 0.1135$，由标准差图中心线公式

$$\overline{s} = c_4(n_i)\hat{\sigma} \qquad\qquad 式\ (5.2.13)$$

式中：$c_4(n_i)$ 为一个计算标准差图中心线的常数，随着样本大小 n_i 而变化，可查表获得。故而，$s = \hat{\sigma} = \dfrac{\overline{s}}{c_4(n_i)}$。当样本大小都相等为 n 时，有 $s = \dfrac{\overline{s}}{c_4(n)}$，当 $n = 5$ 时，查附录 2 控制图系数表，可得 $c_4(5) = 0.9400$。于是得到分析结果如表 5.4。

表 5.4 　　　　　　　　　　　　　标准差法分析结果

次数	偏倚均值	s	σ_b	95%偏倚置信区间	t 统计量	p 值
100	0.0105	0.1174	0.0117	（−0.0472，0.0006）	−2.0416	0.044

可见，表中 p 值（0.044）小于给定的显著性水平 0.05，而且 0 值也落在 95%置信区间之内，认为偏倚不可接受。与采用极差法的结论一致。

5.2.4　造成偏倚的可能原因分析

（1）仪器需要校准，或者需要重新调整缩短校准周期，特别对于使用期限较长且使用频次较高的量具要格外注意。

（2）线性误差。

（3）违背假定的条件。

（4）对所选择的基准件的维护不当，造成基准件损坏或磨损过度。

（5）测量时对环境状况的控制不严格，使得环境显著变化。

（6）其他应用误差，如夹紧位置、操作者技能、疲劳、观察错误等。

5.3　线性研究

线性研究的目的是在某量具的全量程范围内确定观测值与其基准值之间的差异。由于存在过程变差，应在量具的全量程随机地选取零件，而且应获得每个零件的基准值。

5.3.1　线性研究的流程图

图 5.7 给出了线性研究的程序说明。

5.3.2　分析方法——图示法

（1）计算每次测量的零件偏倚及零件偏倚均值

通常对采集的线性研究数据可以构成如表 5.5 形式的数据表。

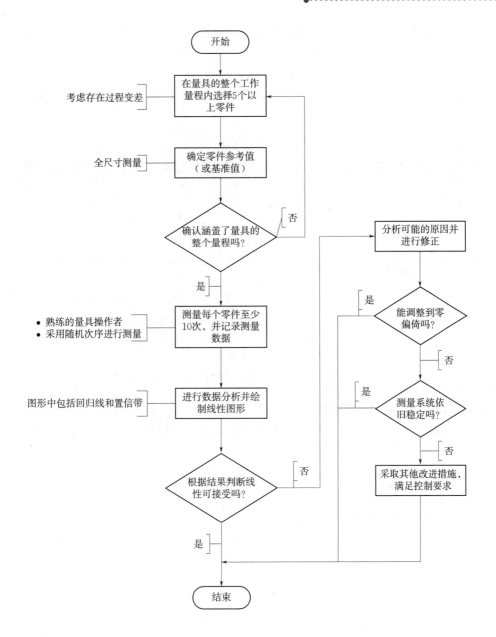

图 5.7　线性研究流程图

表 5.5　　　　　　　　　　　　　线性研究数据表

观测次数 \ 样件及基准值	1	2	···	g
	x_1	x_2	···	x_g
1	x_{11}	x_{21}	···	x_{g1}
2	x_{12}	x_{22}	···	x_{g2}
···	···	···	···	···
m	x_{1m}	x_{2m}	···	x_{gm}

表中，g 为样件数量，m 为观测次数；x_i 为样件基准值（$i=1$，2，$\cdots$，g）；x_{ij} 为对应基准值 x_i 的第 j 个观测值（$j=1$，2，$\cdots$，m）。

根据偏倚的定义，设观测值 x_{ij} 的偏倚为 y_{ij}，则有

$$y_{ij}=x_{ij}-x_i \qquad 式（5.3.1）$$

于是对应观测值计算的偏倚可列表 5.6。

表 5.6   偏倚数据表

观测次数 ＼ 样件及基准值	1	2	$\cdots$	g
	x_1	x_2	$\cdots$	x_g
1	y_{11}	y_{21}	$\cdots$	y_{g1}
2	y_{12}	y_{22}	$\cdots$	y_{g2}
$\cdots$	$\cdots$	$\cdots$	$\cdots$	$\cdots$
m	y_{1m}	y_{2m}	$\cdots$	y_{gm}
$\overline{y_i}$	$\overline{y}_1$	$\overline{y}_2$	$\cdots$	$\overline{y}_g$

$$\overline{y_i}=\frac{\sum_{j=1}^{m}y_{ij}}{m} \qquad 式（5.3.2）$$

式中：$\overline{y_i}$ 为对应基准值 x_i 的偏倚均值。

在线性图上可以画出每个单值偏倚和对应基准值的偏倚均值（详见举例部分的线性图）。

（2）计算最佳回归直线

设最佳回归直线为：$\overline{y_i}=ax_i+b$，直线的斜率 a 和截距 b。

（3）样本标准偏差的估计

关于回归线的标准偏差是 σ 的估计值，用 s 表示

$$s=\sqrt{\frac{\sum_{i=1}^{g}\sum_{j=1}^{m}y_{ij}^2-b\sum_{i=1}^{g}\sum_{j=1}^{m}y_{ij}-a\sum_{i=1}^{g}\sum_{j=1}^{m}x_iy_{ij}}{gm-2}} \qquad 式（5.3.3）$$

（4）预测区间

对于一个已知的 x_0 值，y 在给定的显著性水平 α 上的预测区间。利用对各值的预测可以构成回归直线的置信区间。公式如下

$$下限：b+ax_0-\left[s\times t_{gm-2,\,1-\alpha/2}\left(\frac{1}{gm}+\frac{(x_0-\overline{x})^2}{m\sum(x_i-\overline{x})^2}\right)^{\frac{1}{2}}\right]$$
$$\qquad 式（5.3.4）$$
$$上限：b+ax_0+\left[s\times t_{gm-2,\,1-\alpha/2}\left(\frac{1}{gm}+\frac{(x_0-\overline{x})^2}{m\sum(x_i-\overline{x})^2}\right)^{\frac{1}{2}}\right]$$

在线性图上画出偏倚为 0 的直线（一般用虚线表示），指出特殊原因和线性的可接受性。为使测量系统线性可接受，"偏倚＝0"线必须完全在拟合线置信带以内。

5.3.3　分析方法——数值法

所谓数值法是分别对回归系数利用 t 分布理论进行假设检验，以此来判定偏倚是否显著的一种方法。

（1）回归系数的标准差估计

首先我们假设

$$\hat{\sigma}_b = \frac{s}{\sqrt{m}} \qquad\qquad 式（5.3.5）$$

则对于斜率 a 和截距 b 的标准差估计分别为

$$\hat{s}_a = \frac{\hat{\sigma}_b}{\sqrt{\sum(x_i - \overline{x})^2}} \qquad\qquad 式（5.3.6）$$

$$\hat{s}_b = \hat{\sigma}_b \sqrt{\frac{1}{g} + \frac{\overline{x}^2}{\sum(x_i - \overline{x})^2}} \qquad\qquad 式（5.3.7）$$

（2）t 统计量和假设检验

对于斜率 a 有如下假设需进行检验

$$H_0：a=0，H_1：a\neq0$$

使用的 t 统计量为：

$$t_a = \frac{a}{\hat{s}_a} = \frac{a}{\left[\dfrac{\hat{\sigma}_b}{\sqrt{\sum(x_i - \overline{x})^2}}\right]} \qquad\qquad 式（5.3.8）$$

t 分布的自由度为 $(gm-2)$，用以检验假设的 p 值依据计算的 t 统计量的值 t_a 和 t 分布的自由度来计算。在给定的显著性水平 α 上，如果 p 值小于 α，则表明在 α 水平上可以拒绝原假设。

而对于截距 b 则需进行的假设检验为

$$H_0：b=0，\qquad H_1：b\neq0$$

使用的 t 统计量为

$$t_b = \frac{b}{\hat{s}_b} = \frac{b}{\hat{\sigma}_b \sqrt{\dfrac{1}{g} + \dfrac{\overline{x}^2}{\sum(x_i - \overline{x})^2}}} \qquad\qquad 式（5.3.9）$$

t 分布的自由度也等于 $(gm-2)$，p 值依据计算的 t 统计量的值 t_b 和 t 分布的自由度来计算。在给定的显著性水平 α 上，如果 p 值小于 α，则表明在 α 水平上可以拒绝原假设。

例 5.4　一名工厂主管希望对过程采用新测量系统，作为 PPAP 的一部分，需要评价测量系统的线性。基于已证明的过程变差，在测量系统操作量程内选择了 5 个零件，每个零件经过全尺寸检验测量，确定其基准值，然后由领班分别测量每个零件 12 次（研究中零件是随机选择的，数据表名称为 gagelin.mtw）。

从以上描述中可知，$g=5$，$m=12$，则 $gm=60$。使用 Minitab 分析量具偏倚和线性的输出结果如图 5.8 所示。

响应值的量具线性和偏倚报告

量具名称:　　　　　　　　　　　　　　报表人:
研究日期:　　　　　　　　　　　　　　公差:
　　　　　　　　　　　　　　　　　　其他:

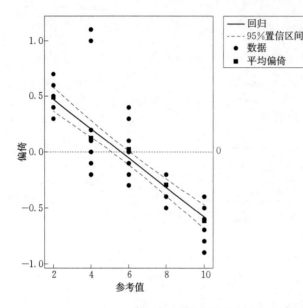

量具线性

自变量	系数	系数标准误	P
常量	0.73667	0.07252	0.000
斜率	−0.13167	0.01093	0.000

S	0.23954	R−Sq	71.4%
线性	1.86889	线性百分率	13.2

量具偏倚

参考	偏倚	%偏倚	P
平均	−0.053333	0.4	0.089
2	0.491667	3.5	0.000
4	0.125000	0.9	0.354
6	0.025000	0.2	0.667
8	−0.291667	2.1	0.000
10	−0.616667	4.3	0.000

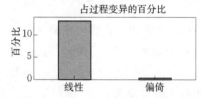

图 5.8　偏倚和线性研究 minitab 计算结果输出

　　图 5.8 不但显示了最佳回归线,而且还绘出了上下置信限(图中虚线),置信限的值见表 5.7。

表 5.7　　　　　　　　　　　　　　置信限

基准值	下置信限	上置信限
2	0.366116	0.580550
4	0.134185	0.285813
6	−0.115237	0.008567
8	−0.392483	−0.240855
10	−0.687220	−0.472786

　　同时,得到样本标准偏差 $s=0.23954$,决定系数 $R^2=71.4\%$。当给定过程标准差为 14.1941 时,依据公式

　　1)线性＝|斜率|×过程标准差

　　2)线性百分比＝线性/过程标准差×100%＝|斜率|×100%

　　计算出线性为 1.86889,线性百分比为 13.2%.

　　从以上数据和图形分析来看,测量系统可能存在特殊原因的影响,对应基准值 4 的数据表明可能是"双峰"。即使不考虑基准值 4 的数据,从图形上也清楚地显示出测量系统

存在线性问题，因为"偏倚＝0"线与置信带交叉而不是被包含在其中。从 R^2 的值可见，采用线性模型并不适合所采集的数据。

5.3.4 线性误差的可能原因分析

（1）仪器需要校准或调整，需要减少校准时间间隔。

（2）维护不当，仪器或夹紧装置的磨损。

（3）磨损或损坏的基准。

（4）不同的测量方法如设置、安装、夹紧、技术。

（5）（量具或零件）随零件尺寸变化的变形。

（6）环境变化。

（7）其他应用如操作者技能、疲劳、观察错误。

第6章
计量型测量系统精密度研究

本章将为计量型测量系统的研究提供具有可操作性的参考指南。不同于大多数测量仪器所采用的校准/检定等测量方式，这里指的测量仪器还包括专用检测器具和设备，既有离线设置和使用的手动、半自动型，也有作为自动生产线一个组成部分的检测工位，一般是实现数据的自动在线测量。

本文提供的研究方法可满足如下范围的评定要求：

（1）新检测设备的验收：验证一台新的检测设备是否符合要求。

（2）在用量具的周期复检：亦即定期复检，以验证其能否进入下一个使用周期。

（3）使用中的检查和确认：在使用周期内对量具进行的检查，以确认其具有持续使用能力，有时也称为运行检查。

此外，量具经过修理、异地搬移或进行局部改造后，也需要予以检查、分析和验证。

在实际应用中，常用的研究和评定方法有三种：类型Ⅰ（Type Ⅰ）的量具研究、量具的重复性和再现性研究和CMC法。

为了估计量具重复性和再现性，有三种常用的方法：极差法（range method）、平均值和极差法（$\overline{X} - R$）和方差分析法（ANOVA）。极差法是基于重复性标准偏差（σ_r）的估计，其中使用了一个评价人在同一设备上用同一设备测量同一零件的多次观测的极差，而再现性标准偏差（σ_R）则使用了不同评价人测量平均值的差值。ANOVA方法基于使用方差分量分析的重复性和再现性标准偏差的估计。对于两因素交叉设计，ANOVA的优势在于它可以估计评价人与零件之间的交互作用。目前，方差分析法应用最为广泛，适于延伸到复杂的测量系统研究并能对量具的主要变差给出置信区间的估计。而基于极差的两种方法的适用情形是有限制的，而且不能对主要变差进一步分解。

特别要提及地，还有一种量具重复性和再现性研究的方法——EMP法，它由美国著名统计专家 D. J. Wheeler 博士提出。我们将在第10章予以介绍这种方法。

6.1 类型Ⅰ研究（Type I Study）

使用类型Ⅰ量具研究评估测量过程能力，仅用来评估量具的变异而不是其他任何变异源。由一位操作员和一个参考样件的测量值来评估量具偏倚和重复性。实际上，很多组织都要求将类型Ⅰ量具研究作为完整测量系统分析的第一步。

在首先使用类型Ⅰ量具研究验证之后，再使用其他量具研究方法考虑其他测量变异源。

类型Ⅰ研究需要置备一个参考样件，该参考样件由单个操作员多次测量以评估测量系统的重复性。其基准值（或参考值）X_m 必须已知，且应处于公差范围内。理想情况下，X_m 接近于所测量特性公差区域的中心。一般情况下，参考值是通过对使用实验室校准的测量设备获取的多个参考样件测量值取平均值获得的。

计算重复性和偏倚统计量需要至少 10 个测量值。但要进行充分研究，应在间隔很短的时间内，利用量具对样件连续测量 50 次，记录每次的测量值 X_i。

实际操作中，每次测量前，样件均应按首次检测的标记位置重新装夹、定位；手动量具的操作者必须是同一个人；整个测量过程不允许对量具进行重新调整。若连续测量 10 次后，得到的标准偏差未显示显著变化，一般可将测量次数 $n=50$ 修改为按 $n=20$ 次执行或根据实际情况确定。

对不需装夹的小型样件（如轴承滚动体、活塞销、喷油嘴偶件等），在用相对应的自动检测设备（如自动检查机、自动分选机等）进行重复性测量时，必然出现每次的测量位置不一致的现象，从而将样件的形位误差带进入到测量结果。为此，可允许被测样件停留在测量工位进行重复测试，不强调"每次测量需要重新装夹、定位"的要求。这种处理方式同样适用于其他测量系统评估方法的应用。

类型Ⅰ的研究要求量具的分辨力不应大于公差的 5%。

6.1.1　重复性评估

重复性是量具对同一部件进行一致性测量的能力。要评估量具重复性，通过计算 C_g 能力指数来比较研究变异（量具测量值的散布范围）与公差百分比。量具的能力指数由下式计算

$$C_g = \frac{K/100 \times T}{SV} = \frac{K/100 \times T}{L \times s} \qquad \text{式（6.1.1）}$$

式中：K 为指定的用于计算 C_g 的公差百分比，通常设定默认值为 20；SV 是研究变异，等于 $L*s$；s 为测量值的标准差；L 表示整个过程散布相当于其标准差的倍数，一般取 6。

其含义可以理解为，如果使用默认值 K 和 L，C_g 指数为 2 表示公差范围的 20% 将覆盖测量值的整个散布范围两次。此 C_g 值表示量具在此公差范围内有效。

6.1.2　偏倚和重复性综合评估

除了重复性评估，还可以评估量具的偏倚，即量具平均测量值与参考值之间的是否存在显著差异。这要通过计算能力指数 C_{gk} 以一起评估重复性和偏倚。C_{gk} 将研究变异与公差相比较，但它还会考虑测量值是否对准"目标"。通过下式计算

$$C_{gk} = \frac{K/200 \times T - |\overline{X} - X_m|}{SV/2}$$ 式（6.1.2）

式中：$\overline{X}$ 表示所有测量值的均值；X_m 表示样件参考值。

实践中，有时更关注量具的重复性，此时进行类型 I 研究时需要直接准备一个已知其基准值的标准件（比如，20g 砝码），而不再事先选出一个"基准"的样件。在这种情况下，只求出 C_g 值而不必求出 C_{gk}。

6.1.3　偏倚的显著性检验

（1）偏倚的计算

量具偏倚（B）通过 n 个测量值的均值和参考值之间的差异计算得出

$$B = \overline{X} - X_m$$ 式（6.1.3）

（2）检验偏倚的假设

类型 I 量具研究，用于检验偏倚的原假设和备择假设是

$$H_0：偏倚＝0，H_1：偏倚\neq0$$

（3）检验统计量

检验偏倚假设可用 t 统计量：

$$t = \frac{\sqrt{n} \times |\overline{X} - X_m|}{s}$$ 式（6.1.4）

该 t 统计量遵循自由度为 $n-1$ 的 T 分布。

6.1.4　变异百分比

还可为重复性和偏倚计算变异百分比。

（1）对于重复性的变异百分比，表示为％变异（重复性），是将量具的重复性与公差进行比较。计算方法是

$$\frac{SV}{T} = \frac{K}{C_g}$$ 式（6.1.5）

（2）对于重复性和偏倚的变异百分比，表示为％变异（重复性和偏倚），是将量具的重复性和偏倚与公差进行比较。计算方法是

$$\frac{(K \times SV)/2}{\left(\dfrac{K}{200} \times T\right) - |\overline{X} - X_m|} = \frac{K}{C_{gk}}$$ 式（6.1.6）

6.1.5　评定准则

当 $C_g \geqslant 1.33$、$C_{gk} \geqslant 1.33$ 时，可对被评定的量具作出"通过"的结论，反之"不通过"。

有时，评定的量具按"新量具验收"和"日常周期检测"进行划分，两者判定"通过"的要求不同：

（1）新量具验收：$C_g \geqslant 2.0$、$C_{gk} \geqslant 2.0$。

（2）日常周期检测：$C_g \geqslant 1.33$、$C_{gk} \geqslant 1.33$。

当用变异百分比进行判断时，常用变异百分比一般需要小于15％。

例6.1 某企业生产一种表面涂层的薄块，使用一种超声波测厚仪。为验证该测量系统，工艺人员决定进行类型Ⅰ的研究，选取了已知涂层厚度为2.5mm的参考样件，并由一位操作员测量参考样件50次。已知样件的公差范围为0.07mm。（数据文件：涂层厚度.mtw）

使用minitab的输出结果如图6.1所示。

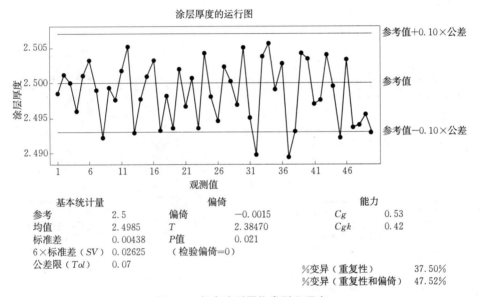

基本统计量		偏倚		能力	
参考	2.5	偏倚	−0.0015	C_g	0.53
均值	2.4985	T	2.38470	C_{gk}	0.42
标准差	0.00438	P值	0.021		
6×标准差（SV）	0.02625	（检验偏倚=0）			
公差限（Tol）	0.07			%变异（重复性）	37.50%
				%变异（重复性和偏倚）	47.52%

图6.1 超声波测厚仪类型Ⅰ研究

从运行图中可见，大部分涂层厚度的测量值处于±10％公差范围内，但有些测量值低于下限，说明该测量系统可能存在问题。以下结果说明该测量系统不能一致且准确地测量，应该加以改进：

1）偏倚的p值小于显著性水平0.05，否定偏倚为0的原假设。认为测量系统在统计意义上存在显著偏倚。

2）$C_g = 0.53$和$C_{gk} = 0.42$，这两个能力指数均小于1.33，认为该测量系统不合格，需要加以改进。

3）%变异（重复性）=37.50％和%变异（重复性和偏倚）=47.52％，这些值远远大于15％，说明由测量系统导致的变异非常大。

6.2 重复性和再现性研究（GRR）方法

6.2.1 简单计量型量具GRR研究的一般流程

图6.2给出的是进行量具GRR研究的一般流程。

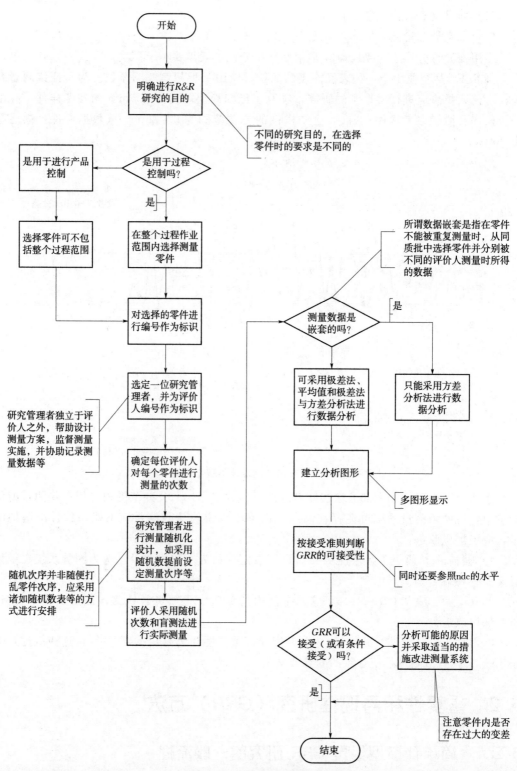

图 6.2   *GRR* 研究流程图

6.2.2　重复性和再现性研究计划

在进行测量之前，最重要的内容就是做好研究计划。在计划阶段，确定或忽略的内容将决定该研究的有效性。该计划涉及以下几个方面的问题：

（1）量具的校准

应该何时以及如何校准量具呢？校准会影响 $R\&R$ 研究。理想情况下，应在研究开始之前对量具进行校准，直到研究结束。如果不满足，则研究中可能会因校准问题而带来变差。

1）如果需要在每次测量后重新校准，则重复性和校准变差将会混合在一起。

2）如果每个操作员必须在每次试验（一组样本测试）之前重新校准，则重复性和校准变差将会混合在一起。

3）有时，按计划要求每个操作员连续进行所有试验。也就是说，操作员 A 以随机顺序运行试验 1，然后立即以不同的随机顺序运行试验 2，依此类推。在这种情况下，如果每个操作员仅在开始之前进行校准，则校准变差将与再现性混合在一起。

所有操作员必须清楚理解并始终如一地执行校准程序。我们的目的不是讨论校准程序。但是请注意，由于校准导致的任何显著的变差迹象都需要纠正。

（2）操作员的数量

应该需要多少名操作员？要考虑以操作员样本所代表的总体。某些量具没有操作员，例如自动化仪表，可将此类情况视为只有一名操作员。如果只有一名操作员使用指定的量具执行所有测量，则无法确定操作员的效应，也不应尝试人为地设立和评估该效应。如果有多名操作员使用此类量具，则研究中所需的最少数量是两名，而为了对估计值有更大的置信度，建议操作员数量至少应为 3 或 4 名，推荐数量为 3 名。操作员应随机选择，其效应最终会涵盖所有操作员。

假定操作员精通其任务且具有相同的技能水平。在研究中，绝不要让训练有素的操作员或新的操作员与熟练的操作员混在一起。我们的目的是评估熟练的操作员，熟练度差异将会在极差控制图上显而易见。

（3）样件的数量

需要测量多少个样件呢？要选择足够的样件，以使"样件数×操作员数"大于 15。一般收集 10 个样件以执行分析。像所有统计技术一样，方差分析需要不少于要求的样本量的数据才能有效地区分各分量的差异。在某些情况下，可能没有太多的样件可用于分析。可以评估同一样件上的不同区域以代表不同的样件——前提是它们仍反映过程中预期的变异。如果没有 10 个可用于分析的样件，应使用现有的产品来进行分析，评估结果，并决定如何做。

（4）样件的选择

应该如何选择样件呢？根据测量系统的使用目的和生产过程样件的可获得性，确定使用的样件以及样件的来源。样件必须来源于当前稳定的生产过程，并根据产品控制或过程控制的目的确定样件的选择。

在参考文献［22］中关于样件的选择是这样陈述的："零件或样品应覆盖预期的测量范围。""请注意，样件可能并不代表过程，也不需有意为之。由于用这么少的一组样件来表示过程是不可行的，因此最好用来代表测量范围。这意味着样件变差不应被使用在评估程序中。"在这种情况下，就需要通过过程控制的极差图来估计总的过程变异。

参考文献［1］第二章第 C 节中的描述，简要说明如下：

"对产品控制的情况下，……，样件（标准）必须被选择，但不需要涵盖整个过程范围，测量系统的评估基于特性公差（即相对于公差的%GRR）。"意思是说，如果测量系统是用于产品检验，只是判断产品是否合格，那么评估测量系统采用计算的精密度公差比（%P/T）即可。用于此评估的样件不强求代表整个过程范围。

"在过程控制的情况下，……，在整个作业范围内样件的可获得性变得非常重要，评估测量系统对过程控制的充分性是基于过程变差（即相对于过程变差的%GRR）。"意思是说，如果测量系统是用于过程控制和过程能力分析及改进，就必须从过程中抽取样件且能有效代表整个作业范围。

那么何谓"有效代表整个作业范围"呢？首先，"有效"指的是样件的随机抽样。实践中，有些人提出所谓的"golden sample"，按照公差范围挑选样件，甚至人为加入超过公差限的样件，导致样件差异被扩大化，这样会造成测量系统评估的"人为优化"，这样做无疑是错误的。其次，"代表整个作业范围"更像是一种理论要求。实践中，总体过程变异是未知的，最通常的方法是在不同的日期和/或班次中随机抽取样件，并对样件编号作合理标识。

为测量系统研究所选择的样件变差（PV）用于计算研究的总变异（TV），如果样件不能代表生产过程，则必须在评估中忽略 TV。忽略 TV 并不会影响使用公差的评估（产品控制）和过程变异的独立估算（过程控制）。

（5）重复测量的次数

每个样件应该进行多少次测量？实践中，从保证样本量角度考虑，研究中的样件和操作员数量也影响了最少的测量次数。下面列出了每个操作员和样件组合的最少测量次数。

1）如果可能，样件数×操作员数＞15，通常进行两次测量就可以。

2）如果样件数×操作员数＜16，重复测量次数至少应进行 4 次。

（6）样件内的变差

如何在 R&R 研究中最小化样件内的变差？对某些量具的研究可能无法从重复性中排除样件内的变差。在破坏性测试的情况下，通常可以确定同质且集中的总样件区域，并从中获得每个样本，然后选择测试样件来最小化样件内的变异。在其他情况下，例如用表面光度计进行表面粗糙度的测量，可能需要指导操作员在完全相同的点进行测试，只要测试不会改变所测量的特性即可。

如果您认为样件内有变异或会被强加到研究中，可考虑进行额外的研究以估计变异的组成部分。如果不能，则至少了解该变差源将包含在 R&R 评估结果中。

样件内存在变异将被迫开展两次 R&R 研究。顺序由以下已知项来确定：

1）如果已知或强烈怀疑样件内存在变异，可先按照特定的标准件运行研究以避免这种变异，然后使用生产样件进行研究。

2）否则，先对生产样件进行研究，接着通过使用特定样件进行的研究来跟踪可疑或不满意的结果。

（7）量具的分辨力

我们该如何获知量具分辨力是否不足？"量具分辨力"是可靠地测量微小差异的能力。如果测量中的舍入超出了实际测量变差（重复性），则会导致人为地降低对测量变差（重复性）的估计。例如，如果将化学分析报告到最接近的百分数，并且重复性的 σ 小于 0.01，则四舍五入误差可能大于测量变差。重复测量极差的计算将包含很多零，这迫使测量变量的估计值低于实际值，从而使结果看起来比实际情况要好。

Donald J. Wheeler 博士提供了两个规则来确定是否存在分辨力不足的问题：

1）在极差图中至多三种可能的极差值在控制限值内。

2）如果极差图显示有四种可能的极差值在控制限值内且超过 25％ 的极差为零。

如果出现这些情况中的任何一种，则量具分辨力是不足的，并且所产生的估计值是可疑的（可能是低估了重复性）。

关于量具分辨力不足怎么办？只有三个选项可用：

1）测量并报告到测量量具允许的小数位数。但是，将计算限制为比测量值多一位小数。

2）寻求更好的测量量具，可以测量更小的单位。

3）如果短期内无法做到，那么就必须接受。但请务必注意这种情况的存在，它的影响取决于所测量变量的过程能力。

（8）测量结果的使用

应使用单个测量值、平均值，还是什么？以与用于产品评估的标准操作程序相同的方式生成测量结果。如果通常使用一次测量值，则在 R&R 研究中也同样使用一次测量值；如果常规进行了多次测量并取平均值，则在 R&R 研究中也同样使用平均值，请确保所有操作员都以相同的方式报告测量。但是，如果采用的是平均值，请记录各个测量值，这可能对诊断有用。

（9）数据收集表的建立

分析会额外花费时间和资源。不要等到测试开始才能决定如何收集数据。这应该是决定哪些操作员以及要执行多少次试验的必然产物。如果没有数据收集表，则很可能没有完成必要的背景工作。

建立数据表时要注意测量应以随机次序进行。目的是使可能产生的变异随机地分布在测量中。所谓随机次序并非研究者将选择的样件随意打乱，而是采用随机数或掷骰子的方法，随机数可使用计算机自动生成。

（10）R&R 研究是否可以包含多个量具

通常，R&R 研究是针对特定量具的，也就是说，每个单独量具都需要进行独自的 R&R 研究。但某些量具类型（例如千分尺）具有大量要评估的单位。对于这种情况，第 11 章"千分尺"介绍了一种简化程序，该程序减少了测试量。

（11）如何在 R&R 研究中找出导致特殊原因的问题

很好地记录研究情况和细节。日记或日志会有所帮助。注意现场观察！详细说明任何环境条件或注意任何可能导致结果失真的不受控的因素。

在测量实施前还应注意如下方面：

1）根据仪器的不同类型采用不同的读数方式。对于机械式测量设备，应至少读取其最小的可分辨单位，当对其最小刻度可进一步细分且有意义时应读取其最小刻度的半刻度。对于电子仪器，应根据测量要求读取其有效数位，对显示的最后数位应读取其稳定值或变化均值。例如，某电子仪器可显示数据格式为：***.****，当显示的数据（如 0.0004）最后数位"4"在读数周期（两个读数间的时间间隔）内稳定时，则记录的数据就是显示的数据"0.0004"。当显示的数据在读数周期内出现变化时，如 0.0003，0.0004，0.0005，则应记录的数据末位为出现的数据末位的均值 [（3＋4＋5）/3＝4]。当然，如果读数周期相对较长，显示出现的数据较多时，也可读取这些数据的末位出现频次高的数据。

2）设定一名研究管理者或监督者。这个角色负责记录评价人的测量数据并与样件编号对应起来，因为数据绝不能由评价人自己记录。当数据采集完成后，这个角色还应负责对数据进行分析并对结果进行评估。

6.2.3　测量能力指数（MCI）

一旦对量具 R&R 研究的数据进行了分析，就需要对结果进行评估，以确定测量系统的适宜性。可通过计算测量能力指数（MCI）来完成，测量能力指数是用于表征测量系统能力是否符合要求的指标，也是测量系统可被接受的判断准则。这里将讨论和比较最常用的两个指数。单一指标不足以提供对测量状况的完整评估。测量能力指数应与过程能力一起进行评估。虽然可利用这些参数的度量作为判断测量系统可接受的依据，但是对于测量系统的最终接受准则还是应得到顾客的认可。

通常，使用的两个指数是用于评估量具重复性和再现性变差（GRR）的，分别是：MCI_1——研究变异百分比，即%GRR，和 MCI_2——公差百分比或精密度公差比，即%P/T。

（1）MCI_1 以占过程变异的百分比表示的测量能力指数

$$MCI_1 = 100 \times \frac{\sigma_{R\&R}}{\sigma_t} \qquad \text{式（6.2.1）}$$

式中：σ_t 为过程变异的估计值。

值得注意的是，σ_t 的估计有两种方法：

一种是从过程控制的极差图中估算出来

$$\sigma_t = \frac{\overline{R}}{d_2} \qquad \text{式（6.2.2）}$$

另一种是使用 R&R 研究所选样件的变差来估计，当然，这要求所抽取样件必须涵盖整个作业范围。

MCI_1 是最常用的指数，因为它表明测量系统的分布与被测量过程的分布的大小比较，如图 6.3 所示。由于测量的过程变异是真实过程

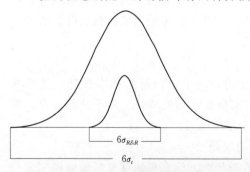

图 6.3　量具 R&R 变差与流程变差的对比

变异和测量变异的组合，因此它说明了由于测量而引起的过程变异的失真程度。这是一个首选的指标，因为它与规范无关，并且表明了通过该指数能够更加清晰地考察过程，并可以很好地表征测量系统的适用性。

该指数替代 $R\&R$（量具－操作员变异组合）非常有意义。显然，如果 $R\&R$ 是适当的，那么对重复性和再现性的单独计算就没有什么意义了。但是，可以对单独的重复性和再现性变差进行计算，以比较这两个变异来源的影响。当 $R\&R$ 并不适当时，这将为改进活动提供指南。

该指数的评估准则通常如下：

1）小于10％，表明测量系统能力充分，可接受。

2）介于10％与30％之间，表明测量系统能力稍显不足，但鉴于测量系统的复杂性、维修成本和时间等因素，测量系统短期内可接受使用。

3）大于30％，表明测量系统能力不足，不可接受，应进行测量系统的改进。

虽然这些准则的使用已属惯例，但对测量系统分辨率（DR）的评估可以提供一个可接受的值（对于30％的标准，大约为4.6）。它是另一个表征测量系统能力（分辨力）的重要指标——可区分的类别数（ndc），评估准则通常如下：

1）$ndc \geqslant 5$，认为测量系统是好的，可以接受。

2）$3 \leqslant ndc < 5$，认为测量系统可有条件接受。

3）$ndc < 3$，测量系统需要改进。

"不可接受"的评级意味着测量会使当前的过程变异"失真"，因此有必要在处理生产过程之前改进测量系统。还应结合过程能力指数 C_p 来查看此结果。"不可接受"的 MCI 是一个改进机会；但是，如果 C_p 足够，那么改进测量可能不是紧迫的任务。较差的指标意味着改进的测量能力将提高观察到的过程能力；良好的指数意味着进一步减少测量变差意义不大。

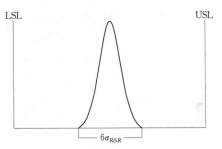

图 6.4　量具 $R\&R$ 变差与公差范围的比较

（2）MCI_2 以按占过程规范的百分比表示的测量能力指数

$$MCI_2 = 100 \times \frac{6\sigma_{R\&R}}{USL - LSL} \qquad 式（6.2.3）$$

式中：规范是指过程或产品规范。

如图 6.4 所示，该指数显示了测量变差与公差（规格）范围相比的大小。

该指数随所使用的规范不同而不同，规格过松或过紧可能会导致对测量系统的解释和比较产生误导。该指数显示了依据规范对产品进行区分的能力，而 MCI_1 则表明了由于测量而导致的过程变异的"失真"程度，这是两个不同的问题。MCI_2 的表征如图 6.5 所示。

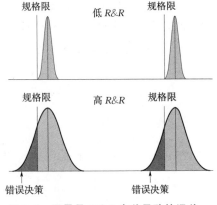

图 6.5　因量具 $R\&R$ 变差导致的误差

图 6.5 说明了 $R\&R$ 越大，错判的风险越大。

评估指数的常用准则类似于 MCI_1：

1）小于 10%，表明测量系统能力充分，可接受。

2）介于 10% 与 30% 之间，表明测量系统能力稍显不足，但鉴于测量系统的复杂性、维修成本和时间等因素，测量系统短期内可接受使用。

3）大于 30%，表明测量系统能力不足，不可接受，应进行测量系统的改进。

这些准则虽然常用，但无法进行统计学定义。尽管该指数同样是一个描述性的指标。

我们如何处理单边公差？一些特性具有单边公差。在这种情况下，单边公差有三种可能的处理方法：

①使用 MCI_1，使用过程变异。

②使用适当的内部双边规范来计算公差，然后使用 MCI_2，记录此类准则并解释其起源。

③修正 MCI_2 的公式，使用 $3\sigma_{R\&R}$ 与单公差（USL 或 LSL）进行比较。

仅给出规范上限时的常见错误是假定规范下限为零。尽管在某些情况下这可能是有意义的。接近零真的是一个理想的值吗？使用零对于获得过程能力而言是否是切合实际的公差？请注意，"缺少规范"和"零"不是一回事。

（3）测量能力指数的比较

那么，应该使用哪个指数？如果仅使用一个指数，则首选 MCI_1。它在统计上更有意义，其解释是一致的，并且与规范无关。但是，值得注意的是，每个指数都在回答一个不同的问题。MCI_1 着眼于测量对观测到的过程变异的贡献，而 MCI_2 则希望了解对于给定的测量变差，人们如何理解规范。第 6.2.5 节显示，两个指数的组合将揭示过程 C_p。请注意，一个指数不足以完整描述生产过程中测量系统的状态。最好将一个测量指数与过程 C_p 结合在一起，以准确分配改进的优先级。如果 C_p 合格，则不良的测量过程需要改进，但可能并非当务之急。

（4）$R\&R$ 图形

$R\&R$ 图是评估测量系统能力的有用图形。该图显示了 MCI 和 ndc 的置信区间。考虑一个 $MCI \leqslant \phi_1$ 和 $ndc \geqslant \phi_2$ 的期望应用，其中 $\phi_1 = 0.3$ 和 $\phi_2 = 5$。这些不等式在图 6.6 中用图形表示。两条线将图形分为四个区域。

1）区域 1：测量系统满足两个准则。

2）区域 2：测量系统满足 ndc 准则，但不满足 MCI 准则。

3）区域 3：测量系统不符合任何一个准则。

4）区域 4：测量系统满足 MCI 准则但不满足 ndc 准则。

一旦计算出 MCI 和 ndc 的置信区间，它们就会显示在图 6.6 的网格中。通过注意到置信区间相交所覆盖的区域，可以得出有关测量系统能力的结论。

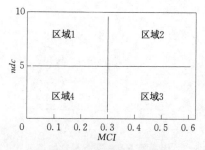

图 6.6　量具 $R\&R$ 图形

6.2.4　重复性和再现性研究方法

6.2.4.1　*GRR* 研究——方差分析法（ANOVA）

　　阅读本部分之前，建议先对第 2 章有关方差分析（ANOVA）的理论内容进行回顾，以便更容易、更准确地理解本节描述的有关内容。目前，我们称 *GRR* 研究为测量系统重复性和再现性研究，实际上指的就是测量系统能力分析。采用方差分析法研究 *GRR* 时，一般情况下不计算表征参数（如%*GRR*）的置信区间，但有许多统计学家认为，在进行 *GRR* 研究时计算参数的置信区间是非常重要的，有利于提高分析的可靠性。本节主要介绍不计算置信区间的情况，而计算置信区间的情况可参见参考文献［30］。

　　表征测量系统能力的参数并不是唯一的。在参考文献［1］中所采用的参数是%*GRR* 和 *ndc*，主要基于此参数来介绍。

　　（1）方差分析模型和变差分类

　　方差分析法（ANOVA）是一种标准的具有广泛适用性的统计技术，可用来有效分析测量误差和测量系统研究中的其他变差来源。在研究分析时，采用一个两因子交互设计的试验，一个因子是零件，另一个因子是评价人。当两因子的交互作用不显著时，其分析模型采用效应可加模型（参见 2.3.2 节），当两因子的交互作用显著时，其分析模型是有交互作用的模型（参见 2.3.1 节和 2.3.5 节）。在变差分析中，将变差分解为四个组成部分：零件、评价人、评价人与零件间的交互作用以及由于量具造成的重复误差。

　　（2）统计独立性和随机化

　　在第 2 章介绍方差分析时曾说明了一个非常重要的假定，就是假定在同一条件下的试验结果是来自正态分布的一个样本，而在不同条件下的正态总体是相互独立的。这个假定同样是采用方差分析法进行测量系统 *GRR* 分析的重要前提。

　　在典型的 *GRR* 研究中，通常使用不同的评价人（操作员）来获得给定测量系统内的变异性，因为在许多情况下，评价人是影响测量数据的重要因素。但是，在自动测量过程中，评价人并不参与测量过程。在这种情况下，更换工装夹具或软件，或校准设备可能会被视为更改测量系统，并可能影响其再现性。

　　对于两因素情况，*GRR* 的数据收集模式可以是交叉设计或嵌套设计。交叉设计类似于试验设计（DOE）中的全因子设计。所有评价人对同一子组或零件进行第一轮测量，然后再次测量（在第二轮或者更多）。如果零件的子组大小（通常为 10～20）为 n，评价人的数量（至少 2 个）为 a，重复次数（一个评价人重复测量多少次，至少 2 次）为 b，则总数据集为 $n\times a\times b$。

　　嵌套设计也可以生成 $n\times a\times b$ 数据集，但不同之处在于，不同的评价人会以相同子组大小测量零件子组的不同部分。每个子组不能由另一个评价人来测量。也就是说，零件的子组与评价人嵌套在一起。交叉设计和嵌套设计分别如图 6.7 和图 6.8 所示。

　　交叉设计假定评价人测量的零件没有被损坏，并且可以在测量过程中重复测量。但是，在某些情况下，一旦获得了特定零件的测量值，该零件就不能由同一评价人或不同评

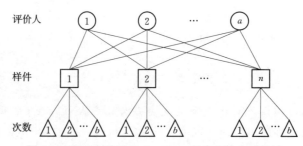

图 6.7 数据采集模式——*GRR* 研究中的交叉设计

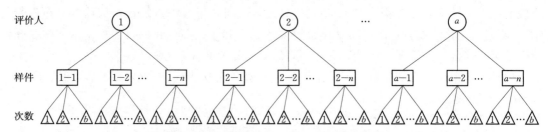

图 6.8 数据采集模式——*GRR* 研究中的嵌套设计

价人再次进行测量。这样嵌套设计就适合了。对于破坏性测量，如果有同质样品，嵌套设计可能是一个不错的选择。

另外，还有一个重要的要求，就是数据采集的随机化方式。在 6.2.3 节中规定的测量系统分析的准备工作中提到测量应以随机次序进行。可采用随机数或掷骰子的方法，当然，现在有许多统计软件程序可以方便设置试验运行的随机化。

（3）分析方法——交互模型

在 *GRR* 研究时，不同的研究目的和研究条件决定了要采用的试验设计模型。参考表 6.1。

表 6.1 不同研究条件下的设计模型

研究条件	交互效应的显著性	试验设计模型
规定多个评价人和零件	显著	平衡的两因子交互作用模型
	不显著	平衡的两因子效应可加模型
忽略评价人的影响		平衡的单因子试验模型

交互作用的显著性检验是在给定的显著性水平 α 下进行的，通常采用的显著性水平 $\alpha=0.25$，这是为了减小错误地做出没有交互作用的结论的风险，所以选择了一个较高的显著性水平。如果零件和评价人的交互作用项对应的 p 值大于 0.25，则认为交互作用不显著，这样就可将该项与误差项合并，作为重复性误差的一部分。如果交互作用显著（$p<0.25$），则该项将被视为再现性的一部分。零件和评价人的交互作用变差是每个评价人测量平均大小的零件时之间的变差。这种交互影响考虑了这种情况，如一个评价人测量较小的零件时产生较大的变差，而另一个评价人则在测量较大的零件时产生较大的变差。应值得注意的是，该 α 值只适用于方差分析法，而不适用于年均值和极差法。

在 *GRR* 的标准试验中使用的两因子模型可定义为如下形式（将操作者更名为评价人，简写为 A，同时将符号进行了相应的变化）

$$Y_{ijk} = \mu + P_i + A_j + (PA)_{ij} + E_{ijk}$$
$$i = 1, \cdots, p; \quad j = 1, \cdots, a; \quad k = 1, \cdots, r$$

式（6.2.4）

式中：μ 为常量，P_i、A_j、$(PA)_{ij}$、E_{ijk} 为具有共同的均值 0 的独立正态随机变量，其方差分别为 σ_P^2、σ_A^2、σ_{PA}^2、σ_E^2。

1）方差分析表

应用式（6.2.4）模型的方差分析表6.2。

表 6.2 　　　　　　　　　　模型式（6.2.4）的方差分析表

变差源（SV）	自由度（DF）	平方和（SS）	均方（MS）	期望均方（EMS）
零件（P）	$p-1$	SS_P	MS_P	$\theta_P = \sigma_E^2 + r\sigma_{PA}^2 + ar\sigma_P^2$
评价人（A）	$a-1$	SS_A	MS_A	$\theta_A = \sigma_E^2 + r\sigma_{PA}^2 + pr\sigma_A^2$
交互作用（P×A）	$(p-1)(a-1)$	SS_{PA}	MS_{PA}	$\theta_{PA} = \sigma_E^2 + r\sigma_{PA}^2$
量具重复误差（E）	$pa(r-1)$	SS_E	MS_E	$\theta_E = \sigma_E^2$
总计（T）	$par-1$	SS_T		

表中各平方和项的计算公式与第 2.3.2 节中所述平方和分解公式相同，按照本节规定的符号进行转换后为

$$SS_P = \sum_{i=1}^{p} \left(\frac{x_{i..}^2}{ar} \right) - \frac{x_{...}^2}{par}$$

$$SS_A = \sum_{j=1}^{a} \left(\frac{x_{.j.}^2}{pr} \right) - \frac{x_{...}^2}{par}$$

$$SS_{PA} = \left(\frac{1}{r} \sum_{i=1}^{p} \sum_{j=1}^{a} x_{ij.}^2 - \frac{x_{...}^2}{par} \right) - SS_P - SS_A$$

$$SS_T = \sum_{i=1}^{p} \sum_{j=1}^{a} \sum_{k=1}^{r} x_{ijk}^2 - \frac{x_{...}^2}{par}$$

$$SS_E = SS_T - (SS_P + SS_A + SS_{PA})$$

式（6.2.5）

而表中各均方和项等于各平方和项除以相应的自由度，故

$$MS_P = \frac{SS_P}{(p-1)}$$

$$MS_A = \frac{SS_A}{(a-1)}$$

$$MS_{PA} = \frac{SS_{PA}}{(p-1)(a-1)}$$

$$MS_E = \frac{SS_E}{pa(r-1)}$$

从方差分析表中可以看出，没有列出 F 比的列，这是因为在实践中 F 比与交互作用的显著性有关。交互作用项的 F 比如下式计算

$$F_{PA} = \frac{MS_{PA}}{MS_E}$$

式（6.2.6）

当交互作用显著（$p < 0.25$）时，对应零件和评价人的 F 比分别为

$$F_P = \frac{MS_P}{MS_{PA}}, \quad F_A = \frac{MS_A}{MS_{PA}} \qquad \text{式（6.2.7）}$$

当交互作用不显著（$p > 0.25$）时，交互作用项与误差项合并，所以表6.2的方差分析表可简化为表6.3。

表6.3 　　　　　　　　　交互作用不显著时简化的方差分析表

变差源（SV）	自由度（DF）	平方和（SS）	均方（MS）	F 比
零件（P）	$p-1$	SS_P	MS_P	F_P
评价人（A）	$a-1$	SS_A	MS_A	F_A
重复误差（E）	$par-p-a+1$	SS_E	MS_E	
总计（T）	$par-1$	SS_T		

在此情况下，零件和评价人的 F 比变为

$$F_P = \frac{MS_P}{MS_E}, \quad F_A = \frac{MS_A}{MS_E} \qquad \text{式（6.2.8）}$$

2）GRR 变差分析表

①交互作用显著

从方差分析结果可见，当交互作用显著时，依据表6.2的方差分析表计算各变差源对应方差参数 σ_P^2、σ_A^2、σ_{PA}^2、σ_E^2 的点估计，这些点估计都是最小方差无偏估计（minimum variance unbiased，MVU）。

表6.4 　　　　　　　　　交互作用显著时变差参数的点估计

变差源	参数	点估计
零件（P）	σ_P^2	$\sigma_P^2 = \dfrac{MS_P - MS_{PA}}{ar}$
评价人（A）	σ_A^2	$\sigma_A^2 = \dfrac{MS_A - MS_{PA}}{pr}$
交互作用（P×A）	σ_{PA}^2	$\sigma_{PA}^2 = \dfrac{MS_{PA} - MS_E}{r}$
量具（E）	σ_E^2	$\sigma_E^2 = MS_E$

通常 GRR 研究关注的第一个"R"指重复性，第二个"R"指再现性，然后是重复性和再现性的合成。由于标准差更易于理解，且与原始数据具有相同的量纲，所以在计算时是使用标准差，另外还要乘以一个系数 k 来代表一定分布比例的测量变差的全宽度。系数 k 取5.15或6。$k=6$ 对应一个正态过程的"自然"的容差限之间标准差的数量，相当于±3σ，即99.73%的分布宽度。$k=5.15$ 对应一个95%容差区间的界限之间标准偏差数量的极限值，该容差区间包含正态分布至少99%的概率。

各变差分量得出后，有时还要计算各变差占总变差的百分比，这个百分比称为贡献率百分比，记为%贡献率。使用该指标作为测量系统的评判准则如下文所示。

当量具 GRR 的%贡献率<1%，测量系统可接受。

当 $1\% \leqslant$ 量具 GRR 的%贡献率 $\leqslant 9\%$，测量系统的可接受性要依赖于应用的重要性、测量设备的成本、修理费用以及其他因素。

当量具 GRR 的%贡献率 $> 9\%$，测量系统是不可接受的，应进行改进。

在交互作用显著的情形下，各测量单元与变差参数的对应关系见表6.5。

表6.5 交互作用显著时与变差参数的对应关系表

研究单元（source）	方差（varcomp）	贡献率%（%contribution of varcomp）
重复性	$\gamma_E^2 = \sigma_E^2$	$\gamma_E^2 / \gamma_T^2 \times 100\%$
再现性	$\gamma_A^2 = \sigma_A^2 + \sigma_{PA}^2$	$\gamma_A^2 / \gamma_T^2 \times 100\%$
量具 $R\&R$	$\gamma_M^2 = \sigma_E^2 + \sigma_A^2 + \sigma_{PA}^2$	$\gamma_M^2 / \gamma_T^2 \times 100\%$
零件	$\gamma_P^2 = \sigma_P^2$	$\gamma_P^2 / \gamma_T^2 \times 100\%$
总变差	$\gamma_T^2 = \sigma_E^2 + \sigma_A^2 + \sigma_{PA}^2 + \sigma_P^2$	100%

系数 k 与标准差的乘积称为研究变差（study variance），各测量单元的研究变差占总变差的百分比称为研究变差百分比，记为%研究变差. 表6.6给出了 GRR 研究变差分析表。

表6.6 交互作用显著时 GRR 研究变差分析表

变差来源	标准差（SD）	研究变差（SV）	%研究变差（%SV）
重复性	γ_E	$k\gamma_E$	$\gamma_E / \gamma_T \times 100\%$
再现性	γ_A	$k\gamma_A$	$\gamma_A / \gamma_T \times 100\%$
量具 $R\&R$	γ_M	$k\gamma_M$	$\gamma_M / \gamma_T \times 100\%$
零件	γ_P	$k\gamma_P$	$\gamma_P / \gamma_T \times 100\%$
总变差	γ_T	$k\gamma_T$	100%

有时，需要将研究变差与给定的过程变差和制造公差相比较，这时还要计算相应的过程变差百分比（%过程变差）和公差百分比（%公差）。

②交互作用不显著

当交互作用不显著时，依据表6.3的方差分析表计算各变差来源对应方差参数 σ_P^2，σ_A^2，σ_E^2 的估计，得出表6.7。

表6.7 交互作用不显著时变差参数的点估计

变差来源	参数	点估计
零件（P）	σ_P^2	$\sigma_P^2 = \dfrac{MS_P - MS_E}{ar}$
评价人（A）	σ_A^2	$\sigma_A^2 = \dfrac{MS_A - MS_E}{pr}$
量具（E）	σ_E^2	$\sigma_E^2 = MS_E$

此时，各测量单元与变差参数的对应关系表以及 *GRR* 研究变差分析表分别见表 6.8 和表 6.9。

表 6.8　　　　　交互作用不显著时与变差参数的对应关系表

研究单元（Source）	方差（VarComp）	%贡献率（%Contribution of VarComp）
重复性	$\gamma_E^2 = \sigma_E^2$	$\gamma_E^2 / \gamma_T^2 \times 100\%$
再现性	$\gamma_A^2 = \sigma_A^2$	$\gamma_A^2 / \gamma_T^2 \times 100\%$
量具 *R&R*	$\gamma_M^2 = \sigma_E^2 + \sigma_A^2$	$\gamma_M^2 / \gamma_T^2 \times 100\%$
零件	$\gamma_P^2 = \sigma_P^2$	$\gamma_P^2 / \gamma_T^2 \times 100\%$
总变差	$\gamma_T^2 = \sigma_E^2 + \sigma_A^2 + \sigma_P^2$	100%

表 6.9　　　　　交互作用不显著时 *GRR* 研究变差分析表

变差来源	标准差（SD）	研究变差（SV）	%研究变差（%SV）
重复性	γ_E	$k\gamma_E$	$\gamma_E / \gamma_T \times 100\%$
再现性	γ_A	$k\gamma_A$	$\gamma_A / \gamma_T \times 100\%$
量具 *R&R*	γ_M	$k\gamma_M$	$\gamma_M / \gamma_T \times 100\%$
零件	γ_P	$k\gamma_P$	$\gamma_P / \gamma_T \times 100\%$
总变差	γ_T	$k\gamma_T$	100%

值得注意的是，虽然表 6.9 和表 6.6 在表达形式上完全一致，但各参数的取值是不同的。

3）可区分的类别数（*ndc*）

除了使用%*GRR* 作为衡量测量系统可接受性的判断指标外，还有一个比较适宜的参数——可区分的类别数（*ndc*）

$$ndc = \frac{\sqrt{2}\,\gamma_P}{\gamma_M} \qquad\qquad 式（6.2.9）$$

通常将 *ndc* 四舍五入到整数，并要求其值大于或等于 5。

4）图形分析法

在 *GRR* 研究时除了数值方法分析外，还可以利用图形协助分析，但所使用的图形取决于所采用的分析模型。对于两因子有交互作用的分析模型来说，有六种图形可以使用：变差组成比例图、平均值图（基于评价人）、极差图（基于评价人）、零件运行图、评价人运行图以及评价人与零件交互作用图。

①变差分量图

变差分量图的用途是用来比较变量的概要参数。在此，它是 *GRR* 研究变差分析表中各研究变差百分比等参数的一种图示化，如图 6.9 所示。

这个图形不但可以图示研究变差百分比，而且还可以图示贡献率百分比、公差百分比以及过程变差百分比（如果给定公差或过程变差）。在图形中它们以不同颜色的矩形条（bar）来区分。

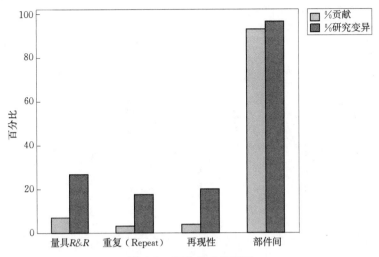

图 6.9　变差组成比例图

②平均值图和极差图（基于评价人）

平均值图和极差图属于计量型控制图，常成对使用，如图 6.10 所示。平均值图可以显示每个评价人对每个零件观测值的均值及所有评价人的总体均值，用来进行评价人之间的比较，也可以进行每个评价人与总体平均之间的比较。分析结果表明，测量系统 GRR 符合要求时，均值图上会呈现出大约 2/3 的点在两条控制限之外。极差图显示出了每个评价人在测量中的变差，用来进行评价人之间变差大小的比较。通常，当重复测量次数小于 9 时，显示该图，如果重复测量次数等于或大于 9 时，则采用标准差图。

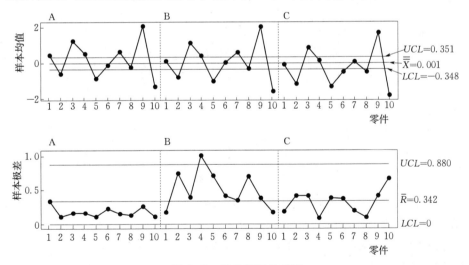

图 6.10　平均值和极差图

平均值和极差图都是基于评价人来分隔的，即图中的虚线分隔线。

③零件运行图（run chart）

零件运行图的构成是忽略评价人因素，来显示每个零件的观测值及其平均效应，用来比较每个零件的平均效应，如图 6.11 所示。

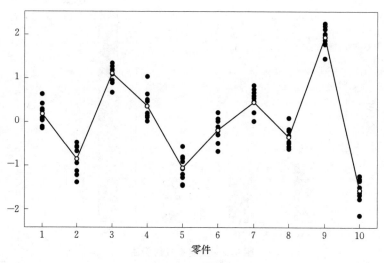

图 6.11　零件链图

当重复测量次数很多时，可以在该图上显示箱图来表示零件的平均效应和区间。

④评价人运行图

评价人运行图的构成是忽略零件的因素，显示每个评价人的观测值及其平均效应，用来比较每个评价人的平均效应，如图 6.12 所示。

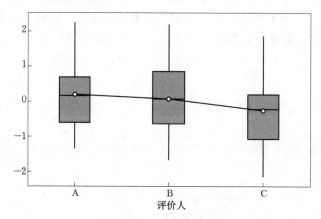

图 6.12　评价人链图

当重复测量次数很多时，可以在该图上显示箱图来表示评价人的平均效应和区间。

⑤评价人与零件交互作用图

用来显示评价人与零件的交互效应，可以观察不同的评价人之间评价人与零件的交互作用变化的一致性，如图 6.13 所示。

在实际应用时，这六个图形常显示在同一张图上（参见案例）。

5）案例分析

本案例数据（定义数据表名称为 gageaiag. xls）取自参考文献［1］。选择的是 10 个代表期望的过程变差范围的零件，3 个评价人重复测量该 10 个零件，每个零件被每个评价人以随机顺序测量 3 次。

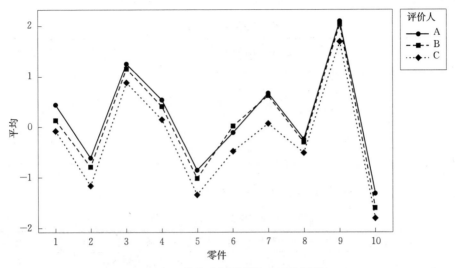

图 6.13　评价人与零件的交互作用图

从给出的案例数据可以判断，这是一个两因子有交互作用的研究模型，因此可以采用交互模型的分析方法来解答本案例。

从数据已知，零件（P）、评价人（A）和重复测量次数的取值分别为 $p=10$，$a=3$，$r=3$，首先计算方差分析表 6.10。

表 6.10　　　　　　　　　　　　　交互模型的案例的方差分析表

来源（SV）	自由度（DF）	平方和（SS）	均方（MS）	F 比	p 值
零件（P）	9	88.3619	9.81799	492.291	0.000
评价人（A）	2	3.1673	1.58363	79.406	0.000
零件×评价人（P×A）	18	0.3590	0.01994	0.434	0.974
重复性误差（E）	60	2.7589	0.04598		
总计（T）	89	94.6471			

从评价人与零件的交互作用项所对应的 p 值（0.974）可以看出，在给定的显著性水平为 $\alpha=0.25$ 时，$p>0.25$，可以说明交互作用不显著，所以要重新按照交互作用不显著的情形列出方差分析，见表 6.11。

表 6.11　　　　　　　　　　　交互模型的案例的方差分析（交互作用不显著）

来源（SV）	自由度（DF）	平方和（SS）	均方（MS）	F 比	p 值
零件（P）	9	88.3619	9.81799	245.614	0.000
评价人（A）	2	3.1673	1.58363	39.617	0.000
重复性误差（E）	78	3.1179	0.03997		
总计（T）	89	94.6471			

测量系统分析 ——理论、方法和应用

根据此表计算变差参数的估计值及贡献率百分比，见表6.12。

表6.12   交互模型的案例的变差估计表

研究单元（Source）	方差（VarComp）	％贡献率（％Contribution of VarComp）
量具 R&R	0.09143	7.76
重复性	0.03997	3.39
再现性	0.05146	4.37
零件	1.08645	92.24
总变差	1.17788	100.00

然后，再计算 GRR 变差分析表和可区分的类别数，见表6.13。

表6.13   交互模型的案例的 GRR 变差分析表

变差来源（Source）	标准差（SD）	研究变差（6×SD）	％研究变差（％SV）	95％置信区间
量具 R&R	0.30237	1.81423	27.86	(14.62, 81.35)
重复性	0.19993	1.19960	18.42	(9.46, 27.09)
再现性	0.22684	1.36103	20.90	(8.76, 80.45)
零件	1.04233	6.25396	96.04	(8.76, 80.45)
总变差	1.08530	6.51180	100.00	(58.15, 98.93)

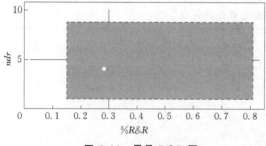

图 6.14   量具 R&R 图

计算得到可区分的类别数 $ndc = 4$。其 95％置信区间为（1.01092, 9.56983）。绘制 R&R 图形，如图 6.14 所示。

图中，"白点"表示量具 R&R 研究百分比的点估计值，"灰色"区域为置信区间范围，可见，测量系统能力不足，长期使用风险较大。

根据此数据生成的图形如图 6.15 所示。

从表6.12的贡献率百分比列可以看出，零件变差的贡献率百分比（92.24％）远大于量具 R&R 所对应的贡献率百分比（7.76％），可见大部分的变差来源于零件间的变差，量具 R&R 所对应的贡献率是可以接受的，但是尚有较大的改进空间。

从表6.13的研究变差百分比列也可以看出，量具 R&R 所对应的研究变差百分比（27.86％），按照第6.2.2节的可接受准则，该测量系统能力不够充分，可以在规定的条件下接受。

在生成的图形中，变差分量图上零件间变差的贡献率百分比远大于量具 R&R，说明多部分变差来源于零件。从零件链图上可以看出存在着较大的零件间的差异，因为图中连接线并非水平直线。在极差图（基于评价人）上，评价人 B 对零件的测量表现出较大的不一致。通过对于评价人链图的审视，发现评价人之间的差异虽然比零件间的差异小，但这个差异也是显著的（ p 值＝0.000），而评价人 C 表现在测量上要稍微的小些。在平均值（基于评价人）图上，大部分的点超出控制限之外，表明变差主要归因于零件间变差。最

124

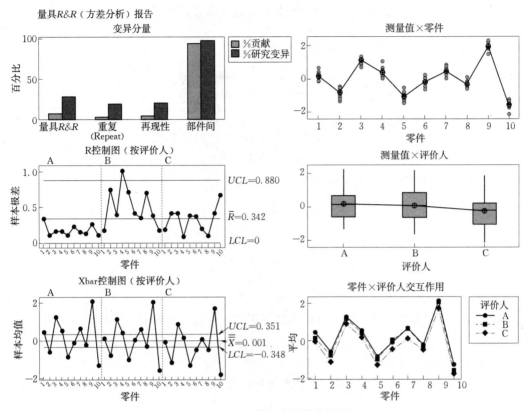

图 6.15 交互模型案例的分析图

后，从评价人与零件的交互作用图易见，与计算的 p 值（0.974）得出的显著性检验结论一致，这种交互作用不显著。

（4）分析方法——嵌套模型

依据图 6.8 的嵌套数据结构可见，嵌套设计的两因子模型可定义如下

$$Y_{ijk} = \mu + A_j + P_{i(j)} + E_{(ij)k} \qquad \text{式（6.2.10）}$$
$$i = 1, \cdots, p; \quad j = 1, \cdots, a; \quad k = 1, \cdots, r;$$

式中：μ 为常量：A_j、$P_{i(j)}$、$E_{(ij)k}$ 为具有共同的均值为 0 的独立随机变量，其方差分别为 σ_A^2、$\sigma_{P(A)}^2$ 和 σ_E^2。从模型可见，包括了评价人、零件（评价人）和重复性的主要效应。

1）方差分析表

根据式 6.2.9 定义的模型，得到如下方差分析表 6.14。

表 6.14　　　　　　　　　　模型（6.2.9）的方差分析表

变差源（SV）	自由度（DF）	平方和（SS）	均方（MS）	F 比
评价人（A）	$a-1$	SS_A	MS_A	$F_A = MS_A / MS_{P(A)}$
零件（评价人）[P（A）]	$a(p-1)$	$SS_{P(A)}$	$MS_{P(A)}$	$F_{P(A)} = MS_{P(A)} / MS_E$
量具（误差）（E）	$pa(r-1)$	SS_E	MS_E	
总计（T）	$par-1$	SS_T		

对于符合此嵌套模型方差分析表的平方和项的计算公式如下：

$$
\left.
\begin{aligned}
SS_A &= \sum_{j=1}^{a}\left(\frac{x_{.j.}^2}{pr}\right)-\frac{x_{...}^2}{par} \\
SS_{P(A)} &= \left[\sum_{i=1}^{p}\sum_{j=1}^{a}\left(\frac{x_{i(j).}^2}{r}\right)-\frac{x_{...}^2}{par}\right]-SS_A \\
SS_T &= \sum_{i=1}^{p}\sum_{j=1}^{a}\sum_{k=1}^{r}x_{ijk}^2-\frac{x_{...}^2}{par}
\end{aligned}
\right\}
\qquad 式（6.2.11）
$$

$$SS_E = SS_T - SS_A - SS_{P(A)}$$

表中各均方和项等于各平方和项除以相应的自由度，故

$$
\left.
\begin{aligned}
MS_A &= \frac{SS_A}{(a-1)} \\
MS_{P(A)} &= \frac{SS_{P(A)}}{a(p-1)} \\
MS_E &= \frac{SS_E}{pa(r-1)}
\end{aligned}
\right\}
$$

但要格外注意的是，表中对应评价人的 F 比 F_A 与在第 2 章方差分析理论部分介绍的算法是不同的。

2）GRR 变差分析表

根据表 6.14 方差分析可以对各变差来源对应的变差参数 σ_A^2、$\sigma_{P(A)}^2$ 和 σ_E^2 进行估计，得出表 6.15。

表 6.15   嵌套模型变差参数的点估计

变差来源	参数	点估计
评价人（A）	σ_A^2	$\sigma_A^2=\dfrac{MS_A-MS_{P(A)}}{pr}$
零件（评价人）[P（A）]	$\sigma_{P(A)}^2$	$\sigma_P^2=\dfrac{MS_{P(A)}-MS_E}{r}$
量具（误差）(E)	σ_E^2	$\sigma_E^2=MS_E$

注意，在方差估计中有时可能出现负值，但为了便于分析，如果出现负值，则设定该项为 0。

依据表 6.15 就可以得到变差参数对应关系表 6.16 和 GRR 研究变差分析表 6.17。

表 6.16   嵌套模型变差参数对应关系

变差来源（Source）	方差（VarComp）	%贡献率（%Contribution of VarComp）
重复性	$\gamma_E^2=\sigma_E^2$	$\gamma_E^2/\gamma_T^2\times100\%$
再现性	$\gamma_A^2=\sigma_A^2$	$\gamma_A^2/\gamma_T^2\times100\%$
量具 $R\&R$	$\gamma_M^2=\sigma_E^2+\sigma_A^2$	$\gamma_M^2/\gamma_T^2\times100\%$
零件间	$\gamma_{P(A)}^2=\sigma_{P(A)}^2$	$\gamma_{P(A)}^2/\gamma_T^2\times100\%$
总变差	$\gamma_T^2=\sigma_E^2+\sigma_A^2+\sigma_{P(A)}^2$	100%

表 6.17 嵌套模型 *GRR* 研究变差分析表

变差来源	标准差（SD）	研究变差（SV）	%研究变差（%SV）
重复性	γ_E	$k\gamma_E$	$\gamma_E/\gamma_T\times100\%$
再现性	γ_A	$k\gamma_A$	$\gamma_A/\gamma_T\times100\%$
量具 *R&R*	γ_M	$k\gamma_M$	$\gamma_M/\gamma_T\times100\%$
零件间	$\gamma_{P(A)}$	$k\gamma_{P(A)}$	$\gamma_{P(A)}/\gamma_T\times100\%$
总变差	γ_T	$k\gamma_T$	100%

3）可区分的类别数（*ndc*）

$$ndc=\frac{\sqrt{2}\,\gamma_{P(A)}}{\gamma_M} \qquad 式（6.2.12）$$

4）图形分析法

与交互作用模型不同的是嵌套模型的分析不生成评价人与零件的交互作用图，这是由嵌套的数据结构决定的。其余五个适用于交互模型的图形也同样被嵌套数据 *GRR* 分析。

例 6.2 本案例数据表名称为 gagenest. xls，选择了总共 15 个零件，评价人分别为 S、B 和 N，按零件编号顺序这 3 个人每人分别测量 5 个零件，每个零件被相应的评价人以随机顺序测量 2 次。假设过程公差为 10。

从给出的案例数据可以判断，这是一个两因子嵌套的研究模型，因此可以采用嵌套模型的分析方法来解答本案例。

从数据已知，零件（P）、评价人（A）和重复测量次数的取值分别为 $p=5$、$a=3$、$r=2$，首先计算方差分析表 6.18。

表 6.18 嵌套模型的案例的方差分析表

来源（SV）	自由度（DF）	平方和（SS）	均方（MS）	F 比	p 值
评价人	2	0.0142	0.00708	0.00385	0.996
零件（评价人）	12	22.0552	1.83794	1.42549	0.255
重复性误差	15	19.3400	1.28933		
总计	29	41.4094			

根据此表计算变差参数的估计值及贡献率百分比，见表 6.19。

表 6.19 嵌套模型的案例的变差估计表

研究单元（Source）	方差（VarComp）	%贡献率（%Contribution of VarComp）
量具 *R&R*	1.28933	82.46
重复性	1.28933	82.46
再现性	0	0
零件	0.27430	17.54
总变差	1.56364	100.00

然后，再计算 *GRR* 变差分析表和可区分的类别数，见表 6.20。

表 6.20　　　　　　　　　　嵌套模型的案例的 *GRR* 变差分析表

变差来源 （Source）	标准差 （SD）	研究变差 （$SV = 6 \times SD$）	%研究变差 （%SV）	%公差 （%P/T）
量具 *R&R*	1.13549	6.81293	90.81	68.13
重复性	1.13549	6.81293	90.81	68.13
再现性	0	0	0	0
零件	0.52374	3.14243	41.88	31.42
总变差	1.25045	7.50273	100.00	75.03

计算得到可区分的类别数 $ndc = 1$。其 95％置信区间为（0，2.53833）。

根据此数据生成的图形如图 6.16 所示。

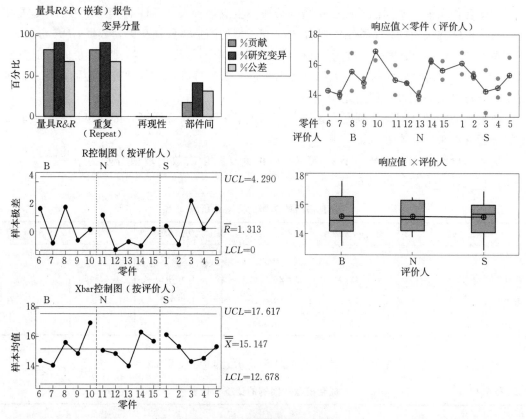

图 6.16　嵌套研究的分析图

从表 6.19 中贡献率列可见，零件间变差的贡献率（17.54％）比测量系统变差的贡献率（82.46％）要小得多，这表明大多数变差来自于测量系统，只有很少的部分归因于零件。

可区分的类别数为 1，表明测量系统不能有效分辨零件变差。量具 *GRR* 的研究变差百分比占到了 90.81％，公差百分比为 68.13％，都远大于 30％，所以测量系统不可接受。

从变差组成比例图上可以看出，大部分变差在于测量系统误差，只有少部分在于零件间的差异。再从平均值图上可见，大部分的点都落在控制限之内，此时说明变差大部分归因于测量系统误差。

（5）分析方法-单因子简化模型

有时在分析时忽略评价人的影响，只将零件视为随机因子，此时分析模型是一个平衡的单因子方差分析模型，可以估计零件和量具的变差。量具的变差就是重复性，没有可估计的再现性。所以，量具的变差是方差分析表中的误差项。

1）单因子方差分析表

依据 2.4.2 节的内容，得到单因子方差分析表见表 6.21。

表 6.21   单因子方差分析表

变差源（SV）	自由度（DF）	平方和（SS）	均方（MS）	F 比
零件（P）	$p-1$	SS_P	MS_P	$F=MS_P/MS_E$
误差（量具）（E）	$p(r-1)$	SS_E	MS_E	
总计（T）	$pr-1$	SS_T		

表 6.21 中相应的各平方和项和均方和项公式为

$$\left.\begin{aligned} SS_P &= \sum_{i=1}^{p}\left(\frac{x_{i\cdot}^2}{r}\right) - \frac{x_{\cdot\cdot}^2}{pr} \\ SS_T &= \sum_{i=1}^{p}\sum_{k=1}^{r} x_{ik}^2 - \frac{x_{\cdot\cdot}^2}{pr} \end{aligned}\right\} \qquad 式（6.2.13）$$

$$SS_E = SS_T - SS_P$$

$$MS_P = \frac{SS_P}{(p-1)}, \qquad MS_E = \frac{SS_E}{p(r-1)}$$

2）GRR 变差分析表

根据上述单因子方差分析表给出变差参数的估计见表 6.22。

表 6.22   单因子模型变差参数的点估计

变差来源	参数	点估计
零件（P）	σ_P^2	$\sigma_P^2 = \dfrac{MS_P - MS_E}{r}$
量具（误差）（E）	σ_E^2	$\sigma_E^2 = MS_E$

依据上表 6.22 就可以得到变差参数对应关系表 6.23 和 GRR 研究变差分析表 6.24。

表 6.23   单因子模型变差参数对应关系

变差来源（Source）	方差（VarComp）	%贡献率（%Contribution of VarComp）
重复性	$\gamma_E^2 = \sigma_E^2$	$\gamma_E^2/\gamma_T^2 \times 100\%$
量具 R&R	$\gamma_M^2 = \sigma_E^2$	$\gamma_M^2/\gamma_T^2 \times 100\%$
零件间	$\gamma_P^2 = \sigma_P^2$	$\gamma_P^2/\gamma_T^2 \times 100\%$
总变差	$\gamma_T^2 = \sigma_E^2 + \sigma_P^2$	100%

表 6.24 单因子模型 *GRR* 研究变差分析表

变差来源	标准差（SD）	研究变差（SV）	%研究变差（%SV）
重复性	γ_E	$k\gamma_E$	$\gamma_E/\gamma_T \times 100\%$
量具 *R&R*	γ_M	$k\gamma_M$	$\gamma_M/\gamma_T \times 100\%$
零件间	γ_P	$k\gamma_P$	$\gamma_P/\gamma_T \times 100\%$
总变差	γ_T	$k\gamma_T$	100%

3）可区分的类别数（*ndc*）

$$ndc = \frac{\sqrt{2}\,\gamma_P}{\gamma_M} \qquad\qquad 式（6.2.14）$$

4）图形分析法

对于单因子分析模型有四种图形用来辅助数据分析：变差组成比例图、零件链图、平均值图以及极差图或标准差图。当重复测量的次数大于9时，用标准差图替代极差图。

例 6.3 对于上述已提及的两因子交互作用模型的案例分析中的数据 Gageaiag. xls，如果忽略评价人因素，则两因子模型就简化为单因子模型。所以可以采用本节介绍的算法研究测量系统变差。

从数据已知，零件（P）和重复测量次数的取值分别为 $p=10$，$r=9$，首先计算方差分析表 6.25。

表 6.25 单因子模型方差分析表

来源（Source）	自由度（DF）	平方和（SS）	均方（MS）	F 比	*p* 值
零件（P）	9	88.3619	9.81799	124.967	0.000
重复性误差（E）	80	6.2852	0.07856		
总计（T）	89	94.6471			

表 6.26 单因子模型的变差估计表

研究单元（Source）	方差（VarComp）	%贡献率（%Contribution of VarComp）
量具 *R&R*	0.07856	6.77
重复性	0.07856	6.77
零件	1.08216	93.23
总变差	1.16072	100.00

表 6.27 单因子模型的 *GRR* 变差分析表

变差来源（Source）	标准差（SD）	研究变差（6×SD）	%研究变差（%SV）	95%置信区间
量具 *R&R*	0.28029	1.68176	26.02	(14.38, 37.84)
重复性	0.28029	1.68176	26.02	(14.38, 37.84)
零件	1.04027	6.24161	96.56	(92.57, 98.96)
总变差	1.07737	6.46421	100.00	

可区分的类别数 $ndc = 5$。95% 置信区间为 (3.45995，9.73513)。绘制 $R\&R$ 图形如图 6.17 所示。

根据此数据生成的图形如图 6.18 所示。

从表 6.26 的贡献率列可见，测量系统的变差的贡献率（6.77%）远小于零件变差的贡献率（93.23%），这一点可以从变差组成比例图上得到验证。平均值图上绝大部分的点都落于控制限之外，说明测量系统能充分辨别零件变差。可区分的类别数为 5 表明测量系统完全可以接受。

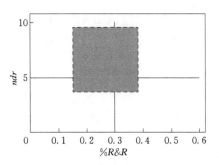

图 6.17　量具 $R\&R$ 图

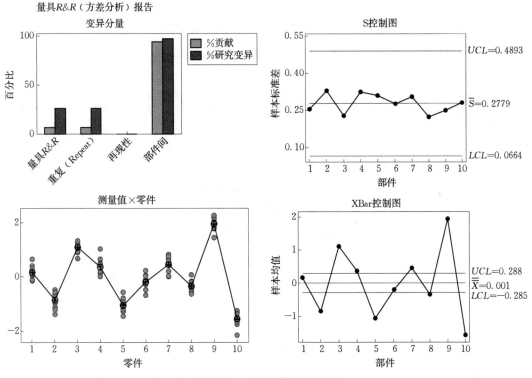

图 6.18　单因子模型分析图

6.2.4.2　GRR 研究——均值和极差法

应该说，使用方差分析法进行测量系统 GRR 研究是非常常用的，特别是借助于统计软件的使用，就更加显得方便和高效。但在实践中，有必要介绍另一种方法为均值和极差法，与方差分析法相比，它虽不能分解出评价人与零件的交互作用变差，而且对于嵌套数据的分析不适用，但它却也是一种应用比较广泛的、有效的分析方法。

（1）符号定义

在介绍这种方法之前，先将使用到的符号进行定义。

p 为零件数量，用 i 表示，$i = 1$，…，p。

a 为评价人数量，用 j 表示，$j = 1$，…，a。

r 为重复测量次数，用 k 表示，$k=1，\cdots，r$。

R_{ij} 为第 j 个评价人对第 i 个零件的多次测量值的极差。

$\overline{R}_j$ 为评价人极差平均值，指第 j 个评价人对所有零件极差（R_{ij}）的平均值，即 $\overline{R}_j = \dfrac{\sum\limits_{i=1}^{p} R_{ij}}{p}$。

$\overline{\overline{R}}$ 为所有极差平均值，即评价人极差平均值的平均值，即 $\overline{\overline{R}} = \dfrac{\sum\limits_{j=1}^{a} \overline{R}_j}{a} = \dfrac{\sum\limits_{i=1}^{p} \sum\limits_{j=1}^{a} R_{ij}}{pa}$。

x_{ijk} 为单个观测值，指第 j 个评价人对第 i 个零件的第 k 次测量的值。

$\overline{x}_j$ 为评价人测量平均值，指第 j 个评价人对所有零件的所有观测值的平均值，即

$$\overline{x}_j = \frac{\sum\limits_{i=1}^{p} \sum\limits_{k=1}^{r} x_{ijk}}{pr}。$$

$\overline{x}_i$ 为零件平均值，指对第 i 个零件所有评价人的所有次测量值的平均值，即 $\overline{x}_i = \dfrac{\sum\limits_{j=1}^{a} \sum\limits_{k=1}^{r} x_{ijk}}{ar}$。

R_p 为零件平均值极差，即 $R_p = \max(\overline{x}_i) - \min(\overline{x}_i)$。

$\overline{x}_{diff}$ 为评价人测量平均值极差，即 $\overline{x}_{diff} = \max(\overline{x}_j) - \min(\overline{x}_j)$。

d_2^* 为可从附录 $1d_2^*$ 表中查得的系数，取决于两个参数 m 和 g。

K_1 为计算重复性的常数，有 $K_1 = \dfrac{1}{d_2^*}$，决定 d_2^* 的两个参数分别取值为 $m=r$，$g=pa$。

K_2 为计算再现性的常数，有 $K_2 = \dfrac{1}{d_2^*}$，决定 d_2^* 的两个参数分别取值为 $m=a$，$g=1$。

K_3 为计算零件变差的常数，有 $K_3 = \dfrac{1}{d_2^*}$，决定 d_2^* 的两个参数分别取值为 $m=p$，$g=1$。

将上述主要符号汇总为表 6.28。

表 6.28　　　　　　　　　　　　　　　主要符号表

符号	名称	定义式
$\overline{R}_j$	评价人极差平均值	$\overline{R}_j = \dfrac{\sum\limits_{i=1}^{p} R_{ij}}{p}$
$\overline{\overline{R}}$	所有极差平均值	$\overline{\overline{R}} = \dfrac{\sum\limits_{j=1}^{a} \overline{R}_j}{a} = \dfrac{\sum\limits_{i=1}^{p} \sum\limits_{j=1}^{a} R_{ij}}{pa}$

符号	名称	定义式
$\overline{x}_j$	评价人测量平均值	$\overline{x}_j = \dfrac{\sum\limits_{i=1}^{p}\sum\limits_{k=1}^{r} x_{ijk}}{pr}$
$\overline{x}_i$	零件平均值	$\overline{x}_i = \dfrac{\sum\limits_{j=1}^{a}\sum\limits_{k=1}^{r} x_{ijk}}{ar}$
R_p	零件平均值极差	$R_p = \max(\overline{x}_i) - \min(\overline{x}_i)$
$\overline{x}_{diff}$	评价人测量平均值极差	$\overline{x}_{diff} = \max(\overline{x}_j) - \min(\overline{x}_j)$

（2）变差估计

下面我们给出各来源变差的估计，见表 6.29。

表 6.29 　　　　　　　　　　　　各来源变差的估计

变差源	参数	估计
量具（E）	σ_E	$\sigma_E = \overline{\overline{R}} \times K_1$
评价人（A）	σ_A	$\sigma_A = \sqrt{(\overline{x}_{diff} K_2)^2 - \sigma_E^2/pr}$
零件（P）	σ_P	$\sigma_P = R_p \times K_3$

据此可得到各测量单元与变差参数的对应关系表以及 GRR 研究变差分析表，这两个表分别同于表 6.8 和表 6.9，此不繁赘。

在参考文献 [1] 中，又将设备变差或重复性（σ_E）表示为 EV；评价人变差或再现性（σ_A）表示为 AV；零件变差（σ_P）表示为 PV；总变差（σ_T）表示为 TV。

所以，给出可区分的类别数的计算公式为

$$ndc = 1.41\left(\frac{PV}{GRR}\right) \qquad 式（6.2.15）$$

此公式虽然在表达形式上与方差分析法不同，但实际上的计算是一致的。

例 6.4 为了与方差分析法进行结果比较，在此我们引用两因子交互作用模型案例 6.2 数据（Gageaiag.xls），通过分析得到表 6.30。

表 6.30 　　　　　　　　　　均值和极差法计算的变差估计表

研究单元（Source）	方差（VarComp）	%贡献率（%Contribution of VarComp）
量具 $R\&R$	0.09357	7.13
重复性	0.04073	3.10
再现性	0.05284	4.03
零件	1.21909	92.87
总变差	1.31266	100.00

然后，再计算 GRR 变差分析表和可区分的类别数，见表 6.31。

表 6.31　　　　　　　均值和极差法计算的 GRR 变差分析表

变差来源（Source）	标准差（SD）	研究变差（6×SD）	%研究变差（%SV）
量具 R&R	0.30589	1.83536	26.70
重复性	0.20181	1.21087	17.61
再现性	0.22988	1.37925	20.06
零件	1.10412	6.62474	96.37
总变差	1.14571	6.87428	100.00

计算得到可区分的类别数 $ndc=5$。

同时，生成辅助图形如图 6.19 所示。

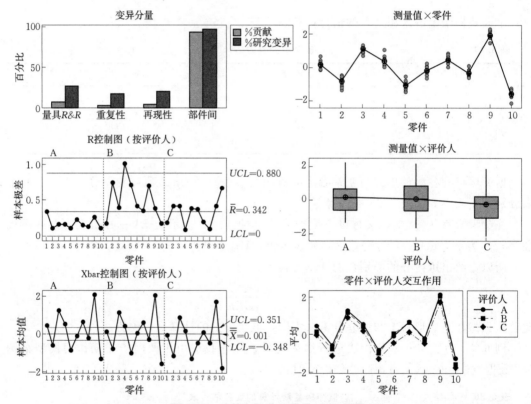

图 6.19　均值和极差法量具 GRR 研究

从数据分析结果表 6.30 的贡献率列可知，量具 R&R 的贡献率（7.13%）比零件变差贡献率（92.87%）要小得多，而表 6.31 的研究变差百分比列中的量具 R&R 的研究变差百分比（26.70%）表明测量系统还不够充分，尚需改进，这一点从图形中可以得到验证。

将本例分析结果（26.70%）与方差分析法案例结果（27.86%）相比较可见，结果只有相近，所以结论一致。

6.2.4.3 GRR 研究——极差法

在有些情况下，要快速地检验量具 GRR 是否发生变化，此时可采用一种极差修正的方法对测量变差提供一个快速的近似值。这种方法简单粗略，只对测量系统的整体变差进行估计，不能分解为重复性和再现性。所以，这种方法一般用于监视变差的变化，不作为向顾客提供保证的研究方法。

极差法的试验通常选择 5 个或 5 个以上零件（$i = 1, 2, 3, 4, 5, \cdots, p$）和 2 个或 2 个以上评价人（$j = 1, 2, \cdots, a$），每个零件分别被每个评价人测量一次（$x_{ij}$）。采用的数据表格式见表 6.32。

表 6.32 极差法数据表

零件	评价人 1	评价人 2	...	评价人 a	极差
1	x_{11}	x_{12}	...	x_{1a}	$R_1 = \max(x_{11}, \cdots, x_{1a}) - \min(x_{11}, \cdots, x_{1a})$
2	x_{21}	x_{22}	...	x_{2a}	$R_2 = \max(x_{21}, \cdots, x_{2a}) - \min(x_{21}, \cdots, x_{2a})$
...	...	...	...	...	...
p	x_{p1}	x_{p2}	...	x_{pa}	$R_p = \max(x_{p1}, \cdots, x_{pa}) - \min(x_{p1}, \cdots, x_{pa})$

根据表中所示数据的极差平均值来估计量具 $R \& R$，首先计算极差平均值

$$\overline{R} = \frac{\sum\limits_{i=1}^{p} R_i}{p} \qquad \text{式 (6.2.16)}$$

然后，计算得到量具 GRR 的变差估计值

$$\hat{\sigma}_M = \frac{\overline{R}}{d_2^*} \qquad \text{式 (6.2.17)}$$

式中：d_2^* 可在附录 1 的表中查得，取 $m =$ 评价人数量 a，$g =$ 零件数量 p。

量具 GRR 的研究变差为 $k\hat{\sigma}_M$，如果通过历史研究获得过程变差（设为 6σ），就可以计算 GRR 研究变差百分比

$$\% GRR = \frac{k\hat{\sigma}_M}{6\sigma} \times 100\% \qquad \text{式 (6.2.18)}$$

极差法就是通过 %GRR 来判断测量系统整体变差是否发生变化。

例 6.5 现说明极差法的应用。现有 3 个评价人分别对随机选择的 10 个零件进行测量，每个评价人对每个零件只测量一次，得到数据表 GageRange.xls。

依据式 (6.2.14) 计算极差平均值得 $\overline{R} = 0.472$。根据 $m = 3$，$g = 10$ 查附录 1 表得到 $d_2^* = 1.71573$，从而变差估计值

$$\hat{\sigma}_M = \frac{\overline{R}}{d_2^*} = \frac{0.472}{1.71573} = 0.2751$$

假设规定系数 $k = 6$，过程标准差 $= 0.38$，则 GRR 研究变差百分比为

$$\% GRR = \frac{k\hat{\sigma}_M}{6\sigma} \times 100\% = \frac{6 \times 0.2751}{6 \times 0.38} \times 100\% = 72.40\%$$

6.2.4.4 GRR 研究——控制图法

伴随着技术的发展，生产线上自动化在线测量设备应用越来越广泛，最显著的一个特征是可能不需要人员参与测量。从测量系统精密度研究的角度来说，可以假定研究只有一个评价人。本节将介绍计量型量具研究的一个扩展示例，评估自动化测量系统的重复性。由于仅评估重复性，因此称为量具重复性（Gage R）研究，最便捷的方法就是控制图法。

在 Gage R 研究中，评估人员将测量 n 个零件的样本，对每个零件重复测量 r 次。将测量数据绘制子组控制图：平均值和极差或者标准差（$\overline{X}-R$ 或 $\overline{X}-s$）控制图，然后计算以下变差的估计值：

（1）重复性估计

σ_{EV} 是表征重复性（EV）的标准差，也称为设备变差（EV）。EV 是由同一评价人重复测量同一零件之间的差异。在此例中，σ_{EV} 是测量系统精密度的唯一组成部分。有两种方法估计 $\hat{\sigma}_{EV}$。

1）从极差控制图上可获得平均极差 $\overline{R}$，据此估计 $\hat{\sigma}_{EV}$，有

$$\hat{\sigma}_{EV}=\frac{\overline{R}}{d_2}$$ 式（6.2.19）

式中：d_2 是依据子组大小确定的修正系数，可查表获得。

2）从标准差控制图上可获得平均标准差 $\overline{s}$，据此估计 $\hat{\sigma}_{EV}$，有

$$\hat{\sigma}_{EV}=\frac{\overline{s}}{c_4}$$ 式（6.2.20）

式中：c_4 是依据子组大小确定的修正系数，可查表获得。

（2）零件变差估计

σ_{PV} 是表征零件变差（PV）的标准差，可以通过估计样本均值的标准差 $s_{\overline{X}}$ 来获得，但 $s_{\overline{X}}$ 中既包括 PV，也含有 EV，所以

$$\hat{\sigma}_{PV}=\sqrt{s_{\overline{X}}^2-\frac{\hat{\sigma}_{EV}^2}{r}}$$ 式（6.2.21）

（3）总变差估计

σ_{TV} 是表征总变异（TV）的标准差，由 $\hat{\sigma}_{TV}$ 估计。与 PV 和 EV 的关系可表达为

$$\sigma_{TV}=\sqrt{\sigma_{PV}^2+\sigma_{EV}^2}$$ 式（6.2.22）

（4）置信区间估计

置信区间是表达估计中不确定性的好方法。由于更大的样本量减少了不确定性，因此置信区间显示了样本量选择的影响。在此例的重复性研究中，其置信区间通过下式计算：

重复性 σ_{EV} 的 $100(1-\alpha)\%$ 的置信区间下限为

$$L_{\sigma_{EV}}=\frac{\hat{\sigma}_{EV}}{T_2[n(r-1),1-\alpha/2]}$$ 式（6.2.23）

重复性 σ_{EV} 的 $100(1-\alpha)\%$ 的置信区间上限为

$$U_{\sigma_{EV}}=\frac{\hat{\sigma}_{EV}}{T_2[n(r-1),\alpha/2]}$$ 式（6.2.24）

因为该类量具研究更简单，所以测量系统指标的置信区间也很容易计算。但在更一般的量具 $R\&R$ 研究中，这些置信区间的计算并不那么容易。

（5）测量系统可接受性指标计算

由于 σ_{EV} 是该 Gage R 研究估算的测量系统精密度的唯一组成部分，因此 $\sigma_{GRR}=\sigma_{EV}$，GRR 代表量具的重复性和再现性，本研究仅评估重复性。

计算测量系统的可接受性度量。基于公差可计算 $\%P/T$ 作为可接受性指标为

$$\%P/T=\frac{6\hat{\sigma}_{EV}}{USL-LSL}\times100\%\qquad\text{式（6.2.25）}$$

基于过程总变异（TV）计算 $\%GRR$ 为：

$$\%GRR=\frac{\hat{\sigma}_{EV}}{\hat{\sigma}_{TV}}\times100\%\qquad\text{式（6.2.26）}$$

具体案例请见第 11 章"案例九：燃气阀门流量重复性评估"应用案例。

6.2.4.5　重复性和再现性高的可能原因

GRR 研究的目的是确定测量系统的变差相对于所监控过程的总变差是否较小。高重复性或高再现性均可导致高的 $\%R\&R$。

（1）如果重复性高，请执行以下步骤：

1）返回到区别评价人的极差图，以确保没有任何点超出上控制限和下控制限。

2）通过研究零件的外形轮廓并收集适当的数据，检查零件内部是否有过大的变差。

3）检查量具是否有足够的刚性。

4）检查评估人员是否明确定义了要进行测量的位置并正确了解该位置。否则，这也可能导致高的再现性。

5）检查仪器是否需要维护。

6）检查是否需要某种固定装置，以帮助评估人员更一致地使用量具。

如果上述原因均无效，请集思广益，并确定量具是否适合预期的测量。不合适的量具也可能导致高的重复性。

（2）如果再现性高，建议采取以下行动：

1）找出是否所有评估人员都接受了有关测量方法的充分培训。

2）检查仪表盘上的刻度是否清晰。

3）检查评估人员是否明确定义了要进行测量的位置并正确了解该位置。

4）检查是否需要某种固定装置，以帮助评估人员更一致地使用量具。

5）检查测量系统中的两个或多个关键元素是否在相同条件下工作。

如果上述原因均无效，请集思广益，并确定量具是否适合预期的测量。

在采取了某些措施来改进测量系统后，应再次进行 GRR 研究，以验证改进后的测量系统是否可以接受。

6.2.5　量具 $R\&R$ 与过程能力的关系

统计受控过程的能力一般用过程能力指数 C_p 表征

$$C_p = \frac{USL - LSL}{6\sigma_t}$$ 式（6.2.27）

式中：USL 和 LSL 指规范上限和下限，而 σ_t 指过程标准差。该指数表征了过程满足顾客要求的能力。当考虑过程均值对准规范目标的情况时，则用指数 C_{pk} 表示该过程的短期能力。由于我们关注的是过程的分散程度而不是平均值，因此采用 C_p 作为比较的指数。回顾公式为

$$\sigma_t^2 = \sigma_p^2 + \sigma_{R\&R}^2$$ 式（6.2.28）

式中：σ_t^2 为观察到的过程变差；σ_p^2 为实际的过程变差；$\sigma_{R\&R}^2$ 为 $R\&R$ 变差。

（1）$R\&R$ 对过程能力的影响

显然，$R\&R$ 变差的减少也将减少观测到的过程变差，从而增加过程能力指数并降低两个测量能力指数。图 6.20 显示了由 MCI_1 表征的测量变差而导致的实际过程 C_p 的失真程度。同样，也可以为 MCI_2 生成类似的图形。

通过研究图 6.20 和图 6.21 中的图形，可以观察到一些结果：

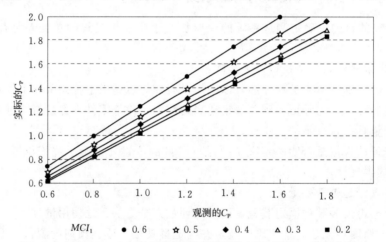

图 6.20　由 MCI_1 表征的测量变差而导致的实际过程 C_p 的失真程度

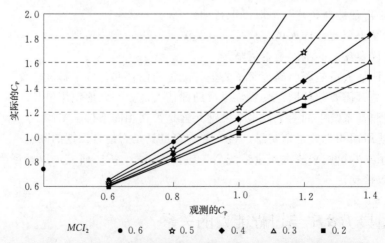

图 6.21　由 MCI_2 表征的测量变差而导致的实际过程 C_p 的失真程度

1）如果该指数小于 0.3 或 30%，则在两种情况下 $R\&R$ 变差的影响都较小。

2）MCI_1 指数比 MCI_2 更稳健。

3）在观察到的 C_p 较低的情况下，$R\&R$ 结果对实际 C_p 的影响可忽略不计。这表明此时当务之急是需要过程改进。当然，对测量系统的改进并不会纠正能力不足的过程。

4）随着观察到的过程能力增加，至少到边界水平，$R\&R$ 变得更具影响力。

下面从公式推导的角度来进一步阐明上述两个图形。

①对于 MCI_1（用比例表示），有

$$MCI_1 = \frac{\sigma_{R\&R}}{\sigma_t} \qquad \text{式 (6.2.29)}$$

另有，$\sigma_p^2 = \sigma_t^2 - \sigma_{R\&R}^2$

$$C_{p-观测} = \frac{USL-LSL}{6\sigma_t}, \qquad C_{p-实际} = \frac{USL-LSL}{6\sigma_p}$$

则，$C_{p-实际} = \dfrac{USL-LSL}{6\sqrt{\sigma_t^2 - \sigma_{R\&R}^2}} = \dfrac{USL-LSL}{6\sigma_t\sqrt{1-\frac{\sigma_{R\&R}^2}{\sigma_t^2}}} = \dfrac{C_{p-观测}}{\sqrt{1-\frac{\sigma_{R\&R}^2}{\sigma_t^2}}}$

$$C_{p-实际} = \frac{C_{p-观测}}{\sqrt{1-(MCI_1)^2}} \qquad \text{式 (6.2.30)}$$

②对于 MCI_2（用比例表示），有

$$MCI_2 = \frac{6\sigma_{R\&R}}{USL-LSL}, \qquad C_{p-观测} = \frac{USL-LSL}{6\sigma_t}, \quad 则$$

$$\sigma_t = \frac{USL-LSL}{6C_{p-观测}}$$

那么，$\sigma_{实际}^2 = \left(\dfrac{USL-LSL}{6C_{p-观测}}\right)^2 - \sigma_{R\&R}^2$

$$C_{p-实际} = \frac{USL-LSL}{6\sigma_{实际}} = \frac{USL-LSL}{6\sqrt{\left(\frac{USL-LSL}{6C_{p-观测}}\right)^2 - \sigma_{R\&R}^2}}$$

$$= \frac{1}{6\sqrt{\left(\frac{1}{6C_{p-观测}}\right)^2 - \left(\frac{\sigma_{R\&R}}{USL-LSL}\right)^2}}$$

最终，

$$C_{p-实际} = \frac{1}{6\sqrt{\left(\frac{1}{6C_{p-观测}}\right)^2 - \left(\frac{MCI_2}{6}\right)^2}} = \frac{1}{\sqrt{\frac{1}{C_{p-观测}^2} - (MCI_2)^2}} \qquad \text{式 (6.2.31)}$$

（2）指数如何相互关联并与 C_p 相关

三个指数（MCI_1，MCI_2 和 C_p）是完全相关联的，已知其中任何两个将完全推导出第三个。单一的测量能力指标不足以完全定义测量/过程情况，而其中任何两个都可以提供测量和过程的完整描述。

$$MCI_1 = \frac{\sigma_{R\&R}}{\sigma_t}; \qquad MCI_2 = \frac{6\sigma_{R\&R}}{USL-LSL}; \qquad C_p = \frac{USL-LSL}{6\sigma_t}$$

从前两个公式可得

$$\sigma_t = \frac{\sigma_{R\&R}}{MCI_1}, \quad 且 \ USL - LSL = \frac{6\sigma_{R\&R}}{MCI_2}$$

然后将最后两个表达式替换为 C_p 公式：

$$C_p = \frac{USL - LSL}{6\sigma_t} = \frac{\dfrac{6\sigma_{R\&R}}{MCI_2}}{6\left(\dfrac{\sigma_{R\&R}}{MCI_1}\right)} = \frac{MCI_1}{MCI_2} \qquad 式（6.2.32）$$

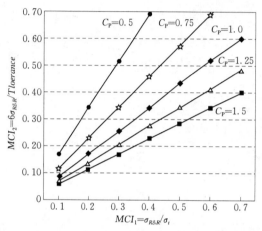

图 6.22　两个测量能力指数的各种值的 C_p

图 6.22 绘制了两个测量能力指数的各种值的 C_p。这表明，只有在规范足够宽和/或 $R\&R$ 变差（$\sigma_{R\&R}$）是观察到的变异（σ_t）的主要组成部分的情况下，即使 MCI 较差，也才可能具有良好的 C_p。这些关系的主要价值在于，它验证了将 C_p 与测量指标一起使用以更好地了解整个过程和测量情况的优势。

查看图 6.22 可发现：

①两个测量能力指标一起定义了过程能力。一个指数和 C_p 将定义第二个指数。

②通过测量指数和 C_p 可以最好地完全理解过程状态。

③仅当实际过程变异相对较小和/或规格较宽（由较小的 MCI_2 指数反映）时，才能以较差的测量能力（使用 MCI_1）获得良好的 C_p。

④这里描述的两个测量能力指标回答了有关测量过程的两个不同问题。两者都不足以表明测量的优先级和对特定生产过程的影响。全面理解需要 C_p 和 MCI。

⑤MCI_1 通常（请注意这里没有绝对值）比 MCI_2 更为严格。也就是说，在边际 C_p 或更高的范围内，MCI_2 的标准比 MCI_1 的标准更宽容。

6.3　D-研究法（D-Study method）

有时，当进行测量系统 GRR 分析时，分析结果并不能很好地满足要求，可能会出现以下一项或多项：

$\% P/T > 30\%$。

$\% GRR > 30\%$。

可区分的类别数（ndc）< 5。

对于这样的分析结果，意味着测量系统：

要么不适合基于规范来评估测量过程能力；

要么不适合基于过程总变异来评估测量系统中各变异来源的贡献；

要么二者均有。

通常，首先会尝试改进测量系统，修复或更换量具可能是最佳选择，然后是训练操作员、设立目视标准等基本改进方法，但最终的想法还是可能会放弃现有测量系统或进行实质性的重新设计。实践中，还有一种方法可以临时性地处理当前测量系统的问题。这种方法被称为 D-研究法。它是一种对被测对象使用多次读值的平均值替代单个读值的方法。例如，由一名操作员读取 5 个数并求平均值，读数中的重复性变差将减少 5 倍。通过五名操作员测量同一样件所获读值的平均值，重复性变差和再现性变差都将减少到原来的 1/5。

这是基于统计学的一个非常重要的定理——中心极限定理，该定理指出随机变量 X 的平均值的方差等于 X 的方差除以样本大小 n，表示为

$$\sigma_{\bar{X}}^2 = \frac{\sigma_{\bar{X}}^2}{n}$$

这里所谓的 D-研究就是依据此原理评估多名操作员对多个样件进行一次或多次测量时，对测量结果变差的影响。这样做的好处是显而易见的。但实际上，对于某些测量系统而言，多次读取非常费力或昂贵，那就另当别论了。

表 6.33 是某测量系统 GRR 分析的初始结果，将结合此例来说明 D-研究的方法。

表 6.33 　　　　　表明能力较差的测量系统分析举例（Minitab 输出结果）

来源	方差分量	方差分量 贡献率
合计量具 R&R	15.5030	70.57
重复性	1.5435	7.03
再现性	13.9596	64.54
操作员	6.4158	29.20
操作员×部件	7.5438	34.34
部件间	6.4653	29.43
合计变异	21.9683	100.00

过程公差＝25

来源	标准差（SD）	研究变异 （6×SD）	%研究变异 （%SV）	%公差 （%P/T）
合计量具 R&R	3.93739	23.6243	84.01	94.50
重复性	1.24237	7.4542	26.51	29.82
再现性	3.73625	22.4175	79.71	89.67
操作员	2.53293	15.1976	54.04	60.79
操作员×部件	2.74660	16.4796	58.60	65.92
部件间	2.54269	15.2561	54.25	61.02
合计变异	4.68704	28.1222	100.00	112.49

可区分的类别数＝1

分析结果相当差：%P/T 为 94.5%，%GRR 为 84.01%，ndc 只有 1. 这里假设以上还是进行基本改进后的结果。

为了降低 $R\&R$ 变差，需要考虑方差分量（minitab 中的 varcomp），并根据以下规则来计算新的方差分量。

规则 1：如果使用一位操作员并测量 n 次，则

(1) 重复性方差分量将除以 n。

(2) 由于只有一名操作员，因此再现性方差分量则保持不变。

规则 2：如果使用 m 个操作员，每个操作员测量一次，则将执行 m 个测量

(1) 重复性方差分量将除以 m。

(2) 再现性方差分量将除以 m。

规则 3：如果使用 m 个操作员，每个操作员测量 n 次，则将执行 $n \times m$ 次测量，并且

(1) 重复性方差分量将除以 $n \times m$。

(2) 再现性方差分量将除以 m（有 m 个操作员）。

例如，对于两名操作员和两次试验，我们有 $m = 2$ 和 $n = 2$。在表 6.34 中使用规则 3。

1）重复性除以 $n \times m$（四分之一）$= 0.385875$。

2）再现性分量除以 m（二分之一）：

①操作员变差 $= 3.2079$。

②操作员×样件变差 $= 3.7719$。

3）由于 MS 分量减少了，总方差也降低到了 $= 13.830975$。

4）测量系统方差是各分量之和 $= 7.3657$。

5）测量系统标准差 $= 2.7140$。

6）$\%GRR =$ 测量变差/过程变差 $= 73\%$。

7）$\%P/T = 6 \times$ 测量标准差/公差 $= 65\%$。

显然，这还远远不够，实际上，从表 6.34 中可以明显看出，获得合理测量结果的唯一方法是选择仅使用一个操作员来执行所有试验，至少三次进行测量，从而将重复性值除以 3。这将得出 $\%GRR$ 为 27% 和 $\%P/T$ 为 17%，这在可接受的范围内。

这种方法当然会费时，但这是一种替代方法，也是一种**临时性**的措施，直至已对测量系统进行了彻底改进（如重新设计或购买一个新的量具）。

表 6.34　　　　　　　　**D-研究法——测量系统评估举例**

公差（T）	25						
来源	方差分量	任何人，一次	任何人，二次	二人，每人一次	二人，每人二次	一人，一次	一人，二次	一人，三次
量具 $R\&R$							
a. 重复性	1.5435	1.5435	0.77175	0.77175	0.385875	1.5435	0.77175	0.5145
再现性							
b. 操作员	6.4158	6.4158	6.4158	3.2079	3.2079			
c. 操作员×样件	7.5438	7.5438	7.5438	3.7719	3.7719			

续表

d. 样件	6.4653	6.4653	6.4653	6.4653	6.4653	6.4653	6.4653	6.4653
e. 总变差$=(a+b+c+d)$	21.9684	21.9684	21.1967	14.2169	13.8310	8.0088	7.2371	6.9798
f. 测量系统方差	$a+b+c$	15.5031	14.7314	7.7516	7.3657	1.5435	0.7718	0.5145
g. 测量系统标准差	$\sqrt{f}$	3.9374	3.8381	2.7842	2.7140	1.2424	0.8785	0.7173
%GRR	$\sqrt{f/e}$	84%	83%	74%	73%	44%	33%	27%
%P/T	$6*g/T$	94%	92%	67%	65%	30%	21%	17%

6.4 新量具验收的 CMC 法

"CMC 法"是一种主要适用于新量具验收的评估方法。"CMC 法"中的指标 CMC 综合反映量具重复性和准确度（偏倚），也是评估量具能力的一个指数。

由于采取比较测量方式，需要配备"置零"标准件，其示值应趋近名义值，且应由溯源到国家标准的精密仪器测得。另外，还需选出包含 p 个（一般取 $p=5$）样件的一个样本，并进行编号，样本应尽可能分布在整个公差范围内。

6.4.1 重复性评估

重复性评估要利用"置零"标准件进行，连续测量 $n \geqslant 10$（一般取 $n=25$）。根据实际情况，测量次数 n 也可以适当减少。重复性通过求取标准差 S_e 来表示

$$S_e = \sqrt{\frac{1}{n-1}\sum_{i=1}^{n}(y_{ei}-\overline{y}_e)} \qquad\qquad 式（6.4.1）$$

式中：y_{ei} 为对标准件的第 i 次测量值，$\overline{y}_e$ 为对标准件所有测量值的均值。

这里，S_e 主要表征了量具自身测量结果的分散性。

6.4.2 示值误差的计算

（1）用精密仪器对样本中的样件逐一进行测量，可对同一样件进行多次测量，以平均值作为"基准值"。

（2）用量具对样本中的每个样件分别测量 q 次（一般取 $q=5$）且记录每次的测量值；然后按照下述步骤求取示值误差 Δ。

1）求出经精密仪器测量的全部样件测量结果的平均值 $\overline{V}$。

2）求出第 i 号样件在被评定的量具上进行 q 次测量的平均值 $\overline{Y}_i$。

3）求出在被评定的量具上测量的所有样件的平均值 $\overline{Y}$。

4）求出第 i 号样件在被评定的量具进行的第 j 次测量与对应的基准值 V_i 的差值 d_{ij}。

5）求出每一样件 q 次测量的平均值与对应的基准值的差值 $\overline{d}_i$。

6）求出 p 个样件在被评定的量具上经 q 次测量的平均值 $\overline{Y}_i$ 与对应基准值 V_i 之差值的平均值 $\overline{d}$。

7）将 $\overline{d}$ 记为偏倚 B，量具的偏倚为 $B = |\overline{d}| = |\overline{Y} - \overline{V}|$。

8）根据 d_{ij} 和 B_i 计算标准差 S_r，它表征了量具在正常工作情况下测量结果的分散性。

$$S_r = \sqrt{\frac{\sum_{i=1}^{p}\sum_{j=1}^{q}(d_{ij} - B_i)^2}{pq - 1}} \qquad \text{式（6.4.2）}$$

9）最后，根据 B_i、S_r 和 S_e 确定被评定量具的示值误差 Δ，即

$$\Delta = B + 2\sqrt{S_r^2 + S_e^2} \qquad \text{式（6.4.3）}$$

以上示值误差的计算步骤可参见图 6.23。

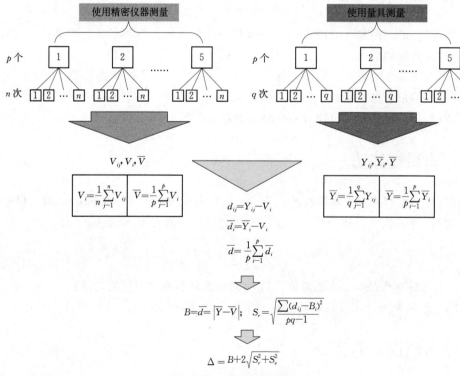

图 6.23　示值误差的计算

6.4.3 CMC 指数的计算和评定准则

CMC 指数的计算通常采用如下公式

$$CMC = \frac{T}{2\Delta} \qquad \text{式（6.4.4）}$$

满足下列参考准则时，可对其作出"通过"的结论，反之"不通过"。即：

（1）当量具的分辨力不超过公差的 5％时，CMC≥4。

（2）当量具的分辨力不超过公差的 10％时，CMC≥2。

类型Ⅰ研究法与 CMC 法相比，仅在数据采集和处理上有些差别，但用 CMC 法获得的结果更接近被评定的量具的实际情况，只是整个过程比类型Ⅰ研究法明显复杂一些。

第7章
计数型测量系统研究

计数型测量系统是一种测量值为有限分类数的测量系统，它与能获得一系列连续数据的计量型测量系统是截然不同的。从数据的测量尺度来说，计数型测量系统的输出属于定类尺度或者定序尺度数据。例如，常用的通/止规（go/no go gage）只产生两种可能的结果（可以用 0 或 1 表示）。根据火焰颜色的变化检测温度的仪器可能会有三个分类：高、中、低。对于这类系统使用前面章节所述方法是行不通的。

对于计数型测量系统，通常是依据量具性能曲线（gage performance curve，GPC）来研究其重复性和偏倚，这种研究方法称为解析法（long method）。

7.1 解析法研究流程图

使用解析法进行计数型测量系统研究的流程如图 7.1 所示。

7.2 两种分析方法

这种分析方法适用于具有单边限值或双边限值的测量系统，由于量具性能曲线的对称性（显示为镜像曲线），所以可以只用任何一侧的单边限值来进行检验，在讨论时我们采用下限值进行讨论。

7.2.1 设定规则

解析法常用两种试验方法，一种称为 AIAG 方法，另一种称为回归法。下面我们先以 AIAG 法进行讨论。在进行研究前设定两个规则：第一，在选择零件时应已知零件的参考值（X_T），而且应尽量在最小参考值到最大参考值之间等间隔地选取。规定零件数量为 8 个，测量次数为 $m=20$ 次，测量时要记录零件被接受的数量（记为 a）。第二，最小的零件必须是 0 接受数，即 $a=0$，最大的零件必须是全部接受，即 $a=20$，其他 6 个零件的接受数必须满足 $1 \leqslant a \leqslant 19$。如图 7.2 所示。

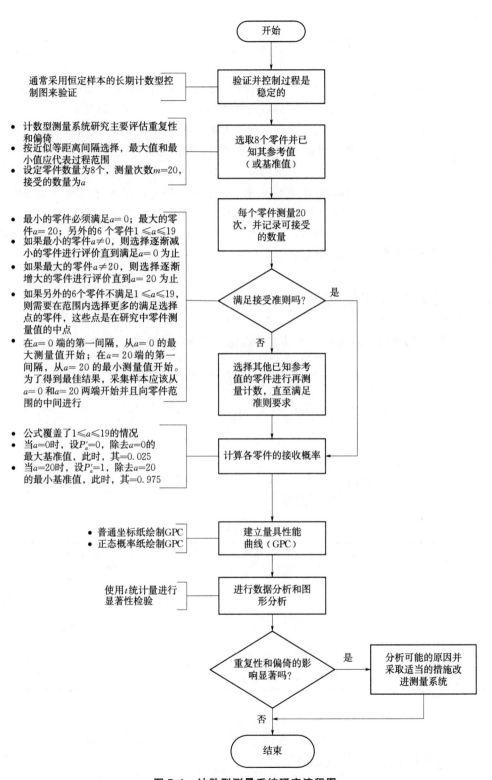

图 7.1　计数型测量系统研究流程图

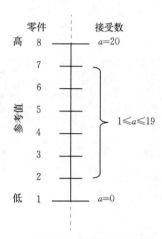

图 7.2　解析法研究规则

7.2.2　不满足规则时的调整

（1）在选定的最小参考值处的零件接受数不为 0，即 $a\neq0$。此时，向下选取更小参考值的零件，直至满足 $a=0$。

（2）在选定的最大参考值处的零件接受数不为全部，即 $a\neq20$。此时，向上选取更大参考值的零件，直至满足 $a=20$。

（3）其他的 6 个零件中存在着不满足 $1\leqslant a\leqslant19$ 的零件。对不满足此式的零件重新进行选择，可以选择原相邻参考值间的中间点作为新的参考值，直至满足该规则。

但是，请注意零件的选取应尽量在量具的全量程范围内等间隔分布。

7.2.3　计算零件接受概率

当以上设定的规则经过调整得到满足后，就可计算零件的接受概率 P_a'，有如下公式

$$P_a'=\begin{cases}\dfrac{a+0.5}{m}, & \dfrac{a}{m}<0.5,\ a\neq0 \\[2mm] \dfrac{a-0.5}{m}, & \dfrac{a}{m}>0.5,\ a\neq20 \\[2mm] 0.5, & \dfrac{a}{m}=0.5\end{cases}\qquad 式（7.2.1）$$

式中已覆盖了 $1\leqslant a\leqslant19$ 的情况。当 $a=0$ 时，设 $P_a'=0.025$；当 $a=20$ 时，设 $P_a'=0.975$。

通常会得到如表 7.1 所示的数据表。

表 7.1　　　　　　　　　　　**解析法数据表**

参考值（X_T）	接受数（a）	接受概率（P_a'）
X_{T_0}	0	0.025
…	…	…
X_{T_i}	a_i	P_{a_i}'
…	…	…
$X_{T_{20}}$	20	0.975

表中 i 代表中间的 6 个参考值。

7.2.4　量具性能曲线（GPC）

根据建立的量具性能曲线可以确定接受或拒绝对应某参考值的零件的概率。但是，在

建立 GPC 时要注意一个重要的假设，即假设测量系统变差主要由重复性、再现性和偏倚组成，且重复性和再现性服从正态分布 $N(0, \sigma^2)$，所以测量值 X 的分布满足

$$X \sim N(X_T + b, \sigma^2)$$

式中：b 为偏倚。

设 UL 为上规范限，LL 表示下规范限，则当测量值满足 $LL \leqslant X \leqslant UL$ 式时，该零件可接受。则具有参考值 X_T 的零件被接受的概率表示为如下关系式

$$P_a = \int_{LL}^{UL} N(X_T + b, \sigma^2) dx \qquad \text{式（7.2.2）}$$

将上式进行标准化后，得到

$$P_a = \Phi\left(\frac{UL - (X_T + b)}{\sigma}\right) - \Phi\left(\frac{LL - (X_T + b)}{\sigma}\right)$$

式中：

$$\Phi\left(\frac{UL - (X_T + b)}{\sigma}\right) = \int_{-\infty}^{UL} N(X_T + b, \sigma^2) dx$$

$$\Phi\left(\frac{LL - (X_T + b)}{\sigma}\right) = \int_{LL}^{\infty} N(X_T + b, \sigma^2) dx$$

在单边讨论情况下，如果使用的下限 LL，则

$$P_a = 1 - \Phi\left(\frac{LL - (X_T + b)}{\sigma}\right)$$

如果使用的是上限 UL，则

$$P_a = \Phi\left(\frac{UL - (X_T + b)}{\sigma}\right)$$

如果对所有 X_T 都计算了接受概率 P_a，然后在普通坐标绘制图形，就可能得到如图 7.3 所示形式的量具性能曲线。

在普通坐标上绘制 GPC 时，横坐标（X 轴）是零件的参考值（X_T），纵坐标（Y 轴）是零件的接受概率 P_a，并且将上规范限（UL）和下规范限（LL）标注在图上。

在单边情况下，使用下限 LL 时，通常显示的形式如图 7.4 所示。

使用上限 UL 时，显示的形式如图 7.5 所示。

对于计数型测量系统采用量具性能曲线

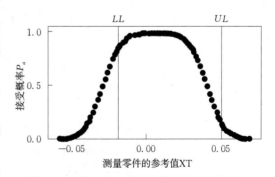

图 7.3　普通坐标上的量具性能曲线示意图

的概念计算零件的接受概率时用 P_a' 表示，并采用式（7.2.1）计算。将计算得到的所有 P_a' 值在正态概率坐标上绘制 GPC，由于我们采用单边限值进行讨论，所以在正态概率图纸上建立的图形如图 7.6 所示。

计算出的接受概率标绘在正态概率纸上后，要绘制最佳拟合直线，以便更精确地估计重复性和偏倚。

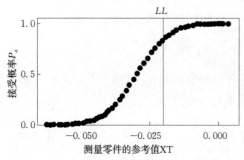

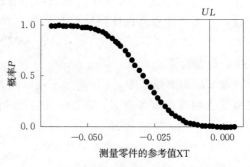

图 7.4　只有下规范限时的 GPC 曲线示意图　　图 7.5　只有上规范限时的 GPC 曲线示意图

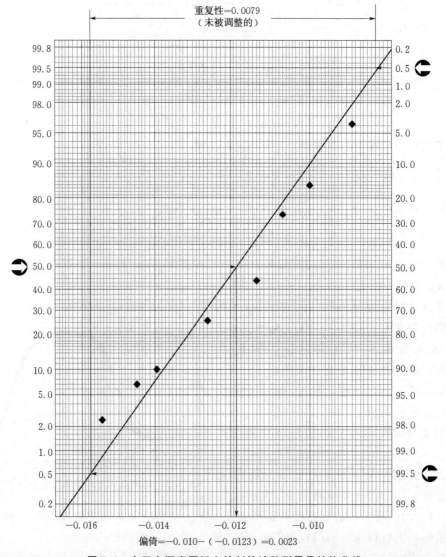

偏倚=−0.010−（−0.0123）=0.0023

图 7.6　在正态概率图纸上绘制的计数型量具性能曲线

7.2.5　正态概率图上的拟合直线

概率图上的拟合线代表了所选择的具有已知参数（或者是估计的，或者是历史的）的理论分布的 cdf，由于对 y 轴刻度（有时是 x 轴）进行了相应的转换，因此在概率图上的拟合线是一条直线。

但是，用来描述量具性能曲线的正态概率图上的拟合线与普通概率图所描述的计算方法不同，它是通过零件的参考值与其接受概率回归拟合得到的。由正态概率图的特性可知，零件的参考值（X_T）是与标准正态分布下对应零件的接受概率（P_a'）的逆累积分布函数的返回值 $[\Phi^{-1}(P_a')]$ 成线性关系的，即有如下线性回归模型

$$\Phi^{-1}(P_a') = a + bX_T \qquad 式（7.2.3）$$

式中：a 和 b 为回归系数，数学上通常 a 称为截距，b 称为斜率。

根据式（7.2.3）求出对应概率从 1% 到 99% 时的参考值，在正态概率图上标绘拟合直线，必要时标绘拟合线的预测区间。

7.2.6　重复性和偏倚的计算及偏倚的显著性检验

为了研究上的便利，我们选定的变差范围覆盖 99.5% 的分布范围，即调整前的 $GRR = k\sigma \approx 5.15\sigma$。在正态概率图上分别找到概率 $P_a = 0.995$ 对应的 X_T 值 [记为 $X_T(P_a=0.995)$] 和 $P_a = 0.005$ 对应的 X_T 值 [记为 $X_T(P_a=0.005)$]，而 GRR（调整前的）等于

$$GRR = X_T(P_a=0.995) - X_T(P_a=0.005) \qquad 式（7.2.4）$$

偏倚的估计是通过在正态概率图上找到对应概率 $P_a = 0.5$ 的 X_T 值 [记为 $X_T(P_a=0.5)$]，然后求其与下规范限的差值来计算的：

$$b = LL - X_T(P_a=0.5) \qquad 式（7.2.5）$$

如果选择了上规范限，则按照下式计算偏倚：

$$b = UL - X_T(P_a=0.5)$$

根据式（4.4.37）将 P_a 以 P_a' 代替，得到偏倚为

$$b = LL - X_T(P_a'=0.5) \qquad 式（7.2.6）$$

或者 $b = UL - X_T(P_a'=0.5)$（如果选择上规范限值）。

结合概率图上的拟合直线并根据得到的回归方程（7.2.3）也可以直接计算偏倚：

（1）使用下规范限时的偏倚为：$b = LL + a/b$。

（2）使用上规范限时的偏倚为：$b = UL + a/b$。

而从计数型量具性能曲线求重复性时，不但要依据式（7.2.4），还要考虑除以一个常数 1.08 来进行调整，所以该常数又称为调整因子（在规定对所有零件进行 20 次试验时通过模拟来确定的一个值）。故有重复性变差为：

$$R_e = \frac{X_T(P_a'=0.995) - X_T(P_a'=0.005)}{1.08} \qquad 式（7.2.7）$$

通常将上式中分子式称为调整前重复性。

对于偏倚的显著性检验可以通过构建 t 统计量来完成，对于 AIAG 方法，有

$$t = \frac{31.3 \times |b|}{R_e}$$ 式（7.2.8）

上两个公式中，值 31.3 和 1.08 是在 AIAG 方法设定规则下的模拟结果（有兴趣的读者可查阅 Minitab 软件有关帮助内容）。

所构建的这个 t 统计量服从自由度为 19 的 t 分布，所以可以根据计算的 t 值和自由度为 19 时计算 p 值。然后，在显著性水平 $\alpha = 0.05$ 上，将该 p 值与 α 比较，如果 p 值 $< \alpha$，表明检验是显著的。

使用回归法时首先应该注意两点：第一，如果要使用下限（LL），接受概率应保持随参考值的增加而增加的趋势；第二，如果要使用上限（UL），接受概率应保持随参考值的增加而减小的趋势。

因此，使用回归法时的统计量为

$$t = \frac{a + (b \times LL)}{s \sqrt{\dfrac{1}{p} + \dfrac{(LL - \overline{x}_T)^2}{\sum\limits_{i=1}^{p}(x_{Ti} - \overline{x}_T)^2}}}$$ 式（7.2.9）

式中：a 为正态概率图上拟合直线的截距，b 为斜率，LL 为下规范限，s 为采用直线拟合时计算的误差标准偏差，p 为满足规则的零件数量，X_{Ti} 为每个零件的参考值，$\overline{X}_T$ 为零件参考值的平均值。当符合使用上限的条件时，计算 t 统计量的公式中的 LL 用 UL 代替。

所构建的这个 t 统计量服从自由度为 $p-2$ 的 t 分布，所以可以根据计算的 t 值和自由度 $p-2$ 时计算 p 值。然后，在显著性水平 $\alpha = 0.05$ 上，将该 p 值与 α 比较，如果 p 值 $< \alpha$，表明检验是显著的。

既然可以使用回归法，那么就可以计算决策系数（或决定系数）R^2，依据 2.2.5 节有

$$R^2 = 1 - \frac{SS_{error}}{SS_{total}} \text{ 或 } R^2 = \frac{SS_{regression}}{SS_{total}}$$ 式（7.2.10）

值得说明的是，只有完全满足研究所设定的规则，才能应用 AIAG 方法，即只能有一个具有 $a=0$ 接受数的零件和只能有一个具有 $a=20$ 接受数的零件，在这两个零件之间只能恰好有 6 个零件，且满足 $1 \leqslant a \leqslant 19$。如果还有其余接受数为 20 的零件参考值，则这些数据将不参与计算（见表 7.1）。对于回归法来说，除了也要只有一个具有 0 接受数的零件和只有一个具有 m 接受数的零件外，与 AIAG 方法的不同之处在于测量次数可以减少到 15，而且满足 $1 \leqslant a \leqslant (m-1)$ 的零件可以多于 6 个。

7.3 案例分析

例 7.1 某汽车制造商要测量某自动化的计数型测量系统的偏倚和重复性，该系统有下公差限为 $LL = -0.020$。现选择 10 个零件，这些零件对应的参考值以间隔 -0.05 到 -0.005，间隔为 0.005，每个零件测量 20 次。为了对测量数据给予说明，故提供数据见表 7.2（数据表为 autogage.xls）。

表 7.2 案例一的数据表

零件编号	参考值	接受数 (a)
1	−0.050	0
2	−0.045	1
3	−0.040	2
4	−0.035	5
5	−0.030	8
6	−0.025	12
7	−0.020	17
8	−0.015	20
9	−0.010	20
10	−0.005	20

我们首先判断一下数据是否符合设定的规则，从数据表可以看出，零件 1 对应最小的参考值，且接受数为 0，零件 8、9 和 10 对应参考值的接受数均为 20，根据规则选定零件 8 为对应最大参考值的零件，零件 9 和 10 的数据将不参与计算。零件 2 至零件 7 共 6 个零件满足式 $1 \leqslant a \leqslant 19$。所以以上数据符合设定的规则。

首先依据式（7.2.1）计算各零件的接受概率（见表 7.2），然后求回归方程，步骤如下：

（1）计算 $\Phi^{-1}(P_a')$，得到表 7.3 结果。

表 7.3 例 7.1 的计算 $\Phi^{-1}(P_a')$ 的结果表

参考值（X_T）	接受概率（P_a'）	$\Phi^{-1}(P_a')$
−0.050	0.025	−1.9599640
−0.045	0.075	−1.4395315
−0.040	0.125	−1.1503494
−0.035	0.275	−0.5977601
−0.030	0.425	−0.1891184
−0.025	0.575	0.1891184
−0.020	0.825	0.9345893
−0.015	0.975	1.9599640

（2）求回归系数和回归方程。

以参考值（X_T）为自变量，以 $\Phi^{-1}(P_a')$ 为因变量（不妨设为 y），进行直线拟合，得到拟合方程为

$$y = 3.10279 + 104.136 X_T$$

同时得到决策系数 $R^2 = 0.969376$。

（3）计算偏倚和重复性。

由式（7.2.6）可知，要计算偏倚，必须先计算得到 $X_T(P'_a=0.5)$ 的值。当 $P'_a=0.5$ 时，$\Phi^{-1}(P'_a)=\Phi^{-1}(0.5)=0$，即将 $y=0$ 代入上述拟合方程，得 $X_T(P'_a=0.5)=-0.0297955$，所以偏倚

$$b=LL-X_T(P'_a=0.5)=-0.020-(-0.0297955)=0.0097955$$

同理，得到

$$X_T(P'_a=0.995)=-0.0050603,\quad X_T(P'_a=0.005)=-0.0545308$$

所以，调整前的重复性为

$$X_T(P'_a=0.995)-X_T(P'_a=0.005)=0.0494705$$

调整后的重复性为

$$R_e=\frac{X_T(P'_a=0.995)-X_T(P'_a=0.005)}{1.08}=0.0458060$$

（4）偏倚的显著性检验。

首先，采用 AIAG 方法，假设检验 H_0：偏倚 $=0$，H_1：偏倚 $\neq0$，于是得到结果，见表 7.4。

表 7.4　　　　　　　　　　　　　　　　AIAG 法分析结果

统计量（T）	自由度（DF）	p 值（$p-$Value）
6.70123	19	0.0000021

其次，采用回归方法，假设检验 H_0：偏倚 $=0$，H_1：偏倚 $\neq0$，于是得到结果，见表 7.5。

表 7.5　　　　　　　　　　　　　　　　回归法分析结果

统计量（T）	自由度（DF）	p 值（$p-$Value）
7.96165	6	0.0002090

从两种方法检验结果的 p 值可见，在大多数显著性水平上偏倚显著。

（5）量具性能曲线。

根据计算结果分别在正态概率图上和普通坐标上绘制量具性能曲线 GPC，如图 7.7 所示。

根据得到的拟合方程还求出对应概率 1%～99% 时的参考值见表 7.6。

表 7.6　　　　　　　　　　　　对应概率 1%～99% 时的参考值

概率	参考值	概率	参考值	概率	参考值
1	-0.0521350	10	-0.0421021	91	-0.0169205
2	-0.0495173	20	-0.0378775	92	-0.0163029
3	-0.0478565	30	-0.0348313	93	-0.0156238
4	-0.0466071	40	-0.0322284	94	-0.0148653

续表

概率	参考值	概率	参考值	概率	参考值
5	−0.0455908	50	−0.0297955	95	−0.0140003
6	−0.0447258	60	−0.0273627	96	−0.0129840
7	−0.0439673	70	−0.0247598	97	−0.0117346
8	−0.0432882	80	−0.0217136	98	−0.0100738
9	−0.0426706	90	−0.0174890	99	−0.0074560

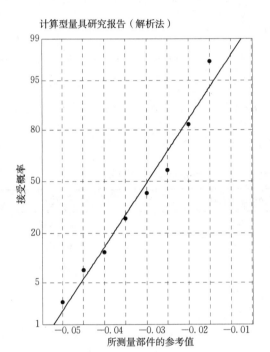

计算型量具研究报告（解析法）

偏倚:　　　　　　　0.0097955
预调整的重复性:0.0494705
重复性:　　　　　　0.0458060

拟合线:3.10279+104.136×参考值
拟合线的R平方:0.969376

AIAG检验：偏倚=0与≠0
　T　　自由度　　P值
6.70123　　19　　0.0000021

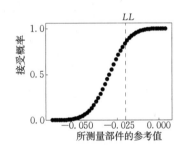

图 7.7　例 7.1 的计数型量具性能曲线

如果再给定大于下规范限的其他限值 $H_i =$ 0.050，则在普通坐标上的 GPC 曲线如图 7.8 所示。

例 7.2　用一个计数型的量具测量公差为±0.004 的尺寸，是一个生产线末端 100% 自动检查的量具，它已受到重复性和偏倚的影响。为了完成该计数型量具的研究，使用该量具测量了 10 个零件，每个零件各测量 15 次，10 个零件的参考值为 −0.016～−0.002，数据（attriagae.xls）见表 7.7。

图 7.8　给定其他限值 H_i 时的 GPC 曲线

表 7.7　　　　　　　　　　　　　　　　　　例 7.2 的数据表

零件编号	参考值	接受数（a）
1	−0.016	0
2	−0.015	1

零件编号	参考值	接受数（a）
3	−0.014	3
4	−0.013	5
5	−0.012	8
6	−0.010	9
7	−0.008	11
8	−0.006	12
9	−0.004	14
10	−0.002	15

从数据来看符合回归法的规则。

首先依据式（7.1.1）计算各零件的接受概率（见表7.7），然后求回归方程，步骤如下。

1）计算 $\Phi^{-1}(P_a')$，得到表7.8的结果。

表 7.8　　　　　　　　　　　例 7.2 的计算 $\Phi^{-1}(P_a')$ 的结果表

参考值（X_T）	接受概率（P_a'）	$\Phi^{-1}(P_a')$
−0.016	0.025	−1.9599640
−0.015	0.100	−1.2815516
−0.014	0.233	−0.7279144
−0.013	0.367	−0.3406947
−0.012	0.500	0
−0.010	0.567	0.1678941
−0.008	0.700	0.5244005
−0.006	0.767	0.7279134
−0.004	0.900	1.2815516
−0.002	0.975	1.959964

2）求回归系数和回归方程。

以参考值（X_T）为自变量，以 $\Phi^{-1}(P_a')$ 为因变量（不妨设为 y），得到拟合方程为

$$y = 2.38901 + 235.385X_T$$

同时得到决策系数 $R^2 = 0.935739$。

3）计算偏倚和重复性。

由式（7.2.5）可知，计算偏倚

$$b = LL - X_T(P_a' = 0.5) = -0.004 - (-0.010149) = 0.0061494$$

同理，得到调整前的重复性为

$$X_T(P_a' = 0.995) - X_T(P_a' = 0.005) = 0.0218861$$

调整后的重复性为

$$R_e = \frac{X_T(P'_a = 0.995) - X_T(P'_a = 0.005)}{1.08} = 0.0202649$$

4）偏倚的显著性检验。

只能采用回归方法，假设检验 H_0：偏倚＝0，H_1：偏倚≠0，于是得到如表 7.9 所示结果。

表 7.9   回归法分析结果

统计量（T）	自由度（DF）	p 值（p-Value）
7.79106	8	0.0000220

从检验结果的 p 值可见，在大多数显著性水平上偏倚显著。

5）量具性能曲线。

根据计算结果分别在正态概率图上和普通坐标上绘制量具性能曲线 GPC，如图 7.9 所示。

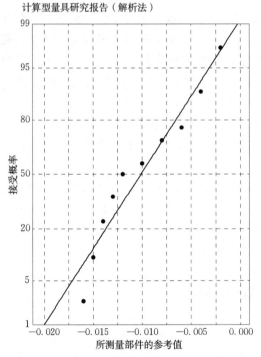

计算型量具研究报告（解析法）

偏倚：   0.0061494
预调整的重复性：0.0218861
重复性：   0.0202649

拟合线:2.38901＋235.385×参考值
拟合线的R平方: 0.935739

偏倚检验＝0与≠0
T 自由度 P值
8.79106   8   0.0000220

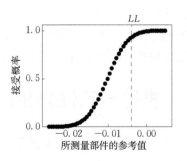

图 7.9   例 7.2 的计数型量具性能曲线

根据得到的拟合方程也可求出对应概率 1％～99％时的参考值，在此从略。

第8章
属性一致性研究

工业上许多测量过程都依赖于量具、称重仪器或其他对产品特性进行直接物理测量的设备。但是，在许多情况下，质量特征很难定义和评估。在无法进行物理测量的情况下，人们会进行主观分类或评级。例如，纺织品的缺陷类型、外观的好或坏，酒的某种特性的存在或不存在，汽车的档位分为1～5档等等。

分类可以是名义的（nominal）、有序的（ordinal）或二元的（binary）。名义数据是具有两个或更多个水平且没有自然顺序的分类变量。例如，食品品尝研究中的水平可能包括松软的、糊状的和脆皮的。有序数据是具有三个或三个以上具有自然顺序水平的分类变量，例如非常不同意、不同意、中立、同意和非常同意。但是，类别之间的距离是未知的。二元数据是只有两个水平的分类变量。例如，评价人将对象分类为"好/坏"或"通过/不通过"。应该注意的是，二元数据实际上只是名义数据的一种特殊情况，只有两个水平。二元数据在工业中得到了广泛使用，当被测单元的准确值的标准值存在时，误分类率也可以用于评估测量系统的性能。

这种类型的数据（统称为计数型数据或属性数据）不同于计量型数据，所以对计数型数据的分析不能采用适用于计量型数据的分析方法。如果这类数据来自于某计数型测量系统，则也同样不能采用计量型测量系统的研究方法来进行研究。在实践中，常采用的一种方法称为属性一致性分析（Attribute Agreement Analysis，AAA）。

8.1　属性一致性分析的一般描述

属性一致性分析通常按下列步骤执行：

（1）明确总体目标。

（2）描述测量过程。

（3）设计抽样方案。

（4）分析结果。

（5）提出结论和建议。

属性一致性分析常用于六个西格玛项目和质量改进项目中。其主要目的是基于属性数据评估测量系统的能力，并判断是否可以接受。该方法可以确定评价人内、评价人之间以及评价人与给定的公认"标准"之间的良好一致性。进行属性一致性分析至少有如下方面的原因：

（1）在不同的试验中，同一名评价人评估的零件或单元缺乏一致性。

（2）由不同评价人评估的零件或单元缺乏一致性。

（3）由一个或多个评价人确定的零件或单元的测量结果与该零件或单元的已知标准存在差异。

（4）质量管理标准的要求，例如，IATF 16949。

8.2 属性一致性研究准备

属性一致性分析的重点是关注由属性数据组成的被测特性的测量过程。在进行研究之前，应明确描述测量过程，包括评价人、程序、被测质量特性、测量条件和属性数据类型（即名义、有序或二元数据）等。

下面提供了准备进行分析的基础指南，描述了每个步骤的一些基本要求和问题，为后续的详细分析提供基础。

（1）选择其特性涵盖了过程变异范围的样件，确保至少一半的样件是有缺陷的。

该分析是对检查员发现不良情况的能力以及检查员之间一致性的研究。如果所有样件的好坏都明显，则该分析不能代表实际情况，并且结果将不正确。

（2）试验开始前确定特性的属性或标准。

操作员根据特性的"已知"条件确定，可能是采用更有效的视觉系统（例如更高功率的显微镜）来进行此确定。另一种方法是使用经验最丰富的检查员或一组检查员来确定特性的真实条件。

（3）确保使用正确的检查设备。

如果使用了检查辅助工具，例如显微镜或放大镜，请确保它们处于正确的放大倍数下。每个检查员应在相同条件下进行评估。

（4）收集至少 30 样件以进行分析。

属性分析（其结果是分类数据或有序数据）没有数字范围的结果来区分测量数据。因此，分析技术没有那么强大，并且需要大量数据。

（5）提前建立一个数据收集表。

分析会额外花费时间和资源。不要等到测试开始才能决定如何收集数据。这应该是决定哪些操作员以及要执行多少次试验的必然产物。如果没有数据收集表，则很可能没有完成必要的准备工作。

（6）确定检查员进行测量。

这些检查员应是有资格执行检查，熟悉样件和程序，并且最好是例行执行此检查的人员。

（7）分析人员应允许数据收集过程并记录任何观测结果。

统计原则一般要求随机抽样和样件检查顺序的随机化。如果没有对检测过程进行观察，可能会遗漏数据中的有价值信息。

设定一名研究管理者或监督者。这个角色负责记录评价人的测量数据并与样件编号对应起来（数据不能由评价人自己记录）。当数据采集完成后，负责对数据进行分析并对结果进行评估。

8.3 属性一致性研究分析方法

8.3.1 Kappa 和 Kendall 统计量

属性一致性研究就是对属性数据进行相关性和一致性的研究，这就要用到 2.4.3 节相关性检验和 2.4.4 节一致性检验的有关内容，涉及的相关参数（K 类统计量）有 Kendall 相关系数、Kendall 协和系数和 Kappa 系数。

Kappa 统计量（系数）描述的是评价人的评估等级之间绝对一致性的度量，当数据是名义上的（定类）并具有两个或以上无自然顺序的分类水平时可使用 Kappa 统计量。如果数据是有序的（定序），可使用 Kappa 和 Kendall 统计量来解释。Kendall 统计量是评价人的评估等级之间关联的度量，只有当数据是有序的且具有三个或三个以上有自然顺序的可能分类水平时才能使用 Kendall 统计量，例如非常不同意、不同意、中立、同意和非常同意，这是 5 个水平，可表示为 -2，-1，0，1，2。

如果被测对象或属性的基准未知且数据有序，则可计算 Kendall 协和系数，其取值从 0 到 1，该系数值越高，关联程度越强。如果被测对象或属性的基准已知且数据有序，则可计算 Kendall 相关系数，其取值从 -1 到 1，正值表明正相关，负值表明负相关，绝对量值越大，相关性越强。

属性研究是一种应用非常广泛的方法，在本节主要涉及针对与测量系统有关的属性研究。例如，多个评价人对多个零件进行多分类等级的评价时，可以得到见表 8.1 的评估。

表 8.1 评估内容及参数表

	未知基准		已知基准	
	评估内容	表征参数	评估内容	表征参数
一致性	评价人内 评价人之间	Kappa	每个评价人对基准 所有评价人对基准	Kappa
相关性	评价人内 评价人之间	Kendall 协和系数	每个评价人对基准 所有评价人对基准	Kendall 相关系数

使用 Kappa 和 Kendall 统计量可以回答如下问题：

（1）评价人内（within appraiser）为每个评价人的多次试验中对零件的判断是一致的吗？

（2）每个评价人对基准（each appraiser vs standard）为每个评价人的多次试验中对零件的判断是准确的吗？

（3）评价人之间（between appraisers）为评价人的测量彼此间是一致的吗？

（4）所有评价人对基准（all appraisers vs standard）为所有零件中有多少零件被所有的评价人在多次试验中测量准确？

下面的研究基于如下情形，有 m 个评价人，n 个样本，k 个分类等级，并假设每个评价人对每个样本只做出单一的等级评价。

8.3.2　K 类统计量的可接受性准则

（1）对于名义上的分类数据，通常使用 Kappa 系数，其取值范围是从 -1 到 1，一般可接受的准则为：

1）Kappa<0，认为该属性测量系统毫无能力，不可以接受。

2）$0 \leqslant$Kappa<0.7，认为该属性测量系统能力不足，需要改进。

3）$0.7<$Kappa$\leqslant 0.9$，认为该属性测量系统有条件接受（应用和风险评估）。

4）$0.9<$Kappa，认为该属性测量系统是有能力的，可接受。

（2）对于有序数据，通常使用 Kendall 协和系数（KCC），其取值范围是从 0 到 1，一般可接受的准则为：

1）$0<$KCC<0.7，说明有较低的相关程度，测量系统需要关注。

2）$0.7<$KCC，测量系统是可接受的。

8.3.3　一致性检验

8.3.3.1　一致性百分比（%P）

无论数据类型是什么，都可以使用评估一致性的百分比来评估属性测量系统的一致性。一致性百分比量化了一个评价人或不同评价人对多个评级的一致性。

一致性数表是对评估数据的汇总统计，它包含检验数、匹配数、一致性百分比以及95%置信区间。一致性百分比是匹配数占检验数的百分比。

评估一致性的百分比 P% 实际上是总体比例的点估计，由下面给出

$$\%P = \frac{n_{匹配}}{n} \times 100\%　　　　　　式（8.3.1）$$

式中：$n_{匹配}$ 为多个评级之间匹配的数量；n 为检验数。

当每个评价人的试验次数大于1时，可计算评价人内和评价人之间的一致性数表，当被测对象或属性基准已知时，可以计算每个评价人对基准以及所有评价人对基准的一致性数表。

一致性百分比的95%的置信区间是精确的置信区间，计算方法请详见附录5中精确置信区间的计算公式。下面举例说明。

例 8.1　某葡萄酒厂选择了5名检验员来操作颜色鉴别仪分辨葡萄酒的颜色，现要对5名检验员评估能力的一致性进行评价。随机地选择了15瓶酒，并在5个水平（-2，-1，0，1，2）上进行评估，已知这些酒的基准颜色（数据表为 colors. xls）。

解 数据显示有 5 个评价人（采用通用的称谓）、15 个样本、5 个分类水平，代表符号显示在表 8.2 中。所以，可以计算每个评价人与基准之间、评价人之间、所有评价人与基准之间的一致性数表，但由于每个评价人对每个样本的试验只有一次，故而不能计算评价人内的一致性数表。

表 8.2 评价人及分类水平符号表

代表序号	评价人（a）	分类水平（j）
1	A	-2
2	B	-1
3	C	0
4	D	1
5	E	2

首先计算每个评价人与基准之间的一致性数表的参数，每个评价人均检验了 15 个样本，所以检验数为 15。在所有的 5 个分类水平上，评价人 A 与基准对所有 15 个样本的等级评价完全相同的有样本 3、4、6、8、11、13、14 和 15 共 8 个，所以匹配数是 8。计算一致性百分比等于 $8 \div 15 \times 100\% = 53.33\%$。在 95% 的置信水平上，可依照附录 5 中的公式计算一致性百分比的精确的置信区间：

可知，要计算置信区间的下限必须首先得到第一自由度 v_1，第二自由度 v_2 以及 $F_{\alpha/2}(\nu_1, \nu_2)$ 的值。所以有，第一自由度 $v_1 = 2 \times 8 = 16$，第二自由度 $v_2 = 2 \times (15-8+1) = 16$，$F_{\alpha/2}(\nu_1, \nu_2)$ 的值可查阅 F 分布表，或者通过计算该两个自由度下 F 分布的逆累积密度函数在 $p = \alpha/2 = 0.025$ 时的返回值，即 $F_{\alpha/2}(\nu_1, \nu_2) = 0.36214$。故

$$\hat{p} = \frac{\nu_1 F_{\alpha/2}(\nu_1, \nu_2)}{\nu_2 + \nu_1 F_{\alpha/2}(\nu_1, \nu_2)} = \frac{16 \times 0.36214}{16 + 16 \times 0.36214} = 0.2659$$

同理，得到计算置信区间上限时的第一自由度 $u_1 = 2 \times (8+1) = 18$，第二自由度 $u_2 = 2 \times (15-8) = 14$，$F_{1-\alpha/2}(u_1, u_2) = 2.87948$。所以，

$$\overline{\hat{p}} = \frac{u_1 F_{1-\alpha/2}(u_1, u_2)}{u_2 + u_1 F_{1-\alpha/2}(u_1, u_2)} = \frac{18 \times 2.87948}{14 + 18 \times 2.87948} = 0.7873$$

同样计算得到其他评价人的一致性参数，见表 8.3。

表 8.3 每个评价人与基准之间的一致性数表

评价人	检验数	匹配数	一致性百分比/%	置信区间（95% CI）
A	15	8	53.33	(26.59, 78.73)
B	15	13	86.67	(59.54, 98.34)
C	15	15	100.00	(81.90, 100.00)
D	15	15	100.00	(81.90, 100.00)
E	15	14	93.33	(68.05, 99.83)

按照同样的方法计算评价人之间和所有评价人与基准之间的一致性参数，得到表 8.4。

表 8.4　　　　　　　　　　　　所有评价人与基准之间的一致性

检验数	匹配数	一致性百分比	置信区间（95% CI）
15	6	40.00	(16.34，67.71)

8.3.3.2　Kappa 统计量

对于名义数据，Kappa（κ）统计量最合适。定义为去除偶然的一致性后评价人之间达成一致的比例为

$$\kappa=\frac{P_{obs}-P_{exp}}{1-P_{exp}}$$
　　　　式（8.3.2）

式中：P_{obs} 为观测到的一致的比例；P_{exp} 为由于偶然的一致而产生的预期比例。

Kappa 值的范围是 -1 至 1。一般来说，Kappa 值越高，一致性越强。如果 Kappa 的值为 1，则评分显示完全一致（一致性）。如果 Kappa=0，则评级的一致性与偶然期望的相同。通常，Kappa 值高于 0.9 被认为是很好的。

两种最受欢迎的 Kappa 统计量是基于双向列联表的 Cohen Kappa 和基于匹配对的 Fleiss Kappa。在计算偶然的一致性的概率时，两者在选择评价人的方式上会有所不同。Cohen Kappa 假设评价人是经过特别选择并确定的，而 Fleiss Kappa 则假设评价人是从一组可用的评价人中随机选择的。这导致了两种不同的估计概率的方法。因此，可以使用 Fleiss 方法或 Cohen 方法来计算 Kappa 及其标准误差（SE）σ_κ。

Kappa 的检验统计量是

$$Z=\frac{\kappa}{\sigma_\kappa}$$
　　　　式（8.3.3）

原假设 H_0：$\kappa=0$，备择假设 H_1：$\kappa>0$。

这是一个单边检验。在原假设下，Z 服从标准正态分布。如果 p-值小于预先指定的 α 值（通常取值为 0.05），则拒绝原假设。由于二元数据是仅具有两个水平的名义数据的特例，因此 Kappa 统计量也可以用于处理二元值的测量系统。

对于评价人内的一致性，如果每个评价人实施了 b 次试验，则是对 b 次试验间的一致性进行检验。对于评价人之间的一致性，如果 m 个评价人都实施了 b 次试验，则是评估 $m\times b$ 次试验之间的一致性。对于每个评价人与基准之间的一致性，首先计算一个评价人内的每次试验和基准之间的 Kappa 统计量，然后计算 b 次试验的 Kappa 统计量的平均值，最后得到每个评价人的 Kappa 统计量。同样，对于所有评价人与基准之间的一致性，先计算每次试验与基准之间的 Kappa 统计量，然后计算 b 次试验和 m 个评价人的 Kappa 统计量的平均值，最后得到所有评价人的 Kappa 统计量。

为了便于理解和表示，规定下列符号的含义是非常重要的：

$k_{C_{aj}}$ 为第 a（$a=1,\cdots,m$）个评价人在分类等级（或水平）j（$j=1,\cdots,k$）上的 Cohen's Kappa 系数；

k_{C_a} 为第 a 个评价人总体的 Cohen's Kappa 系数；

k_{C_j} 为在分类水平 j 上所有评价人与基准之间的 Cohen's Kappa 系数；

k_C 为所有评价人与基准之间的总体 Cohen's Kappa 系数；

$k_{F_{aj}}$ 为第 a 个评价人在分类等级（或水平）j 上的 Fleiss's Kappa 系数；

k_{F_a} 为第 a 个评价人总体的 Fleiss's Kappa 系数；

k_{F_j} 为在分类水平 j 上所有评价人与基准之间（或评价人之间）的 Fleiss's Kappa 系数；

k_F 为所有评价人与基准之间（或评价人之间）的总体 Fleiss's Kappa 系数。

（1）科恩（Cohen's）Kappa

当只有一个评价人进行两次试验（试验 A 和试验 B）时，可计算评估人内的 Cohen's Kappa 系数；恰好有两个评价人（评价人 A 和评价人 B），每个评价人只进行一次试验时，可计算评价人之间的 Cohen's Kappa 系数。如果被评估对象的属性或基准已知，则可以计算每个评价人与基准之间以及所有评价人与基准之间的 Cohen's Kappa 系数。

下面我们举例来具体说明该系数的计算方法。

例 8.2 以例 8.1 的数据计算评价人 A 与基准之间的一致性 Cohen's Kappa 系数及其显著性检验。

解 从数据表中可以得到评价人 A 与基准在所有的分类水平上的 5×5 二维列联表，见表 8.5。

表 8.5   例 8.2 的 5×5 二维列联表（基准已知）

A	基准					总计
	−2	−1	0	1	2	0
−2	2	2	0	0	0	4
−1	0	1	2	0	0	3
0	0	0	2	1	0	3
1	0	0	0	2	2	4
2	0	0	0	0	1	1
总计	2	3	4	3	3	15

将表 8.5 转换为频率列联表，见表 8.6。

表 8.6   例 8.2 的 5×5 二维频率列联表（基准已知）

A	基准					总计
	−2	−1	0	1	2	
−2	2/15	2/15	0	0	0	4/15
−1	0	1/15	2/15	0	0	3/15
0	0	0	2/15	1/15	0	3/15
1	0	0	0	2/15	2/15	4/15
2	0	0	0	0	1/15	1/15
总计	2/15	3/15	4/15	3/15	3/15	1

依据式 2.4.17，计算得到

$$P_0 = \sum_{i=1}^{5} p_{ii} = \frac{2}{15} + \frac{1}{15} + \frac{2}{15} + \frac{2}{15} + \frac{1}{15} = \frac{8}{15}$$

$$P_e = \sum_{i=1}^{5} p_{i+} \cdot p_{+i} = \left(\frac{4}{15} \times \frac{2}{15}\right) + \left(\frac{3}{15} \times \frac{3}{15}\right) + \left(\frac{3}{15} \times \frac{4}{15}\right) + \left(\frac{4}{15} \times \frac{3}{15}\right) + \left(\frac{1}{15} \times \frac{3}{15}\right) = \frac{44}{225}$$

所以，得到评价人 A 与基准之间总体的 Cohen's Kappa 系数，记为 k_{C_1}（下标中的"1"表示第 1 个评价人），有

$$k_{C_1} = \frac{P_0 - P_e}{1 - P_e} = \frac{8 \div 15 - 44 \div 225}{1 - 44 \div 225} = \frac{76}{181} \approx 0.41989$$

还可以依据式（2.6.18），估计 Kappa 系数的渐近方差

$$Var(k_{C_1}) = \frac{P_e + P_e^2 - \sum_{i=1}^{k} p_{i+} p_{+i}(p_{i+} + p_{+i})}{n(1 - P_e)^2} = 0.015478$$

所以得到 z 统计量为

$$\frac{k_{C_1}}{\sqrt{Var(k_{C_1})}} = \frac{0.41989}{\sqrt{0.015478}} = 3.37506$$

根据标准正态分布的 z 值可以计算 p 值为 0.00037，可见在显著性水平 $\alpha = 0.05$ 上，可拒绝原假设（评估是独立的，Kappa＝0）。

下面，还可以计算评价人 A 与基准在任一水平（如水平"2"）上的一致性系数。在表 8.6 上对应水平"2"的行列的交叉粗黑线将数据划分为 4 块，这 4 块的值取和构成此水平上的 2×2 二维列联表，见表 8.7。

表 8.7　　　　　　在水平"2"上的 2×2 二维列联表（基准已知）

A	基准		
	2	其他	总计
2	1/15	0	1/15
其他	2/15	12/15	14/15
总计	3/15	12/15	1

按照上述的计算方式，得到在水平"2"上的一致性系数，记为 $k_{C_{15}}$（下标中的"5"表示水平"2"是第 5 个水平）

$$P_0 = \frac{13}{15}, \quad P_e = \frac{171}{225}$$

$$k_{C_{15}} = \frac{P_0 - P_e}{1 - P_e} = \frac{4}{9} \approx 0.4444$$

同样，也可以依据公式 2.6.18，估计水平"2"的 Kappa 系数的渐近方差和检验 z 值为 $Var(k_{C_{15}}) = 0.046091$，$z = 2.07020$，计算的 p 值为 0.0192。

同理计算评价人 A 与基准在其她水平上的一致性系数，现汇总列表见表 8.8。

表 8.8   评价人 A 与基准在分类水平上的一致性 Cohen's Kappa 系数

评价人	分类水平	kc_{1j}	$Var\ (kc_{1j})$	z	p 值
A	−2	0.594595	0.055710	2.51916	0.0059
	−1	0.166667	0.066667	0.64550	0.2593
	0	0.444444	0.064380	1.75162	0.0399
	1	0.444444	0.064380	1.75162	0.0399
	2	0.444444	0.046091	2.07020	0.0192
	总计	0.419890	0.015478	3.37506	0.0004

以上我们分析了单个评价人（评价人 A）与基准之间在每个分类水平和总体的一致性，并计算了 Kappa 系数 kc_{15} 和 kc_1。对于评价人之间的一致性的计算与单个评价人与基准之间的一致性的计算方法相同，但只能计算限于两两评价人之间，此不赘述。对于所有评价人与基准之间的一致性的计算可按照如下方法进行计算：

1）首先计算每个评价人与基准之间在分类水平上的一致性 Cohen's Kappa 系数。

2）计算分类水平 j 上所有评价人与基准之间的 Cohen's Kappa 系数 kc_j 及其渐近方差 $Var\ (kc_j)$，它是每个评价人与基准之间在分类水平 j 上的一致性 Cohen's Kappa 系数之和除以评价人数，即

$$kc_j = \frac{\sum_{a=1}^{m} kc_{aj}}{m}$$ 式（8.3.4）

式中：$m =$ 评价人数。

而其渐近方差是单个评价人与基准之间 Cohen's Kappa 系数的渐近方差的平均值除以评价人数，即

$$Var(kc_j) = \frac{\sum_{a=1}^{m} Var(kc_{aj})}{m^2}$$ 式（8.3.5）

3）计算所有评价人与基准之间的总体 Cohen's Kappa 系数，它是每个评价人与基准之间总体 Cohen's Kappa 系数 kc_a 之和除以评价人数，即

$$kc = \frac{\sum_{a=1}^{m} kc_a}{m}$$ 式（8.3.6）

而其渐近方差是每个评价人与基准之间的总体 Cohen's Kappa 系数的渐近方差 $Var\ (kc_a)$ 之和除以评价人数，即

$$Var(kc) = \frac{\sum_{a=1}^{m} Var(kc_a)}{m^2}$$ 式（8.3.7）

例 8.3 以例 8.1 数据（Colors. xls）计算所有评价人与基准之间的 Cohen's Kappa 系数及其渐近方差。

解 首先计算类似表 8.8 的其他评价人与基准之间在分类水平 j 上的一致性 Cohen's Kappa 系数，见表 8.9。

表 8.9   各评价人与基准之间在不同分类水平上的 Cohen's Kappa 系数

评价人	分类水平	$k_{C_{aj}}$	$Var(k_{C_{aj}})$	z	p 值
B	-2	0.63415	0.057744	2.63899	0.0042
	-1	0.81481	0.064380	3.21131	0.0007
	0	1.00000	0.066667	3.87298	0.0001
	1	0.76190	0.062888	3.03822	0.0012
	2	0.81481	0.064380	3.21131	0.0007
	总计	0.83051	0.017288	6.31652	0
C	-2	1.00000	0.066667	3.87298	0.0001
	-1	1.00000	0.066667	3.87298	0.0001
	0	1.00000	0.066667	3.87298	0.0001
	1	1.00000	0.066667	3.87298	0.0001
	2	1.00000	0.066667	3.87298	0.0001
	总计	1.00000	0.017241	7.61584	0
D	-2	1.00000	0.066667	3.87298	0.0001
	-1	1.00000	0.066667	3.87298	0.0001
	0	1.00000	0.066667	3.87298	0.0001
	1	1.00000	0.066667	3.87298	0.0001
	2	1.00000	0.066667	3.87298	0.0001
	总计	1.00000	0.017241	7.61584	0
E	-2	1.00000	0.066667	3.87298	0.0001
	-1	1.00000	0.066667	3.87298	0.0001
	0	0.81481	0.064380	3.21131	0.0007
	1	0.81481	0.064380	3.21131	0.0007
	2	1.00000	0.066667	3.87298	0.0001
	总计	0.91620	0.016824	7.06354	0

现在计算水平"2"上所有评价人与基准之间的一致性 Cohen's Kappa，即 k_{C_5}，有

$$k_{C_5} = \frac{\sum_{a=1}^{5} k_{C_{a5}}}{5}$$

$$= \frac{0.44444 + 0.81481 + 1.00000 + 1.00000 + 1.00000}{5} = 0.85185$$

k_{C_5} 的渐近方差为

$$Var(k_{C_5}) = \frac{\sum_{a=1}^{m} Var(k_{C_{a5}})}{m^2}$$

$$= \frac{0.046091 + 0.064380 + 0.066667 + 0.066667 + 0.066667}{5^2} = 0.012419$$

同理，计算得到其他四个水平上的 Cohen's Kappa 系数和方差，见表 8.10。

然后，计算所有评价人与基准之间的总体 Cohen's Kappa 系数 k_C

$$k_C = \frac{\sum_{a=1}^{5} k_{C_a}}{5}$$

$$= \frac{0.41989 + 0.83051 + 1.00000 + 1.00000 + 0.91620}{5} = 0.833320$$

k_C 的渐近方差为

$$Var(k_C) = \frac{\sum_{a=1}^{m} Var(k_{C_a})}{m^2}$$

$$= \frac{0.015478 + 0.017288 + 0.017241 + 0.017241 + 0.016824}{5^2} = 0.057990$$

其他水平上所有评价人与基准之间的一致性 Cohen's Kappa 系数及渐近方差汇总见表 8.10。

表 8.10 所有评价人与基准之间的一致性 Cohen's Kappa 参数

分类水平	k_{C_j}	$Var\ (k_{C_j})$	z	p 值
-2	0.845748	0.012538	7.5531	0
-1	0.796296	0.013242	6.9199	0
0	0.851852	0.013150	7.4284	0
1	0.804233	0.012999	7.0538	0
2	0.851852	0.012419	7.6441	0
总计	0.833320	0.003363	14.3700	0

（2）弗雷斯（Fleiss's）Kappa

Fleiss's Kappa 与 Cohen's Kappa 有什么不同呢？Fleiss's Kappa 可以说是一个一般化的 Cohen's Kappa 统计量。该二者在计算偶然的（期望的）一致性概率时，对评价人的选择是不同的。Fleiss's Kappa 假设评价人是从一组可用的评价人中随机选择出来的，而 Cohen's Kappa 则假定评价人是特殊选择出来并且固定的。这就导致了估计偶然的一致性概率的方法不同。

关于 Fleiss's Kappa 的计算详见 2.4.4 节内容，即式（2.4.22）～式（2.4.25）。下面，我们还是以例 8.1 的数据为例来说明 Fleiss's Kappa 系数的求法。

例 8.4 以例 8.1 数据（Colors. xls）计算评价人 A 与基准之间的 Fleiss's Kappa 系数。

解 我们首先求在某水平（如"2"）上的 Kappa 系数。由于是与基准相比较，为了便于理解，可以将基准数据模拟为某评价人的数据，这样就相当于对 15 个样本有两个评价人进行评估，故而得到 $m=2$。

等级分配比例（p_j），即对于 15 个样本被两个评价人分配到等级水平"2"的样本所占的比例，从数据可知，对于样本 1、样本 7 和样本 13 评价人 A 评估的水平是"2"，对样本 13 基准值也是水平"2"，所以有 $x_{1(2)}=x_{7(2)}=1$，$x_{13(2)}=2$，代入 p_j 计算公式，得

$$p_{(2)}=\frac{1}{nm}\sum_{i=1}^{n}x_{ij}=\frac{1}{15\times2}\sum_{i=1}^{15}x_{i(2)}=\frac{1}{30}(1+1+2)=\frac{2}{15}$$

再依据式（2.4.24），可计算评价人 A 与基准之间在分类水平"2"上的一致性系数 $k_{F_{15}}$，有

$$k_{F_{15}}=1-\frac{\sum_{i=1}^{n}x_{i(2)}(m-x_{i(2)})}{nm(m-1)p_{(2)}(1-p_{(2)})}$$

$$=1-\frac{1\times(2-1)+1\times(2-1)+2\times(2-2)}{15\times2\times(2-1)\times\frac{2}{15}\times\left(1-\frac{2}{15}\right)}=\frac{11}{26}\approx0.42308$$

同样，计算的渐近方差和 z 统计量的值

$$Var(k_{F_5})=\frac{2}{nm(m-1)}=\frac{2}{15\times2\times(2-1)}=\frac{1}{15}\approx0.066667$$

$$z=\frac{k_{F_{15}}}{\sqrt{Var(k_{F_5})}}=1.63857$$

根据 z 值可求得 p 值为 0.0507，可见在显著性水平 $\alpha=0.05$ 上，不能拒绝原假设（H_0：Kappa$=0$）。

其次，计算评价人 A 与基准之间总体的一致性 Kappa 系数，记为 k_{F_1}。按照如上的计算方法，分别汇总 x_{ij} 和计算各参数 p_j，见表 8.11。

表 8.11　　　　　　　　　　　　　　各参数 p_j 计算结果

序号 j	分类水平 k	x_{ij}	p_j
1	-2	$x_{2(-2)}=x_{9(-2)}=1$，$x_{4(-2)}=x_{11(-2)}=2$	3/15
2	-1	$x_{2(-1)}=x_{5(-1)}=x_{9(-1)}=x_{12(-1)}=1$，$x_{14(-1)}=2$	3/15
3	0	$x_{3(0)}=x_{8(0)}=2$，$x_{5(0)}=x_{10(0)}=x_{12(0)}=1$	7/30
4	1	$x_{1(1)}=x_{7(1)}=x_{10(1)}=1$，$x_{6(1)}=x_{15(1)}=2$	7/30
5	2	$x_{1(2)}=x_{7(2)}=1$，$x_{13(2)}=2$	2/15

将表中参数数值代入 Kappa 公式，有

$$k_{F_1}=1-\frac{nm^2-\sum_{i=1}^{15}\sum_{j=1}^{5}x_{ij}^2}{nm(m-1)\sum_{j=1}^{5}p_j(1-p_j)}$$

$$=1-\frac{15\times2^2-46}{15\times2\times(2-1)\times\left(\frac{36}{15^2}+\frac{36}{15^2}+\frac{161}{30^2}+\frac{161}{30^2}+\frac{26}{15^2}\right)}=\frac{7}{17}\approx0.41176$$

根据渐近方差式（2.4.23），得渐近方差 $Var(k_{F_1})\approx0.01714$，进而求得 z 值为

$$z = \frac{k_{F_1}}{\sqrt{Var(k_{F_1})}} = \frac{0.41176}{\sqrt{0.01714}} \approx 3.14508$$

根据 z 值求得 p 值为 0.0008，可见在显著性水平 $\alpha = 0.05$ 上，检验是显著的。

同理计算评价人 A 与基准在其他水平上的一致性 Fleiss's Kappa 系数，现汇总列表见表 8.12。

表 8.12　　评价人 A 与基准在分类水平上的一致性 Fleiss's Kappa 系数

评价人	分类水平	$k_{F_{aj}}$	$Var\,(k_{F_{aj}})$	z	p 值
Duncan	−2	0.58333	0.06667	2.25924	0.0119
	−1	0.16667	0.06667	0.64550	0.2593
	0	0.44099	0.06667	1.70796	0.0438
	1	0.44099	0.06667	1.70796	0.0438
	2	0.42308	0.06667	1.63857	0.0507
	总计	0.41176	0.01714	3.14508	0.0008

对于所有评价人与基准之间的一致性的 Fleiss's Kappa 系数及其渐近方差的计算同 Cohen's Kappa 的计算原理一样，可按照式（8.3.4）～式（8.3.7）进行（但要注意公式中参数的含义不同）。

例 8.5　以例 8.1 数据计算所有评价人与基准之间在各分类水平上的一致性 Fleiss's Kappa 系数和总体 Fleiss's Kappa 系数及其渐近方差。

解　首先计算其他评价人与基准之间在分类水平 j 上的一致性 Fleiss's Kappa 系数，见表 8.13。

表 8.13　　其他评价人与基准之间在分类水平 j 上的一致性 Fleiss's Kappa 系数

评价人	分类水平	$k_{F_{aj}}$	$Var\,(k_{F_{aj}})$	z	p 值
B	−2	0.62963	0.06667	2.43855	0.0074
	−1	0.81366	0.06667	3.15131	0.0008
	0	1.00000	0.06667	3.87298	0.0001
	1	0.76000	0.06667	2.94347	0.0016
	2	0.81366	0.06667	3.15131	0.0008
	总计	0.82955	0.01800	6.18307	0
C	−2	1.00000	0.06667	3.87298	0.0001
	−1	1.00000	0.06667	3.87298	0.0001
	0	1.00000	0.06667	3.87298	0.0001
	1	1.00000	0.06667	3.87298	0.0001
	2	1.00000	0.06667	3.87298	0.0001
	总计	1.00000	0.017241	7.61584	0

评价人	分类水平	$k_{F_{aj}}$	$Var(k_{F_{aj}})$	z	p 值
D	−2	1.00000	0.06667	3.87298	0.0001
	−1	1.00000	0.06667	3.87298	0.0001
	0	1.00000	0.06667	3.87298	0.0001
	1	1.00000	0.06667	3.87298	0.0001
	2	1.00000	0.06667	3.87298	0.0001
	总计	1.00000	0.017241	7.61584	0
E	−2	1.00000	0.06667	3.87298	0.0001
	−1	1.00000	0.06667	3.87298	0.0001
	0	0.81366	0.06667	3.15131	0.0008
	1	0.81366	0.06667	3.15131	0.0008
	2	1.00000	0.06667	3.87298	0.0001
	总计	0.91597	0.017141	6.99619	0

接下来计算水平"2"上所有评价人与基准之间的一致性 Fleiss's Kappa，即 k_{F_5}，有

$$k_{F_5} = \frac{\sum_{a=1}^{5} k_{F_{a5}}}{5}$$

$$= \frac{0.42308 + 0.81366 + 1.00000 + 1.00000 + 1.00000}{5} = 0.847348$$

k_{F_5} 的渐近方差为

$$Var(k_{F_5}) = \frac{\sum_{a=1}^{5} Var(k_{F_{a5}})}{5^2} = 0.013333$$

然后计算所有评价人与基准之间的总体 Fleiss's Kappa 系数 k_F

$$k_F = \frac{\sum_{a=1}^{5} k_{F_a}}{5}$$

$$= \frac{0.41176 + 0.82955 + 1.00000 + 1.00000 + 0.91597}{5} = 0.831455$$

k_F 的渐近方差为

$$Var(k_F) = \frac{\sum_{a=1}^{5} Var(k_{F_a})}{5^2} = 0.003471$$

其他水平上所有评价人与基准之间的一致性 Fleiss's Kappa 系数及渐近方差汇总见表 8.14。

表 8.14   所有评价人与基准之间的一致性 Fleiss's Kappa 系数及渐近方差

分类水平	k_{F_j}	$Var\ (k_{F_j})$	z	p 值
-2	0.842593	0.013333	7.2971	0
-1	0.796066	0.013333	6.8941	0
0	0.850932	0.013333	7.3693	0
1	0.802932	0.013333	6.9536	0
2	0.847348	0.013333	7.3383	0
总计	0.831455	0.003471	14.1136	0

总结以上所述，进行一致性检验是比较复杂的，而且分类水平越多，就越复杂。为了更好地说明 Kappa 系数的计算，现引用参考文献 [1] 中第三章第 C 节的表 12 的数据，使用 Minitab 17 软件来进行计算分析。

例 8.6 在数据（数据表 agreement.xls）中，使用了 3 个评价人，从过程中随机选取了 50 个零件，每个评价人对每个零件测量 3 次，规定了两个分类等级 0 和 1，并且已知零件的基准等级。

解 通过对数据结构的分析可知，可以计算评价人内的一致性数表和 Fleiss's Kappa 系数，每个评价人与基准之间的一致性数表、Fleiss's Kappa 系数以及 Cohen's Kappa 系数，评价人之间的一致性数表和 Fleiss's Kappa 系数，所有评价人与基准之间的一致性数表、Fleiss's Kappa 系数以及 Cohen's Kappa 系数。结果如下：

1）评价人内

表 8.15   评价人内的一致性数表

评价人	检验数	匹配数	一致性百分比/%	置信区间（95% CI）
A	50	42	84.00	(70.89，92.83)
B	50	45	90.00	(78.19，96.67)
C	50	40	80.00	(66.28，89.97)

表 8.16   评价人内的 Fleiss's Kappa 系数

评价人	分类	Kappa	Kappa 标准差	z	p 值
A	0	0.760000	0.0816497	9.3081	0
	1	0.760000	0.0816497	9.3081	0
B	0	0.845073	0.0816497	10.3500	0
	1	0.845073	0.0816497	10.3500	0
C	0	0.702911	0.0816497	8.6089	0
	1	0.702911	0.0816497	8.6089	0

2) 每个评价人对基准

表 8.17　　　　　　　　　每个评价人与基准之间的一致性数表

评价人	检验数	匹配数	一致性百分比/%	置信区间（95% CI）
A	50	42	84.00	(70.89, 92.83)
B	50	45	90.00	(78.19, 96.67)
C	50	40	80.00	(66.28, 89.97)

表 8.18　　　　　　　　　每个评价人与基准之间的不一致性数表

评价人	♯1/0	百分比/%	♯0/1	百分比/%	♯M	百分比/%
A	0	0.00	0	0.00	8	16.00
B	0	0.00	0	0.00	5	10.00
C	0	0.00	0	0.00	10	20.00

当分类等级为 2 个时，可以统计不一致的数表，在表 8.18 中，定义了

♯1/0：评价人对样本的评估为 1，而基准为 0 时的样本数。

♯0/1：评价人对样本的评估为 0，而基准为 1 时的样本数。

♯M：评价人对样本的多次评估不相同时的样本数。

表 8.19　　　　　　　每个评价人与基准之间的 Fleiss's Kappa 系数

评价人	分类	Kappa	Kappa 标准差	z	p 值
A	0	0.880236	0.0816497	10.7806	0
	1	0.880236	0.0816497	10.7806	0
B	0	0.922612	0.0816497	11.2996	0
	1	0.922612	0.0816497	11.2996	0
C	0	0.774703	0.0816497	9.4881	0
	1	0.774703	0.0816497	9.4881	0

表 8.20　　　　　　　每个评价人与基准之间的 Cohen's Kappa 系数

评价人	分类	Kappa	Kappa 标准差	z	p 值
A	0	0.880395	0.0815419	10.7968	0
	1	0.880395	0.0815419	10.7968	0
B	0	0.922634	0.0816199	11.3040	0
	1	0.922634	0.0816199	11.3040	0
C	0	0.774910	0.0815140	9.5065	0
	1	0.774910	0.0815140	9.5065	0

3）评价人之间

表 8.21 评价人之间的一致性数表

检验数	匹配数	一致性百分比/%	置信区间（95% CI）
50	39	78.00	(64.04, 88.47)

表 8.22 评价人之间的 Fleiss's Kappa 系数

分类	Kappa	Kappa 标准差	z	p 值
0	0.793606	0.0235702	33.6698	0
1	0.793606	0.0235702	33.6698	0

4）所有评价人对基准

表 8.23 所有评价人与基准之间的一致性数表

检验数	匹配数	一致性百分比/%	置信区间（95% CI）
50	39	78.00	(64.04, 88.47)

表 8.24 所有评价人与基准之间的 Fleiss's Kappa 系数

分类	Kappa	Kappa 标准差	z	p 值
0	0.859184	0.0471405	18.2260	0
1	0.859184	0.0471405	18.2260	0

表 8.25 所有评价人与基准之间的 Cohen's Kappa 系数

分类	Kappa	Kappa 标准差	z	p 值
0	0.859313	0.0470879	18.2491	0
1	0.859313	0.0470879	18.2491	0

从上述表中结果可见，当分类水平只有两个时，在每个分类水平上的 Kappa 系数和渐近方差是相等的。

8.3.4 相关性检验

Kappa 统计量并未考虑顺序数据中观测到的差异的大小。它们代表评级之间的绝对一致性。因此，在对有序数据进行相关性检验时，Kendall 系数是最佳选择。Kendall 系数是评价人的评估等级之间关联的度量，只有当数据是有序的且具有三个或三个以上有自然顺序的可能分类水平时才能使用 Kendall 统计量。这里提到了两种类型的 Kendall 系数，即 Kendall 协和系数（也称为 Kendall's W）和 Kendall 相关系数（也称为 Kendall's tau）。这两个系数都是非参数统计量。前者的范围是 0～1，表示多个等级之间的关联程度，而后者的范围是 −1 到 1，表示已知标准和单个等级之间的关联程度。

从表 8.10 可知，当被测对象的属性或基准未知时，可以计算"评价人内"和"评价人间"的 Kendall 协和系数；当被测对象的属性或基准已知时，还可以计算"每个评价人对基准"和"所有评价人对基准"的 Kendall 相关系数。

例如，如果有两个评价人且每个评价人有两次试验，那么要计算"每个评价人对基准"的 Kenall 相关系数，首先要计算基准与一个评价人的一次试验之间的相关系数，这样一个评价人的两次试验就产生两个系数，然后取这两个系数的平均值。同样，计算"所有评价人对基准"的 Kenall 相关系数，只不过它是对应四次试验的四个系数的平均值。

8.3.4.1 Kendall 相关系数

Kendall 相关系数是指一对随机变量 X 和 Y 之间的相关性的度量，用来检验原假设 H_0：X 和 Y 不相关，备择假设 H_1：X 和 Y 相关。

（1）每个评价人对基准

假设每个评价人的单次试验的数据为 X 变量，已知的基准为 Y 变量，所以构成变量数对 (X_i, Y_i)。对于 Kendall 相关系数及其显著性检验统计量的具体计算详见第 2 章 2.4.3 节式（2.4.8）～式（2.4.11）。下面我们举例说明。

例 8.7 仍然采用例 8.1 的数据，计算评价人 A 对基准的 Kendall 相关系数及其显著性检验统计量。

解 首先将评价人 A 的数据（X 变量）按照对应基准的数据（Y 变量）的顺序从小到大进行排序，见表 8.26。

表 8.26　　　　　按 Y 变量（基准）顺序从小到大排序结果

样本	评分（X）	基准（Y）	样本	评分（X）	基准（Y）
4	−2	−2	12	−1	0
11	−2	−2	6	1	1
2	−2	−1	10	0	1
9	−2	−1	15	1	1
14	−1	−1	1	1	2
3	0	0	7	1	2
5	−1	0	13	2	2
8	0	0			

根据式（2.4.8）计算符号含数的值，从表中可知 $X_1=-2$，$X_2=-2$，由于 $X_1=X_2$，故 $\xi(X_1, X_2)=0$；$X_5=-1$，而 $X_1<X_2$，故 $\xi(X_1, X_5)=1$，依此类推，得到 $\xi(X_i, X_j)$ 的系列值，同样依次计算 $\xi(X_2, X_j)$，…，$\xi(X_i, X_j)$ 系列值，然后对系列值进行累加，就得到

$$S = \sum_{i=1}^{n} \sum_{j=1}^{n} \xi(X_i, X_j)_{i<j} = 79$$

从样本数据可见，X 和 Y 中有结，所以下面计算结统计量 T_x 和 T_y，依据表 8.26 的 5×5 二维列联表得到 X 和 Y 的结长统计表，见表 8.27。

表 8.27   **X 和 Y 的结长统计表**

分类水平	−2	−1	0	1	2
X 的结长 t_x	4	3	3	4	1
Y 的结长 t_y	2	3	4	3	3

所以

$$T_x = \sum t_x(t_x - 1)$$
$$= 4(4-1) + 3(3-1) + 3(3-1) + 4(4-1) + 1(1-1) = 36$$
$$T_y = \sum t_y(t_y - 1)$$
$$= 2(2-1) + 3(3-1) + 4(4-1) + 3(3-1) + 3(3-1) = 32$$

依据式（2.4.10）计算 Kendall 相关系数，得

$$K_A = \frac{2S}{\sqrt{n(n-1) - T_x} \cdot \sqrt{n(n-1) - T_y}}$$
$$= \frac{2 \times 79}{\sqrt{15(15-1) - 36} \cdot \sqrt{15(15-1) - 32}} = 0.89779$$

在大样本情况下的近似渐近正态方差为

$$Var(K_A) = \frac{2(2n+5)}{9n(n-1)} = \frac{2(2 \times 15 + 5)}{9 \times 15 \times (15-1)} = \frac{1}{27}$$

从而，依据式（2.4.11）计算得到显著性检验统计量为

$$z = \left[K_a - \frac{2}{n(n-1)} \right] \cdot \frac{3\sqrt{n(n-1)}}{\sqrt{2(2n+5)}} = 4.61554$$

依据此 z 值可以计算得到 p 值约为 0，可见检验是显著的。

由于所给定的数据中每个评价人只有一次试验，如果有多次试验时，应按照上述步骤计算对应每次试验的 Kendall 系数（记为 K_{ag}，a 表示评价人（$a=1$，$\cdots$，m），g 表示每个评价人内的试验次数），最后求各系数的平均值得到该评价人对基准的 Kendall 相关系数。

（2）所有评价人对基准

当依据"每个评价人对基准"中所述方法将其他评价人对基准的 Kendall 相关系数都计算出来后，可以通过计算这些系数的平均值得到所有评价人对基准的 Kendall 相关系数。这里设"每个评价人对基准"的系数记为 K_a，"所有评价人对基准"时记为 K，所以有

$$K = \frac{\sum\limits_{a=1}^{m} K_a}{m} \qquad\qquad 式（8.3.8）$$

而 K 的渐近方差则应用下式计算

$$Var(K) = \frac{\sum\limits_{a=1}^{m} Var(K_a)}{m^2} \qquad\qquad 式（8.3.9）$$

对于显著性检验用统计量 z 的计算符合下式

$$z = \left[K - \frac{2}{mn(n-1)} \right] \cdot \frac{3\sqrt{mn(n-1)}}{\sqrt{2(2n+5)}} \qquad\qquad 式（8.3.10）$$

例8.8 采用例8.6的数据计算所有评价人对基准的 Kendall 相关系数及其检验统计量。

解 首先计算每个评价人对基准的有关参数，得表8.28。

表8.28   每个评价人对基准的 Kendall 相关系数及其他参数

评价人	K_a	K_a标准差	z	p 值
A	0.89779	0.192450	4.61554	0
B	0.96014	0.192450	4.93955	0
C	1.00000	0.192450	5.14667	0
D	1.00000	0.192450	5.14667	0
E	0.93258	0.192450	4.79636	0

依据式（8.3.8）得到

$$K = \frac{0.89779+0.96014+1.00000+1.00000+0.93258}{5} = 0.958102$$

依据式（8.3.9）得到

$$Var（K）= \frac{0.0370370 \times 5}{5^2} = 0.0074074$$

依据式（8.3.10）得到

$$z = 11.1100$$

8.3.4.2   Kendall 协和系数

Kendall 相关系数研究的是一对变量间的关系，而 Kendall 协和系数要研究的是多个变量间的相关关系。这里我们以测量系统研究的实际情况来分析，即有 b 个评价人对 n（$i=1$，…，n）个样本进行三个或三个以上有序等级的评价。

（1）评价人内

要计算评价人内的 Kendall 协和系数，要求每个评价人内的试验次数必须大于1，而且要用到每个样本被分配的评价等级的秩。

关于秩和 Kendall 协和系数的计算方法可详见2.4.2节和2.4.3节的内容。

例8.9 假设有2个评价人，每个评价人分别评估3个样本各2次，评价等级为-1，0，1，数据见表8.29。

表8.29   例8.9 数据表

评价人	样本	评估结果	评价人	样本	评估结果
A	1	-1	B	1	-1
A	2	1	B	2	1
A	3	0	B	3	0
A	1	0	B	1	0
A	2	1	B	2	-1
A	3	1	B	3	1

解 首先对数据进行分析，值得注意的是，在评价人 B 的评价等级数据中没有结，而在 A 的评价等级数据中有一个结（A 对样本 2 和样本 3 第 2 次试验的评价等级都是 1）。

1）我们先计算评价人 B 内的 Kendall 协和系数，也就是无"结"时的系数。为了便于计算，根据上述数据构建见表 8.30。

表 8.30　　　　　　　　　　评价人 B 内的 Kendall 协和系数计算数据分析表

评价人 B	样本 1	样本 2	样本 3
试验 1	1（−1）	3（1）	2（0）
试验 2	2（0）	1（−1）	3（1）
R_{+i}	3	4	5
$\overline{R}_{+i}$	1.5	2	2.5

表中圆括号中的数字是评价等级；第 1、2 行在圆括号外的数字为相应的评价等级的秩 R_i，R_{+i} 是第 i 列（样本）的秩的和；$\overline{R}_{+i}$ 为第 i 列的秩的平均。

采用式（2.4.12）来计算（将一个评价人内的两次试验看成两个评价人分别做一次试验）Kendall 协和系数，按照此节使用符号进行转换后，有

$$W=\sum \frac{\left[R_{+i}-\dfrac{k(n+1)}{2}\right]^2}{\dfrac{k^2 n(n^2-1)}{12}}$$

式中：$k=2$ 表示试验次数，所以

$$W=\frac{\left[3-\dfrac{2(3+1)}{2}\right]^2+\left[4-\dfrac{2(3+1)}{2}\right]^2+\left[5-\dfrac{2(3+1)}{2}\right]^2}{\dfrac{2^2 \times 3(3^2-1)}{12}}=0.25$$

上面的协和系数的计算公式还可进一步转化为

$$W=\frac{12\sum_{i=1}^{n}\overline{R}_{+i}^2-3n(n+1)^2}{n(n^2-1)}$$

$$=\frac{12(1.5^2+2^2+2.5^2)-3\times 3(3+1)^2}{3(3^2-1)}=0.25$$

2）下面计算评价人 A 内的 Kendall 协和系数，也就是有"结"时的系数。构建见表 8.31 数据表。

表 8.31　　　　　　　　　　评价人 A 内的 Kendall 协和系数计算数据分析表

评价人 A	样本 1	样本 2	样本 3
试验 1	1（−1）	3（1）	2（0）
试验 2	1（0）	2.5（1）	2.5（1）
R_{+i}	2	5.5	4.5
$\overline{R}_{+i}$	1	2.75	2.25

表中的符号表示同表 8.30。

由于试验 2 的样本数据存在结，所以要首先计算结统计量 T_j，j 表示试验序列（表中的行 $j=1,\cdots,k$，这里 $k=2$），依据式（2.6.14）可知

$$T_j = \sum_{h=1}^{g_j}(t_h^3 - t_h)$$

式中：g_j 为在第 j 行的样本数据中结组的数量；t_h 为第 h（$h=1,\cdots,g_j$）个结组的结长。

对于 $j=1$（试验 1）行，没有结组，故 $g_1=0$，从而 $T_1=0$；对于 $j=2$（试验 2）行，有一个结组，故 $g_2=1$，这个结组的结长为 2，即 $t_1=2$，从而 $T_2=(2^3-2)=6$。

依据式（2.4.15）并采用本节的符号表示为

$$W = \frac{12\sum_{i=1}^{n}R_{+i}^2 - 3k^2n(n+1)^2}{k^2n(n^2-1)-k\sum_{j=1}^{k}T_j}$$

所以

$$W = \frac{12(2^2 + 5.5^2 + 4.5^2) - 3\times 2^2\times 3(3+1)^2}{2^2\times 3(3^2-1)-2\times 6} = 0.928571$$

这个公式还可进一步转化为

$$W = \frac{12\sum_{i=1}^{n}\overline{R}_{+i}^2 - 3n(n+1)^2}{n(n^2-1)-(\sum T_j)/k}$$

$$= \frac{12(1^2 + 2.75^2 + 2.25^2) - 3\times 3\times 4^2}{3(3^2-1)-6/2} = 0.928571$$

（2）评价人间

计算评价人间的 Kendall 协和系数与评价人内多次试验间的系数的计算方法相同，下面还是举例说明。

例 8.10 采用例 8.1 的数据，计算 5 个评价人间的 Kendall 协和系数及其显著性检验统计量。

解 首先计算各评价人试验数据的秩，由于样本数据中都存在结，所以采用平均秩法计算，得到各评价人的对应分类水平的秩统计表（实际上结组是按分类水平来划分的，即使存在结长为 1 的情况），见表 8.32。

表 8.32　　　　　　　　各评价人的对应分类水平的秩统计表

评价人	分类水平（结组）	−2	−1	0	1	2
A	数量（结长）	4	3	3	4	1
	对应的秩	2.5	6	9	12.5	15
E	数量（结长）	2	3	3	4	3
	对应的秩	1.5	4	7	10.5	14

续表

评价人	分类水平（结组）	−2	−1	0	1	2
D	数量（结长）	2	3	4	3	3
	对应的秩	1.5	4	7.5	11	14
C	数量（结长）	2	3	4	3	3
	对应的秩	1.5	4	7.5	11	14
B	数量（结长）	1	4	4	2	4
	对应的秩	1	3.5	7.5	10.5	13.5

下面计算样本秩和，对于样本 1 有 $R_{+1}=14+14+14+12.5+13.5=68$，依次得到 R_{+2}，R_{+3}，…，R_{+15}。所以

$$\sum_{i=1}^{n}R_{+i}^{2}=68^{2}+18^{2}+42^{2}+8^{2}+35.5^{2}+55.5^{2}+68^{2}+38.5^{2}+18^{2}+55^{2}$$
$$+10.5^{2}+35.5^{2}+70.5^{2}+21.5^{2}+55.5^{2}=30455$$

对于样本的结统计量 T_j，每个评价人都有 5 个结组，即 $g_j=5$，每个评价人每个结组的结长显示在上表中，故有

$$\begin{aligned}
T_{D} &= (4^{3}-4)+(3^{3}-3)+(3^{3}-3)+(4^{3}-4)+(1^{3}-1)=168\\
T_{S} &= (2^{3}-2)+(3^{3}-3)+(3^{3}-3)+(4^{3}-4)+(3^{3}-3)=138\\
T_{M} &= (2^{3}-2)+(3^{3}-3)+(4^{3}-4)+(3^{3}-3)+(3^{3}-3)=138\\
T_{Ho} &= (2^{3}-2)+(3^{3}-3)+(4^{3}-4)+(3^{3}-3)+(3^{3}-3)=138\\
T_{Ha} &= (1^{3}-1)+(4^{3}-4)+(4^{3}-4)+(2^{3}-2)+(4^{3}-4)=186
\end{aligned}$$

所以，$\sum_{j=1}^{k}T_j=T_D+T_S+T_M+T_{Ho}+T_{Ha}=768$。

应用上述计算有结时 Kendall 协和系数的计算公式，有

$$W=\frac{12\sum_{i=1}^{n}R_{+i}^{2}-3k^{2}n(n+1)^{2}}{k^{2}n(n^{2}-1)-k\sum_{j=1}^{k}T_{j}}=\frac{12\times30455-3\times5^{2}\times15(15+1)^{2}}{5^{2}\times15(15^{2}-1)-5\times768}=0.966317$$

在大样本情况下，依据式（2.4.16）计算 χ^2 检验统计量

$$k(n-1)W=5(15-1)\times0.966317=67.6422$$

自由度为 $(n-1)=14$，从而得到 χ^2 检验 p 值为 0.0000。

例 8.10 中每个评价人只有一次试验，如果每个评价人的试验次数大于 1 时，又如何计算评价人间的 Kendall 协和系数呢？

例 8.11 采用例 8.9 的数据计算评价人间的 Kendall 协和系数。

解 首先计算样本的秩，构建表 8.33。

表 8.33 样本的秩

评价人	试验次数	样本 1	样本 2	样本 3
A	1	1 (−1)	3 (1)	2 (0)
	2	1 (0)	2.5 (1)	2.5 (1)
B	1	1 (−1)	3 (1)	2 (0)
	2	2 (0)	1 (−1)	3 (1)

计算样本秩的和，有 $R_{+1}=1+1+1+2=5$，$R_{+2}=9.5$，$R_{+3}=9.5$，所以

$$\sum_{i=1}^{3} R_{+i}^2 = 5^2 + 9.5^2 + 9.5^2 = 205.5$$

根据例 8.9 已知，只有评价人 A 的试验 2 的样本有结，且结统计量为 6，所以 $\sum_{j=1}^{4} T_j = 6$。故得到 Kendall 协和系数为

$$W = \frac{12\sum_{i=1}^{n} R_{+i}^2 - 3k^2 n(n+1)^2}{k^2 n(n^2-1) - k\sum_{j=1}^{k} T_j} = \frac{12 \times 205.5 - 3 \times 4^2 \times 3(3+1)^2}{4^2 \times 3(3^2-1) - 4 \times 6} = 0.45$$

8.4 计算机输出示例

综上所述内容和举例分析，可以用 minitab 17 软件程序来进一步验证分析结果。还是采用例 8.1 葡萄酒颜色的数据（colors. xls），得到的输出如下。

评估等级的属性一致性分析

每个检验员与标准

评估一致性

检验员	♯检验数	♯相符数	百分比/%	95％置信区间
A	15	8	53.33	(26.59, 78.73)
B	15	13	86.67	(59.54, 98.34)
C	15	15	100.00	(81.90, 100.00)
D	15	15	100.00	(81.90, 100.00)
E	15	14	93.33	(68.05, 99.83)

♯ 相符数：检验员在多次试验中的评估与已知标准一致。

续表

Fleiss 的 Kappa 统计量					
检验员	响应	Kappa	Kappa 标准误差	Z	P（与>0）
A	−2	0.58333	0.258199	2.25924	0.0119
	−1	0.16667	0.258199	0.64550	0.2593
	0	0.44099	0.258199	1.70796	0.0438
	1	0.44099	0.258199	1.70796	0.0438
	2	0.42308	0.258199	1.63857	0.0507
	整体	0.41176	0.130924	3.14508	0.0008
B	−2	0.62963	0.258199	2.43855	0.0074
	−1	0.81366	0.258199	3.15131	0.0008
	0	1.00000	0.258199	3.87298	0.0001
	1	0.76000	0.258199	2.94347	0.0016
	2	0.81366	0.258199	3.15131	0.0008
	整体	0.82955	0.134164	6.18307	0
C	−2	1.00000	0.258199	3.87298	0.0001
	−1	1.00000	0.258199	3.87298	0.0001
	0	1.00000	0.258199	3.87298	0.0001
	1	1.00000	0.258199	3.87298	0.0001
	2	1.00000	0.258199	3.87298	0.0001
	整体	1.00000	0.131305	7.61584	0
D	−2	1.00000	0.258199	3.87298	0.0001
	−1	1.00000	0.258199	3.87298	0.0001
	0	1.00000	0.258199	3.87298	0.0001
	1	1.00000	0.258199	3.87298	0.0001
	2	1.00000	0.258199	3.87298	0.0001
	整体	1.00000	0.131305	7.61584	0
E	−2	1.00000	0.258199	3.87298	0.0001
	−1	1.00000	0.258199	3.87298	0.0001
	0	0.81366	0.258199	3.15131	0.0008
	1	0.81366	0.258199	3.15131	0.0008
	2	1.00000	0.258199	3.87298	0.0001
	整体	0.91597	0.130924	6.99619	0

续表

Kendall 的相关系数

检验员	系数	系数标准误	Z	P
A	0.87506	0.192450	4.49744	0
B	0.94871	0.192450	4.88016	0
C	1.00000	0.192450	5.14667	0
D	1.00000	0.192450	5.14667	0
E	0.96629	0.192450	4.97151	0

检验员之间

评估一致性

#检验数	#相符数	百分比/%	95%置信区间
15	6	40.00	(16.34, 67.71)

#相符数：所有检验员的评估一致。

Fleiss 的 Kappa 统计量

响应	Kappa	Kappa 标准误	Z	P（与>0)
−2	0.680398	0.0816497	8.3331	0
−1	0.602754	0.0816497	7.3822	0
0	0.707602	0.0816497	8.6663	0
1	0.642479	0.0816497	7.8687	0
2	0.736534	0.0816497	9.0207	0
整体	0.672965	0.0412331	16.3210	0

Kendall 的一致性系数

系数	卡方	自由度	P
0.966317	67.6422	14	0.0000

所有检验员与标准

评估一致性

#检验数	#相符数	百分比/%	95%置信区间
15	6	40.00	(16.34, 67.71)

#相符数：所有检验员的评估与已知的标准一致。

Fleiss 的 Kappa 统计量

响应	Kappa	Kappa 标准误	Z	P（与>0）
−2	0.842593	0.115470	7.2971	0
−1	0.796066	0.115470	6.8941	0
0	0.850932	0.115470	7.3693	0
1	0.802932	0.115470	6.9536	0
2	0.847348	0.115470	7.3383	0
整体	0.831455	0.058911	14.1136	0

Kendall 的相关系数

系数	系数标准误	Z	P
0.958012	0.0860663	11.1090	0

注：每个检验员内的单一试验。未标绘检验员内的评估一致性百分比。

检验员与标准的一致性的图形如下：

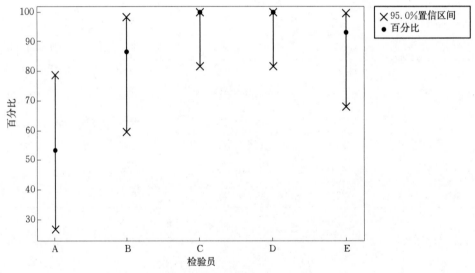

图 8.1　检验员与标准一致性

　　为了更好地说明属性一致性分析方法的实践应用，在后续章节给出了一些具体应用的案例，同时也兼顾了不同的统计软件的灵活使用。请参见第 11 章。

第9章
复杂测量系统研究

在前面 6.2 节描述的是简单测量系统研究指南，但在实际应用中并非都是简单测量系统，不同行业和专业要研究的测量系统类型不同，复杂程度也不同。对于复杂的测量系统的研究不能简单地应用已描述的方法。不可重复的（包括破坏性的）测量系统以及具有动态特性的测量系统等均属于复杂的测量系统。

与简单测量系统的研究目的一样，对复杂测量系统的研究也主要关注测量系统的稳定性和变差，对系统的稳定性的有效监视和控制采用控制图是非常适宜的选择，根据实际可供选择的控制图有平均值和极差图（$\overline{X}$—R）或标准差图（$\overline{X}$—s）、单值和移动极差图（X—mR）、累积和图（CUSUM）、指数加权移动平均图（EWMA）以及适用于属性数据的 p 图等等。

对于测量系统变差的研究关键的是根据实际情况构建合理的模型，然后采用适当的统计设计与分析方法，如试验设计（DOE）、方差分析法（ANOVA）等来分析确定各种来源的变差。

本章我们将结合具体实例对不可重复的复杂测量系统和需要评估多个变差源的测量系统进行分析研究。

9.1　概述

用于质量改进的方法，例如统计过程控制（SPC）和六西格玛（six sigma）等，都非常依赖于数据以便于识别改进机会。因此，数据的可靠性被认为在这些改进策略中非常重要。

量具 GRR 研究提供了观测过程变差中测量系统变差大小的估计，这种估计可使用一种典型的测量程序，即不同的评价人重复测量相同的零件。测量值可用交互设计的模式采集：一组产品（典型的情况是 10 个）的每一个都被多个评价人（通常为 3 个）测量多次（通常为 3 次），此即所谓的"标准的 10-3-3"的 GRR 研究。对于标准的 GRR 研究，假设在试验之间和当零件在评价人之间传递时零件不产生物理变化。研究中所有的评价人都有机会测量相同的零件，在评价人之间和样件之间测量是能重复的。在大多数情况下，这个假设是合理的。应用方差分析方法分析数据，在模型中某种变差分量与不同的测量变差来源相关（评价人间、评价人与零件的交互作用以及评价人内的误差）。

在标准的 GRR 研究中每个测量对象能被重复测量多次是非常重要的，但是也存在着这种情形：试验或评价人之间并不能进行重复测量，因为当零件在测量时会被破坏或产生某种程度的物理变化——特性不能再次被测量，这种测量被称为破坏性的（或者不可重复的）。例如对材料的抗拉强度、冲击强度或容器的爆破压等的测量。如果对单个对象不能进行重复测量，测量变差就必然会和零件间变差混杂在一起。下面将揭示不可重复的测量的情形下 GRR 研究的可能性，但限制在只考虑连续型测量数据。

9.1.1　背景实例

在下面的内容中，将结合几个具体的实例来进行说明。

[实例 1] 饼干的重量。饼干的重量用天平测量，并认为不随时间而变化，而且对饼干进行称重并不影响其重量，因此，测量是非破坏性的。

[实例 2] 饼干的强度。要测量饼干的强度，需要对其施加压力，这种压力缓慢地增加直至饼干破碎，饼干破碎时的压力就是被测量的强度。由于当得到饼干的强度时饼干已经破碎了，所以测量是破坏性的，而且饼干不能被测量第二次。

[实例 3] 管道压力。使用普通的压力计就能测量管道中的压力，由于管道中水的压力具有持续波动的复杂性，在确定这种压力计的精密度时测量变差就会混杂于水的压力变差之中。

[实例 4] 纸飞机的飞行时间。通常在教室里要阐释试验设计（DOE）和其他方法时常用的一种实物就是纸叠的小飞机。这些纸飞机的一个重要特性就是其飞行时间，一般用秒表对飞行时间进行测量。从预先设定的高度释放飞机时开始计时，然后在其掉落碰到地板时终止计时，所记录的时间间隔就是飞行时间。只从单独一个人的一次飞行中不可能获得多个测量值，因此试验者应测量不同的飞行。但是由于每次飞行本身是不同的，在飞行时间上的部分测量变差就不会归因于测量程序而是由不同次飞行之间的变差组成。

9.1.2　GRR 研究的基本问题

（1）测量表征

统计研究往往都有需要的试验单元（units），即所研究的特性的对象。所有单元的集合我们可以称之为总体（population），记为 U。对某单元某个特性的测量就是将某个数值分配给这个单元，假设以饼干作为单元（实例 1），就可以认为重量就是特性，通过对饼干的测量，就将某个数值（饼干的重量）分配给了每块饼干。

要理解破坏性测量的 GRR 研究中的问题，始终了解研究对象是非常重要的（也适用非破坏性测量）。因此，还要对上述单元的定义稍微进行一下补充修改，即认为在不同的两个时刻的同一个独立对象是两个不同的试验单元。鉴于此，可将 U 中的元素表示为 $u_{i,t}$，i 指某特定对象，t 指对应的时刻，那么某单元 $u_{i,t} \in U$ 的测量值就可表示为 $Y(u_{i,t})$。

在实例 1 和实例 2 中，一个单元就被认为是在某时刻 t 的某块饼干 i；在实例 3 中，一个单元就是存在水的在 t 时刻的管道 i。

（2）GRR 研究的两个假设前提

测量系统的准确度与测量的偏倚程度有关，对任何$u \in U$，设 μ_u 表示某测量单元 u 的期望值。偏倚就是 μ_u 与被测对象的真值之间的差值，真值可用 T（u）表示（例如，可以是通过标准的和权威的测量系统赋予被测对象的一个参考值或基准值）。以下内容将建立在如下的一些前提之上：

假设 a. 常量偏倚：偏倚 $\mu_u - T$（u）在 u（线性）上和时间（稳定性）上保持恒定。

假设 b. 测量误差的齐性：对所有被测单元 $u_{i,t}$，$u_{j,s} \in U$，都有相同的测量误差分布。

如果假设 b 成立，被测单元具有独立的测量分布，对所有的 $u \in U$，有 $\sigma_u^2 = \sigma^2$（下面始终假设这条成立）。

（3）GRR 研究的基本问题

通常，对于固定的 $u_{i,t} \in U$ 要得到多个 Y（$u_{i,t}$）的值是不可能的，因此，要估计 σ^2 就必须作出某些假设。通过下面的两个同质性（homogeneity）假设，GRR 研究的基本问题将通过标准的 GRR 研究得到解决：

假设 c. 对象的时间稳定性：对于某对象 i，在某适当的时间间隔的任意两个时刻 t，s（考虑假设 a，有 $\mu_{i,t} = \mu_{i,s}$），$T(u_{i,t}) = T(u_{i,s})$ 成立，亦即，对象的测量与时间无关。

假设 d. 测量的稳健性：对象 i 被测量前后的 T（$u_{i,t}$）是相等的。也就是说，当对象被测量时不受测量的影响（即不发生物理和化学的变化）。

如果假设 c 和假设 d 成立，通过采集的测量值 Y（u_{i,t_j}）可以估计测量误差的分布。实践中，每个操作者可测量多个对象。在实例 1 中，我们可以设置假设 c 和假设 d 并且实施标准的量具 GRR 研究。

破坏性测量是当假设 c 或假设 d 不成立时的那些测量，确定饼干强度的测量就是假设 d 不成立时的一个例子，而管道压力的测量就是假设 c 不成立时的例子。

前述已经限定试验单元作为测量对象，如果研究中的单元是其他的特殊情况，U 应采用不同的标记。例如，实例 4 中的单元是飞行（flights），可以用 $u_{i,j}$ 表示第 i 个飞机的第 j 次飞行，同时测量的相应的飞行时间为 Y（$u_{i,j}$）。在下述的其余部分，都假设单元就是在某时刻的测量对象，这个结论可以直接扩展并适用于不同情形的总体。

9.1.3 基本问题的解决方案

对于破坏性测量，如果假设 c 和假设 d 能被备选的具有同样效果的同质性条件所代替，这个基本问题就可以得到解决。在实践中，条件假设 c 和假设 d 并不能完全得到满足，这种情况的后果将在下面的内容进行阐明。

如果假设 c 成立（时间稳定性），就没有必要区别不同时刻的常量，可以取 $U = \{u_i\}$，$i = 1$，$\cdots$，n，而省略对时间的记录。

（1）对象的同质性

当具有时间稳定性而没有测量稳健性的情况下（假设 c 成立，而假设 d 不成立），可以提出一种面向对象的潜在的（近似的）同质性。

假设 e. 对象的同质性：存在一个子集 $H \subset U$，对 H 中的所有 u_i 和 u_j，都有 $T(u_i) = T(u_j)$ 成立。简言之就是，对于研究中的测量而言，某些对象可被认为是相同的。此外，假设 c 成立。

如果对于研究的对象假设 e 不成立，就应该采取一些灵活性，去寻找一些替代对象 $A=\{v_i\}i=1, \cdots, k$，这些对象并不属于被研究的单元（$A \not\subset U$），但可以对其应用测量程序。

假设 e 成立（H 用 A 代替）时，还可进一步做出假设：

假设 f. 备择对象的代表性：对备择对象测量的误差分布可用以表征被替代对象的测量误差分布。

就像对饼干强度的测量（实例 2）一样，还可以选择对某种塑料棒的强度进行测量，已知它们具有非常好的同质性（假设 e 成立，H 被 A 代替），因此可认为它们具有近似相同的强度。对选择的塑料棒施加压力并使之破碎，这个压力要几乎等同于加在饼干上的并使之破碎的压力，这样就可以假设，对塑料棒测量时所产生的测量误差的分布对饼干的测量误差分布（假设 f）具有象征性。对于实例 4 中的纸飞机的情形，可能具有相似的特点：可以对纸飞机的飞行进行录像，通过多次回放每段录像并同时测量飞行时间就可确定测量变差。

（2）修正对象间的同质性

这里，仍然假设具有时间稳定性（假设 c）而没有测量的稳健性（假设 d），要研究一下如果不满足上述的特点（用假设 e 代替假设 d），我们能做些什么。其实可以为对象间的同质性建立模型并进行修正，以一种人为方式使对象间具有同质性。

假设 g. 模型化对象变差：对于 U 中的某子集 H 中的所有 u_i，都有 $T(u_i)=f(i)$ 成立，f 是具有有限个参数的函数。简言之，对象间的变差服从某种模式，此外，假设 c 成立。

这种模型可能是一种多项式函数，例如，对于连续的对象 $i=1, \cdots, k$ 或不同位置上的对象而言，有 $f(i)=\beta_0+\beta_1 i$ 线性模式。

假如，对某个饼干序列而言，强度的增加有可能遵循某种线性趋势

$$T(u_i)=f(i)=\beta_0+\beta_1 i, \quad i=1, 2, \cdots, k \qquad 式（9.1.1）$$

式中：u_i 是序列中的第 i 块饼干。可以通过测量数据对模型 f 的两个参数 $\hat{\beta}_0$ 和 $\hat{\beta}_1$ 进行估计。当然，在实践中某些饼干的强度并非能精确地满足如式（9.1.1）所示模型，还存在某些随机误差，对此将在下文中进行解释。

（3）与非破坏性测量程序的比较

如果假设 d 所描述的情形不成立，就有必要去寻找一种备择的非破坏性的测量程序。然而，如果某试验者愿意去确定破坏性测量系统的精密度，他可以借助如下这种非破坏性测量系统的帮助去做。

假设 h. 存在备择的测量程序使假设 d 成立。此外，要假设 c 成立。

选择 k 个对象作为样本并采用备择的测量程序对这个样本进行标准的 GRR 研究。对象真值的方差估计为 σ_P^2。然后，再应用破坏性的测量程序对所有对象测量一次，用这些测量值的方差减去 $\hat{\sigma}_P^2$ 来估计 σ^2。

举一个确定显影时磷化剂涂层厚度的例子，这个厚度可以借助于某种装置来确定，这种装置发射某种光线穿过显影层，可以测量有多少光被遮挡。由于显影层是静止不动的，所以不能应用非破坏性测量系统，但是对于这种情形又必须采用。鉴于此，在制造过程中

操作者使用了一种备择的测量程序，即获取某特定面积上的磷化剂并称其重量。因为这种测量程序（破坏性的）要应用于制造过程，所以有必要对其精密度进行评估。操作者所采用的测量程序已在上面的内容里给予描述。

（4）与完全的破坏性测量程序的比较

存在这么一种测量程序，可以作为备择的、破坏性的测量程序，测量变差几乎为0（昂贵的试验室仪器）。即，

假设 i. 有这么一种测量程序 **X**，对所有的 $u_i \in U$，都有 $X(u_i) = T(u_i)$。此外，要假设 c 成立。

现选择 k 个对象组成样本并随机地将其分为两个子样本，其中一个子样本采用上述的备择程序进行测量，这些测量值的方差给出了样本中对象的方差 σ_P^2 的估计。另一个子样本采用所关注的破坏性测量程序进行测量，用这些测量值的方差减去 $\hat{\sigma}_P^2$ 来估计 σ^2。

（5）对时间的不稳定的修正

如果不能保持时间稳定性（假设 c），应该建立随时间的波动模型并修正它：

假设 j. 时间变差的模式化：对 U 中某子集 H 中的所有 $u_{i,t}$，有 $T(u_{i,t}) = f(i, t)$，f 是具有有限个参数的函数。简言之，对象随时间的变差服从某种模型。

考虑对某单个对象 i 在时刻 $t_1, \cdots, t_k$ 的多次测量，测量误差可被估计为

$$\hat{\sigma}^2 = \frac{1}{k-p} \sum_{j=1}^{k} (Y(u_{i,t_j}) - \hat{f}(i, t_j))^2 \qquad \text{式 (9.1.2)}$$

在实践中，可采用多个对象并估计合并方差。依照这种方法，可以估计一个 ARIMA 模型：$T(u_t) = f(t)$，这个模型描述了在时刻 t（实例3）管道中的压力 $T(u_t)$，并采用模型残差的方差来估计 σ^2。

（6）测量标准的材料

如果假设 c 和假设 d 都不能成立，就有可能会使用具有完美测量应用的单元。例如，其真值是已知的。当然，这种情况要求必须有已知真值的并可随意使用的校准材料。

假设 k. 已知真值：对于单元 $v_{i,t_i} \in A$，$i = 1, \cdots, k$，$T(v_{i,t_i})$ 是已知的。简言之，可以找到备择的已知真值的单元。此外，对于 A 假定 f 成立，同时假定测量系统偏倚为 0（或已知，由于它可以被修正）。

通过下式估计测量误差

$$\hat{\sigma}^2 = \frac{1}{k} \sum_{i=1}^{k} (Y(v_{i,t_i}) - T(v_{i,t_i}))^2 \qquad \text{式 (9.1.3)}$$

在可能的情况下，需要准备一些塑料棒，以便使其在已知的压力下被破坏，对这些塑料棒进行测量以替代那些饼干（实例2）。从式（9.1.3）估计的测量变差可以假设用来代表测量饼干强度时的测量变差。

注：如果测量系统的偏倚未知，可以下式估计

$$\hat{b} = \frac{1}{k} \sum_{i=1}^{k} (Y(v_{i,t_i}) - T(v_{i,t_i})) \qquad \text{式 (9.1.4)}$$

对估计的偏倚应进行修正，式（9.1.4）中尺度因子 $1/k$ 应该用 $1/(k-1)$ 代替。

9.1.4　条件未完全得到满足时的情况

从前述内容可以看到——为了解决 GRR 研究中的基本问题——试验者必须作出从假设 c 到假设 k 中的一个或多个假设。但是，通常这些假设只能在某种程度上成立，这就会使所估计的测量变差对真实的测量变差过高估计。

例如，在饼干的例子（实例 2）中，已经假设了某序列饼干的强度服从式（9.1.1）的模型，也认识到饼干强度的变差中还包括随机误差的成份，用式（9.1.5）来描述饼干 i 的真实强度

$$T(u_i) = \beta_0 + \beta_1 i + \varepsilon_i \qquad 式（9.1.5）$$

式中：ε_i 独立且服从正态分布 $N(0, \sigma_P^2)$。如果这个模型是一个准确的真实体现，那么式（9.1.3）中定义的估计因子就会有一个异于 σ^2 的期望值

$$E(\hat{\sigma}^2) = \sigma^2 + \sigma_P^2$$

例如，随机对象间的变差和测量变差是混杂的，不过倒是有个比较好的信息，就是估计的测量变差位于安全的一面：如果估计的测量变差是令人满意的，那么真实的测量变差也同样令人满意。对测量变差的过高估计的负面影响就是测量系统被错误地判断具有不充分性的偶然性增加。要减小这种偶然性，应该努力获得在最大程度上满足假设 c 到假设 k 之一或之几的测量单元，这是下节的主题。

非常清楚的是，如果同质性假设不能够得到完全的满足，在理论上就可能不能从测量变异中分离出对象的变差，因为这些信息并未包含在所采集的数据中。现在，有些专家正在试图找到完成这种分离的方法，采用嵌套的方差分析模型的试验，这也许是一个很好的研究方向。

9.2　破坏性测量的 GRR 研究的试验设计

9.2.1　在假设 c 和假设 d 下的 GRR 研究

要实施标准的量具 GRR 研究，试验者须按如下的交互设计采集测量数据：I 个对象的每一个被 J 个操作者的每一个分别测量 K 次。对第 i 个对象由第 j 个操作者进行的第 k 次测量结果可表示为 y_{ijk}，$i=1, \cdots, I$，$j=1, \cdots, J$，$k=1, \cdots, K$。在假设 c 和假设 d 下，这些测量值具有典型的模型

$$y_{ijk} = \mu + \tau_i + \beta_j + (\tau\beta)_{ij} + \varepsilon_{ijk} \qquad 式（9.2.1）$$

式中：$\tau_i \sim N(0, \sigma_P^2)$ 为对象的随机效应；$\beta_j \sim N(0, \sigma_O^2)$ 为操作者的随机效应；$(\tau\beta)_{ij} \sim N(0, \sigma_{PO}^2)$ 为对象和操作者的交互效应；$\varepsilon_{ijk} \sim N(0, \sigma_e^2)$ 是误差项。数据可以采用 ANOVA 法（见表 9.1，使用的是标准的 ANOVA 表）进行分析。通过适当的均方的线性组合可以分别得到 σ_O^2、σ_{PO}^2 和 σ_e^2 的估计，则总的测量变差为 $\sqrt{\hat{\sigma}_O^2 + \hat{\sigma}_{PO}^2 + \hat{\sigma}_e^2}$。

表 9.1 方差分析（ANOVA）表

来源	自由度 df	平方和 SS	期望均方 EMS
对象	$I-1$	$JK\sum_i(\overline{y}_{i..}-\overline{y}_{...})^2$	$\sigma_e^2+K\sigma_{PO}^2+JK\sigma_P^2$
操作者	$J-1$	$IK\sum_j(\overline{y}_{.j.}-\overline{y}_{...})^2$	$\sigma_e^2+K\sigma_{PO}^2+IK\sigma_O^2$
对象×操作者	$(I-1)(J-1)$	$K\sum_{i,j}(\overline{y}_{ij.}-\overline{y}_{i..}-\overline{y}_{.j.}+\overline{y}_{...})^2$	$\sigma_e^2+K\sigma_{PO}^2$
误差	$IJ(K-1)$	$\sum_{i,j,k}(y_{ijk}-\overline{y}_{ij.})^2$	σ_e^2

在假设 c 和假设 d 不能完全得到满足（对象要么不完全稳定，要么受到测量的轻微影响）的情况下，某些变差成份被过高估计。这里假设测量值 $\{y_{ijk}\}_{jk}$ 是以随机化顺序得到的，且仅 $\hat{\sigma}_e^2$ 受到了影响。

9.2.2 在假设 e 和假设 f 下的 *GRR* 研究

除了用对不同对象的测量来代替对某单一对象的测量外，某种相似的设计还是可以应用的。选择 I 个样本，每个样本有 JK 个对象，并假设在相应的研究测量中它们是同质的。J 个操作者中的每一个对这些对象测量 K 次，数据可采用如下模型

$$y_{ijk}=\mu+\tau_i+\beta_j+(\tau\beta)_{ij}+\varepsilon_{ijk} \qquad 式（9.2.2）$$

式中：$\tau_i\sim N(0,\sigma_P^2)$ 是对象的随机效应，$\beta_j\sim N(0,\sigma_O^2)$ 是操作者的随机效应，$(\tau\beta)_{ij}\sim N(0,\sigma_{PO}^2)$ 是对象和操作者的交互效应，而 $\varepsilon_{ijk}\sim N(0,\sigma_e^2)$ 是误差。某个样本的 JK 个对象在操作者因子内是嵌套的，这也许就可以解释为什么许多的六西格玛课程将这种设计视为嵌套了。名称看上去有些不准确，因为样本因子与操作者因子仍然是交互的，而对象因子——尽管实际上是嵌套的——并没有显示在模型中。

方差分析与表 9.1 相似，但是对象应该被样本所取代。另外，可以估计 σ_O^2、σ_{PO}^2 和 σ_e^2，如果假设 e 和 f 仅是近似成立，那么 σ_e^2 将被过高估计（假设试验者有近似的随机化的测量顺序）。

9.2.3 在假设 g 下的 *GRR* 研究

在实例 2 中，可能就存在这种情形，即从烤箱的隔条的不同位置上所抽取的饼干间强度的差异是已知的和不变的。在某瞬时 I，试验者可以从不同的位置选择 JK 块饼干，J 个操作者中的每一个都测量这些饼干 K 次，数据模型如下

$$y_{ijk}-\gamma_{jk}=\mu+\tau_i+\beta_j+(\tau\beta)_{ij}+\varepsilon_{ijk} \qquad 式（9.2.3）$$

式中：γ_{jk} 是假设的在位置 j，k 上的饼干强度的已知差异（与总体均值相比较），正如先前所述，$\beta_j\sim N(0,\sigma_O^2)$ 和 $\varepsilon_{ijk}\sim N(0,\sigma_e^2)$。现在有样本效应代替对象的效应 $\tau_i\sim N(0,\sigma_P^2)$，同样有操作者和样本的交互效应 $(\tau\beta)_{ij}\sim N(0,\sigma_{PO}^2)$。使用表 9.2 中分析的均方能够估计 σ_O^2、σ_{PO}^2 和 σ_e^2，从而得到总的测量变差为 $\sqrt{\hat{\sigma}_O^2+\hat{\sigma}_{PO}^2+\hat{\sigma}_e^2}$。饼干间样本内的变差并没有考虑，它与 σ_e^2 混在一起。

例 9.1 假如能够从不同的位置选取对象，并假设这些位置之间存在的差异不变。在表 9.2 中对样本 $I=6$ 和操作者 $J=6$ 的情形给出了一个可能的试验设计，该设计依据了 $6×6$ 拉丁方 (Latin-square) 设计（或称正交设计）。每个样本所包含的对象是在位置 $k=1，2，\cdots，6$ 上选择的。

表 9.2　　　　　　　　　　　正交设计

（输入的数据表示位置 $k \in \{1，\cdots，6\}$）

样本	操作者					
	1	2	3	4	5	6
1	1	4	3	5	2	6
2	2	1	5	3	6	4
3	3	5	4	6	1	2
4	4	3	6	2	5	1
5	6	2	1	4	3	5
6	5	6	2	1	4	3

可将操作者 j 所测量的第 i 个样本中位于位置 k 的一个对象的测量值表示为 y_{ijk}。

下面来看模型

$$y_{ijk}=\mu+\tau_i+\beta_j+\gamma_k+\varepsilon_{ijk} \qquad 式（9.2.4）$$

模型中，样本和操作者效应 τ_i 和 β_j 被认为是随机的，$k=1，2，\cdots，6$ 个位置之间的不变的差异构建了模型中的 γ_k 项。

表 9.3 显示了 ANOVA 表，这种设计类型的模型往往是效应可加模型（例如，不包含交互项）。因此只有能够假设样本和操作者之间没有交互作用时，这种方法才适用。更高级的设计可以包含交互作用项，但是相应地增加了分析的复杂性，在此不予考虑。使用表 9.3 中均方的线性组合，可以估计 σ_O^2 和 σ_e^2。

表 9.3　　　　　　　正交设计的方差分析（ANOVA）表（$I=J=K=p$）

来源	自由度 df	平方和 SS	期望均方 EMS
样本	$p-1$	$p\sum_i (\overline{y}_{i..}-\overline{y}_{...})^2$	$\sigma_e^2+p\sigma_P^2$
操作者	$p-1$	$p\sum_j (\overline{y}_{.j.}-\overline{y}_{...})^2$	$\sigma_e^2+p\sigma_O^2$
位置	$p-1$	$p\sum_k (\overline{y}_{..k}-\overline{y}_{...})^2$	$\sigma_e^2+[p/(p-1)]\sum_k\gamma_k^2$
误差	$(p-2)(p-1)$	$\sum_{i,j,k}(y_{ijk}-\overline{y}_{i..}-\overline{y}_{.j.}-\overline{y}_{..k}+2\overline{y}_{...})^2$	σ_e^2

例 9.2 对实例 2（饼干的强度）的研究，假设连续的饼干的强度具有线性增加或减小的趋势，至少认为在主要的时段内是这样。希望这种模型能够解释连续的饼干之间强度的大部分变差，为了简化分析，这里仅估计总的测量变差 σ。但是还是要说明如何使用这种方法估计测量变差的组成部分，σ_O^2、σ_{PO}^2 和 σ_e^2。

试验者选择了连续 $J=6$ 块饼干的 $I=6$ 个样本（见表 9.4）。

表 9.4			饼干的强度			
样本	序列号					
	1	2	3	4	5	6
1	11.0	11.0	11.1	11.2	11.1	11.4
2	9.4	9.5	9.6	9.6	9.9	10.4
3	8.5	8.8	9.1	9.3	9.9	9.4
4	10.3	10.1	10.0	10.4	10.6	10.5
5	9.7	9.7	9.7	9.8	10.3	10.0
6	9.3	9.1	9.5	9.6	9.5	9.9

数据采用 ANCOVA 模型

$$y_{ij} = \mu + \tau_i + \beta_j [j - (J+1)/2] + \varepsilon_{ij} \qquad \text{式 (9.2.5)}$$

式中：τ_i 代表样本效应；样本 i 内的线性趋势的斜率被表示为 β_j；ε_{ij} 的方差 σ^2 现在代表总的测量变差。使用一般线性模型（GLM）进行协方差分析（ANCOVA）结果显示在表 9.5。

表 9.5　　　　　　　　　　　　　　　　　　　ANCOVA 表

因子信息

因子	类型	水平数	值
样本	随机	6	1, 2, 3, 4, 5, 6

方差分析

来源	自由度	Adj SS	Adj MS	F	P
趋势	1	1.9612	1.96117	60.08	0
样本	5	4.6887	0.93774	28.73	0
趋势 * 样本	5	0.3504	0.07008	2.15	0.094
误差	24	0.7834	0.03264		
合计	35	17.9075			

采用误差的均方来估计测量变差，在 ANCOVA 模型中采用下式计算

$$MS_{\text{error}} = \frac{\sum_{i=1}^{I} \sum_{j=1}^{J} (y_{ij} - \overline{y}_{i.})^2 - \sum_{i=1}^{I} \hat{\beta}_i^2 \sum_{j=1}^{J} \left(j - \frac{J+1}{2}\right)^2}{I(n-1) - J} \qquad \text{式 (9.2.6)}$$

式中：

$$\hat{\beta}_i = \frac{\sum_{j=1}^{J} \left(j - \frac{J+1}{2}\right)(y_{ij} - \overline{y}_{i.})}{\sum_{j=1}^{J} \left(j - \frac{J+1}{2}\right)^2}$$

测量误差的估计值为 $\sigma = \sqrt{0.0326} = 0.18$，这是一个并不乐观的估计，因为 MS_{error} 混杂了

测量误差和不能被线性趋势所解释的饼干间的变差。如果不将主要的样本内变差归因于线性模型，则模型就可简化为一个单因子 ANOVA 模型，采用均方误差的平方根作为测量误差的估计，则得 $\sigma = 0.32$。

这种方法扩展后，可将操作者以及操作者和样本的交互作用效应包含在分析中。假设有 $K = 3$ 个操作者，试验者从每个样本中取出 2 块饼干随机地分配给每个操作者，模型变为

$$y_{ijk} = \mu + \tau_i + \gamma_k + (\tau\beta)_{ik} + \beta_j [j - (J+1)/2] + \varepsilon_{ijk} \qquad \text{式 (9.2.7)}$$

式中：γ_k 和 $(\tau\gamma)_{ik}$ 分别是操作者和操作者与样本的交互效应，模型中的项可以采用 ANCOVA 方法进行估计；均方的适当组合可用来估计 σ_O^2、σ_{PO}^2 和 σ_e^2，但是这种分析并不简单。

综上所述，为了估计测量系统变差，试验者需要对单一的对象进行多次测量，在许多情形下，这可以通过作出某些假设来完成，假设对象是随时间不变的且不受测量的影响。当这些假设不成立时，就像破坏性测量的情形，测量变差是混杂在其他变差源中的。如果试验者能够提出某种同质性的模型，就能获得一个比较好的测量变差的估计，本节中已经介绍了几个同质性假设下的例子（从假设 c 到假设 k，见表 9.6），这些都基于这个思想：要么分布的变差源的影响是忽略不计的，要么影响的结果可以被修正。

表 9.6	所提出的方法和假设一览表	
标准的假设		
a 常量偏倚		
b 测量误差的同质性		
c 对象的时间稳定性		
d 测量的稳健性		
破坏性测量的方法		**额外的假设**
e 对象的同质性		a, b, c
小样本内、对象间的变差可忽略不计		
f 备择对象的代表性		a, b, c, e
存在备择对象，而且对象间的变差可忽略不计		
g 对象变差的模型化		a, b, c
对象间变差可构造模型，并能对其进行修正		
h 备择的、非破坏性测量系统		a, b, c
存在备择的测量系统，而且是非破坏性的		
i 备择的、完全的、破坏性测量系统		a, b, c
存在备择的测量系统，它是破坏性的，但是几乎没有测量变差		
j 模式化的时间变差		a, b
时间变差可构造模型，并能对其进行修正		
k 已知真值		a, b, f
有已知真值的参考对象		

如果试验者所作出的同质性假设只能在一定程度上得到满足，那么混杂的问题就不能被彻底解决，结果是测量变差被过高估计。试验者成功地策划 GRR 试验并对同质性条件

满足得越好，过高估计的可能性就越小。

尽管在某些文献资料中有时提出了其他不同的内容（尽管实践者经常会期望有这些），当同质性假设条件不能很好地得到保证时，就不会有解决这种混杂问题的统计诀窍，在破坏性测量与 GRR 研究的基本原则之间存在这么一个必须设法逾越的"障碍"。

9.2.4 对象的同质性表示说明

在实施破坏性测量的测量系统分析之前，要明确所依据的假设（从 c 到 k）。对于表9.7 中的 10-2-3 设计（即 10 个零件、2 个评价人、3 次测量），"零件 1"就变为了零件1-1，1-2，1-3，1-4，1-5，1-6，这 6 个零件（也可以是一个样件分割而成）非常相似，假设是同质的，而且用于代表零件 1，其余 10 个零件依此类推。所以，假设连续抽取（一批内）的所有零件是同质的，并认为是相同的。如果某特定过程不满足这个假设（即假设e），就不能采用如下的研究方法。

表 9.7 破坏性的量具 *GRR* 研究设计样例

零件	评价人 1			评价人 2		
	试验 1	试验 2	试验 3	试验 1	试验 2	试验 3
1A···1F	1-1	1-2	1-3	1-4	1-5	1-6
2A···2F	2-1	2-2	2-3	2-4	2-5	2-6
3A···3F	3-1	3-2	3-3	3-4	3-5	3-6
4A···4F	4-1	4-2	4-3	4-4	4-5	4-6
5A···5F	5-1	5-2	5-3	5-4	5-5	5-6
6A···6F	6-1	6-2	6-3	6-4	6-5	6-6
7A···7F	7-1	7-2	7-3	7-4	7-5	7-6
8A···8F	8-1	8-2	8-3	8-4	8-5	8-6
9A···9F	9-1	9-2	9-3	9-4	9-5	9-6
10A···10F	10-1	10-2	10-3	10-4	10-5	10-6

在选择这些"同质性的"零件（可称其为"复制品"）时应格外注意，研究中用来代表原来零件 1 的那些"复制品"零件应按相同的方式选择尽可能相像的零件，对零件 2、零件 3、零件 4 等同样选择。这些零件应是在尽可能相似的生产条件下生产的，如"5M＋1E"。通常，如果零件以一种连续方式从生产线上获取得，则这个要求就得到满足了。

然而，例如，选择的代表零件 2 的那些"复制品"零件必须不同于零件 1、零件 3 等，所以零件间的"5M＋1E"必须是彼此不同的，而且零件间的这些差异必须保证存在。表9.7 中每行包含的"复制品"零件的数量必须等于评价人数与试验次数的乘积，每行内的零件构成的组假定是相同的——同质的，不同行构成的零件组假定是不同的——异质的。如果"复制品"零件的数量不足以分配给每个评价人，或者根本就不能"复制"或"分割"，此时应考虑嵌套设计。可参见 9.3 节提供的例子。

零件变差可被表示为零件间（part-to-part）、班次间（shift-to-shift）、批次间（lot-to-lot）、组次间（batch-to-batch）、日次间（day-to-day）、周次间（week-to-week）等，对于零件最小变差指零件间变差——体现了每个零件间最小可能的时间量，当零件不是连续抽取的，就有可能产生变差——不同的生产操作者、不同的原材料、不同的组件以及变化的环境等。

所以，通过连续抽取零件使每行内的变差最小化，并以此来代表零件间变差，而通过从不同批或组等抽取零件使每行间变差最大化。这也许会有经济上的、时间上的或其他的限制，由于抽样必须是过程处于运行状态并且 PPAP 必须得到确认后才能进行，所以会对为了获得行间数据而等待抽样的时间长度提出某种限度。当产生了这种限制并影响了正确的抽样时，应对结果的解释进行适当的修正。

对于这类研究另一个重要统计假设是测量误差服从正态分布，这也是进行任何方差分析（ANOVA）的重要前提，在前述的假设中已有体现。

在破坏性测量系统分析中采用 ANOVA 法比均值和极差法更为合适，ANOVA 可以检验交互作用，而均值和极差法不能。

值得预先提出的是，这类研究的结果中会包括一些过程变差，因为"同质的"零件实际上并非相等，这一点会在解释与过程变差或公差有关的变差百分比时表现出来，对生产过程和相应的测量系统了解得越深刻，进行破坏性测量系统研究就越有意义。

在破坏性测量 GRR 研究中清晰地标识零件并在检测后妥善保存是非常重要的，如果在研究后出现任何问题，这些零件还可以用来进一步解释，例如显微检查。

由于在假设 e 和假设 f 的情况下的 GRR 研究是实践中最常遇到的情形，所以下面所举的案例也是符合该假设的。

9.2.5　案例说明

有一种带有钢印的零件要使用在某关键的焊接装配过程中，但是该零件必须在不间断的情况下进行破坏性的试验。该过程中安装有一种先进的压模装置可以给零件压制钢印，紧随该过程的是机器自动的 MIG 焊接（随带一个外购的打上钢印的钢棒），这种焊接是在6 个不同的位置，每个位置用 4 个平行的焊接固定物（每次装配只使用一个），每个焊接固定物可用一个字母进行标识，从 A 到 X。该过程在生产中已经应用了相当长的时间，而且进行了稳定性和能力的研究和分析。24 个焊接位置中的每一个都提供了一个稳定且有能力的过程，但是有些好有些差。为了改进整个过程，必须应用这种破坏性的 MSA 研究方法对测量系统进行研究。测量特性是零件可承受的最大拉力。

（1）研究计划

这个案例的研究采用了 10-2-3 设计模式，即 10 个零件、2 个评价人、3 次测量，总共需要 60 个零件。考虑到过程的复杂性，采用 10-2-3 的设计比 10-3-3 更加容易管理。尽管有 24 个焊接固定物，但只选 10 个用于研究，它们是采用先前收集的、代表过程全量程范围的数据而选出来的，在测量系统研究中有足够的早期置信度来作出这种判断。

表 9.7 中每行内零件的相似性（同质性）是通过获得 6 个连续打上钢印的零件（6

是为了满足 2 个评价人和 3 次试验的要求）来保证的，然后使用相同的焊接固定物连续地焊接这 6 个零件。表中每行间的差异性（异质性）是通过获得 6 个连续打上钢印的零件组成的零件组来保证的，组中的零件是从不同的钢卷带中获得的，而这些钢卷带材料每隔几小时就投料一次。对于这些零件，在不同的时间经由不同的焊接固定物进行连续地焊接。

棒件被焊接到打有钢印的零件上构成一个整体，这是可接受的，在拉伸试验中并没有显示出其对变差有什么重大影响。因此，在研究中没有必要考虑棒件的相似性和差异性。

通过以前的研究表明，在检测设备中使用的手工定位和装夹系统与操作者有关，所以重新安装了一种新的带有液压夹具的定位系统。零件通过准确的定位装置和液压夹具载入到设备中。在检测设备上有一个钩子可以钩住棒件并机械地将零件拉至破坏，设备上有一个数字读数装置可以显示最大的拉力（磅）。从这个读取装置可以记录数据并注明失效模式（焊接必须从零件上拉开金属）。尽管对评价人的依赖性已经通过假设解决了，但是，在研究中仍然使用 2 个评价人来验证这个假设。

研究中总共要用到 60 个零件，分 10 组相似的零件，2 个评价人和 3 次试验。零件必须从打钢印的操作开始选择，经过仔细地编号和隔离直到 60 个零件都被选择出来。这 10 组零件是按 3 个小时的间隔来选择的，为了保证每组零件间的差异，在 3 天内的生产中完成采集。

然后，每个相似印记的零件组通过不同的焊接固定物来进行焊接，关系到每个焊接固定物的每组中的 6 个零件都是以随机顺序进行的。见表 9.8。

表 9.8　　　　　　　　　　　案例应用的设计

零件	评价人 1			评价人 2		
	试验 1	试验 2	试验 3	试验 1	试验 2	试验 3
1-1R⋯1-6R	$1\text{-}6R_{53}$	$1\text{-}5R_{25}$	$1\text{-}3R_7$	$1\text{-}4R_{40}$	$1\text{-}1R_{34}$	$1\text{-}2R_{32}$
2-1P⋯2-6P	$2\text{-}2P_{27}$	$2\text{-}6P_{36}$	$2\text{-}5P_{57}$	$2\text{-}4P_{12}$	$2\text{-}3P_{43}$	$2\text{-}1P_{17}$
3-1H⋯3-6H	$3\text{-}1H_{21}$	$3\text{-}2H_{36}$	$3\text{-}6H_1$	$3\text{-}5H_{56}$	$3\text{-}4H_{10}$	$3\text{-}3H_{26}$
4-1G⋯4-6G	$4\text{-}4G_{46}$	$4\text{-}6G_{42}$	$4\text{-}3G_9$	$4\text{-}2G_{29}$	$4\text{-}1G_{55}$	$4\text{-}5G_{30}$
5-1E⋯5-6E	$5\text{-}4E_5$	$5\text{-}3E_{20}$	$5\text{-}1E_{13}$	$5\text{-}6E_{54}$	$5\text{-}2E_{39}$	$5\text{-}5E_{50}$
6-1F⋯6-6F	$6\text{-}1F_{52}$	$6\text{-}3F_3$	$6\text{-}4F_{37}$	$6\text{-}5F_{29}$	$6\text{-}2F_{51}$	$6\text{-}6F_{45}$
7-1M⋯7-6M	$7\text{-}6M_{16}$	$7\text{-}4M_{11}$	$7\text{-}1M_{23}$	$7\text{-}2M_6$	$7\text{-}3M_{15}$	$7\text{-}5M_{14}$
8-1O⋯8-6O	$8\text{-}6O_{49}$	$8\text{-}3O_{60}$	$8\text{-}1O_{33}$	$8\text{-}5O_{41}$	$8\text{-}2O_{44}$	$8\text{-}4O_{19}$
9-1Q⋯9-6Q	$9\text{-}5Q_{31}$	$9\text{-}6Q_{59}$	$9\text{-}3Q_{24}$	$9\text{-}2Q_4$	$9\text{-}4Q_9$	$9\text{-}1Q_2$
10-1T⋯10-6T	$10\text{-}2T_{22}$	$10\text{-}5T_{19}$	$10\text{-}3T_{47}$	$10\text{-}4T_{58}$	$10\text{-}1T_{49}$	$10\text{-}6T_{38}$

表 9.8 中，每行表明了"相似的"零件，"1-1R"代表 6 个带钢印零件组成的第一组中的第一个，对应焊接固定物的标识为 R；"1-2R"代表第一个零件组中的第二个，对应焊接固定物的标识为 R；"10-1T"代表第十个零件组中的第一个，对应焊接固定物的标识为 T。

采用如上方法标识的零件显示在表中，每行中的零件对于焊接装配操作和焊接检验操作都显示出了随机顺序，上表显示的是焊接检验操作顺序，而每行零件的焊接装配操作顺序是不同的，并未显示在上表中。这种随机化减小了制造和/或检验顺序中产生偏倚的可能性。

一旦所有的装配都完成，零件就被分配给评价人进行破坏性试验并记录拉力（pulloff）的数据（数据表名称 destructive1.mtw）。保存零件及原始的零件编号，以便日后需要时进一步分析。

（2）数据分析

首先看一下量具链图，图 9.1 表明标绘的点代表单个测量值，是每次试验期间每个评价人对每个"零件"测量值。这些数据按照评价人进行分组并按试验顺序显示，水平虚线代表显示在图上的所有单值的总体平均值。横坐标显示每个"零件"的编号（此例中 6 个零件一组）。

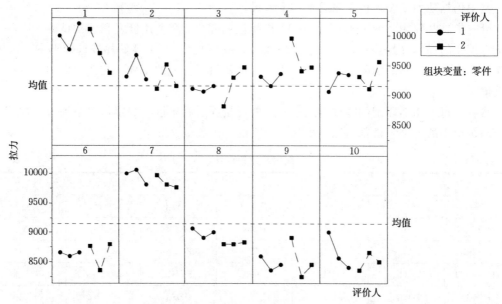

图 9.1　量具链图

这种类型的图对出现的任何数据模式提供了可视化的线索，理想情况是"零件"内没有特殊的模式出现。如果出现了不期望的模式，那么就可能需要进行更为复杂的调查。另一种理想的情况是展示出"零件"间存在的差异。如果这种差异没有出现，测量系统就不能识别用于研究的零件间的变差。由于图中没有控制限和其他的统计指南，在进行审视时可能需要有一些猜测和常识。

在此例研究中"零件"内没有出现显著的模式，"零件"间的差异比较显著。

下面看看量具 GRR 分析结果的图形显示，如图 9.2 所示。

图 9.2 中显示了组合在一起的 5 个图形，对图形的分析同第 6 章相应的内容。从对每个图形的分析可知，没有发现影响测量系统可接受性的因素。

通常，在分析图形的同时，还要结合方差分析表和 GRR 分析表的结果，见表 9.9。

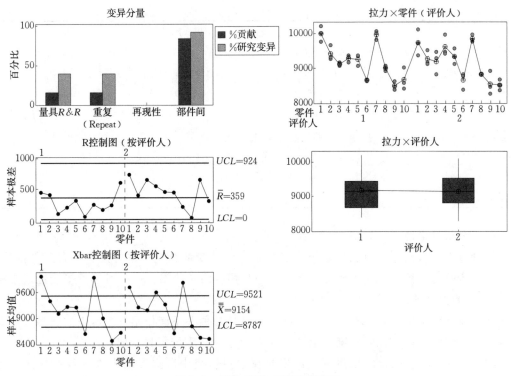

图 9.2　量具 *GRR* 分析结果图形

表 9.9　　　　　　　　　　　　　量具 *R&R* 研究分析表

量具 *R&R* 研究-嵌套方差分析

拉力的量具 *R&R*（嵌套）

来源	自由度	SS	MS	F	P
评价人	1	14727	14727	0.0190	0.892
零件（评价人）	18	13928980	773832	16.7538	0.000
重复性	40	1847533	46188		
合计	59	15791240			

量具 *R&R*

来源	方差分量	方差分量贡献率
合计量具 *R&R*	46188	16.00
重复性	46188	16.00
再现性	0	0.00
部件间	242548	84.00
合计变异	288736	100.00

续表

来源	标准差（SD）	研究变异 （6×SD）	%研究变异 （%SV）
合计量具 R&R	214.915	1289.49	40.00
重复性	214.915	1289.49	40.00
再现性	0.000	0.00	0.00
部件间	492.492	2954.95	91.65
合计变异	537.342	3224.05	100.00

可区分的类别数＝3

（3）分析结果说明

综合以上所有信息应对测量系统作出是否可以接受的结论——可接受？有条件接受？尚需进一步研究？评价人还需较好的培训？还是顾客同意使用？……对于可接受性通常根据%GRR 的值来评价。

在此特殊的案例中，%GRR＝40.00%，只凭此数值并不能作出一个清晰的解释。考虑测量系统的边缘可接受性的传统的上限值30%，该测量系统可接受吗？

1）与%GRR 相比较的全过程实际上是仅通过研究中所选择的零件（包括焊接固定物）来代表的，24 个固定物中只有 10 个包括在研究中，并不是所有过程都能必然地体现出来。如果基于所有固定物的过程变差比研究中所选择的 10 个零件体现出的变差大得多，那么测量系统可能是可接受的。

2）如此例的破坏性研究数据必然会包含一些过程变差，所以 40.00%的%GRR 比例中有一部分实际上是过程变差，要从测量系统变差中分离出所有过程变差是不可能的。

3）用于进行破坏性拉脱试验的设备相对复杂而且价格昂贵，试想它可能被改进且在有效成本内的程度有多大？这可能是一个成本研究的问题。

（4）可接受性问题

确定一个破坏性研究结果的可接受性涉及许多其他可能的问题，这些问题超出了本例的直接目标。

1）生产过程稳定性：为了准确地分析和解释一个破坏性测量系统的研究，生产过程必须是统计受控的，因为测量系统的稳定性被包含在生产过程数据之中。如果总数据表明稳定，测量系统理论上是稳定的。数据采集频率和样本大小必须在平均链长（Average Run Length，ARL）和检验成本之间保持平衡。

2）生产过程能力：如果生产过程具有边缘能力，那么在其自然过程限和测量系统的"灰色区域"之间就没有较多的冗余空间。当破坏性测量系统分析表明了边缘的或有质疑的可接受性时，可能应该重新计算可接受限（对过程数据），这些可接受限可通过计算 3 倍或 4 倍的 σ_{GRR}（作为中间值），然后将该值加到下规范限上以及从上规范限中减去该值。但是，对于任何的置信度，在生产过程和这些限值之间必须有充足的冗余空间。在此例中只提供了一个下规范限，所以那个中间值只能加到下规范限上。对于只有上规范限的过程，也只能将中间值从上规范限中减去。

3）长期的测量系统稳定性：应采用与上述描述的方法相似的技术对测量系统的长期稳定性进行研究，这些技术可以被视为"最小"的研究并且应不间断地进行。

4）出人意料地，过程 C_p 越好，根据使用上述的分析方法所得到的破坏性测量系统的分析结果来判断可接受性就可能越困难。记得成功应用分析方法的一个重要要求是必须熟悉地选择出相似的（同质的）零件（用作每行内"零件"和评价人内的试验）以及差异的（异质的）零件（用作每行间"零件"和不同评价人）。如果生产过程的 C_p 比较"紧"，就有可能不能满足这个要求。但是，如果一个过程表现出稳定性和较高的 C_{pk}，那么测量系统是可能可以接受的（假设没有偏倚或线性问题），因为产生这个高 C_{pk} 的数据包括了测量变差。

5）使用这个方法不能评估偏倚和线性。对于任何 GRR 研究都只考虑重复性和再现性。对于破坏性测量系统的全面接受性而言，测量设备的校准计划变得尤为重要。

（5）总结

这个案例研究是一个单独的事件并冠以破坏性的 GRR 研究的术语，从较宽泛的范围来讲，任何测量系统的研究都将是长期的、无限的过程。这里的研究只是对某个系统的初始量化，而尚需更多的工作用来持续控制测量系统以保证其稳定性，以及在作出适当的过程控制、能力决策和持续改进方面的可用性。要始终密切监视这个测量过程的动态，可以采用一种控制图来记录那些特定的、按周期抽取的连续样本的结果，这些结果用来确定系统的稳定性。

最后，上述方法是为某种特殊情形而选择的，还有其他方法能够确定破坏性测量系统的测量误差，但应根据具体情形认真选择。以上所用的方法只能说明对单个情形采用了单独的方法，希望能促进读者开发一种切实符合其自身的测量误差情形的研究方法。

9.2.6 其他应注意的内容

在进行破坏性测量的 GRR 研究之前应注意以下几个方面：

（1）必须首先保证围绕测量试验的所有条件已明确定义、标准化和得到控制——评价人必须有相同的资质并经过培训，灯光应充足并受控，作业指导书应详细并具有可操作性，环境条件必须受控到充分的程度，仪器应正确地维护和校准/检定，对失效模式应充分了解等等。第 3 章中的测量系统变差源因果图对此会有很大的帮助。

（2）其次，在进行破坏性测量的研究之前还有大量的先决工作要做。生产过程必须稳定而且对变差性质理解要准确，保证为破坏性测量的研究抽取的样本是适当的。也就是说，应明了过程哪里是同质的（homogeneous），哪里是异质的（heterogeneous）。

（3）另外，值得注意的是，如果整个过程看上去是稳定的并且有能力（通过事先的过程能力分析的 C_{pk} 和 P_{pk} 判断），而且事先要求的所有条件都满足，那么再去进行破坏性测量的研究必要性就不大了，因为正确合理的过程能力研究包括了测量误差，如果总体的产品变差和均值满足要求，就可认为测量系统是可接受的。

9.3 复杂设计模型下的量具 *R&R* 研究

大多数量具 *R&R* 研究仅评估两个因素对测量系统变差的影响，通常是操作者和样件。但是，有时测量系统可能还会受到除操作员和样件以外的变差源的影响，例如量具、实验室、位置等因素。这就需要在标准的量具 *R&R* 研究中添加第三个或更多的变量，否则不足以全面了解测量系统。

比如，某工厂生产不锈钢柱销，其直径公差很小，且现场有很多同类型的游标卡尺用于实际测量，根据客户要求，需要验证其直径的测量系统能力。所以标准的 *R&R* 研究无法一次性有效证明其能力，于是需要进行复杂的量具 *R&R*，包括操作员，样件和量具（游标卡尺）。

当研究中包含 3 个或更多因素时，就属于复杂设计模型下的量具 *R&R* 研究（Minitab 称之为扩展的量具 *R&R* 研究）。前面已经提到，采用均值和极差法一般不能超过两个因子，且因子间的交互作用变差无法估计，故而，对于复杂的测量系统研究均采用方差分析（ANOVA）法。

常用一般线性模型（GLM）方法进行量具 *R&R* 研究的方差分析，包含三种类型的模型：随机效应模型、混合效应模型和嵌套设计模型。详见 2.4 节。

典型的量具 *R&R* 研究假设所有因子都是随机的。要顺利完成复杂设计模型下的 *R&R* 研究设计与分析，应注意如下几个方面：

（1）操作员应以随机次序测量样件。这点与标准 *R&R* 研究一样，要采用"盲测"法，即保证测量的随机化，以消除"记忆"的霍桑效应（额外的变差）。

（2）明确研究的设计是平衡的，还是不平衡的。平衡设计是指因子水平的所有可能组合都具有相等数量的观测值，不平衡设计具有数量不等的观测值。

（3）明确因子间是交叉关系，还是存在嵌套关系。因子间的不同关系决定了采用哪种效应模型。

（4）明确因子是固定的，还是随机的。通常，如果研究人员控制因子水平，则因子是固定的。但是，如果研究人员从总体随机抽取因子水平作为样本，则因子是随机的。假设因子操作员有三个水平。如果有意选择三个操作员，并且要将结果仅应用于这些操作员，则因子是固定的。但是，如果这三名操作员是从大量操作员中随机抽取的样本，且要将结果应用于所有操作员，则该因子为随机因子。

（5）应选择表示过程变异的实际或预期范围的样件。从整个过程范围选择样件可以增加对样件间变异进行良好估计的可能性。例如，不要测量连续样件、来自单个班次或单个生产线的样件或来自一批拒绝品的样件。

下面三个示例用来说明采用含有三个因子的效应模型进行复杂设计模型下 *R&R* 研究的分析方法。

例 9.3 表 9.10 是量具 *R&R* 研究的部分数据，是有关计算机数据存储的磁头分辨率的测量系统研究。在这项研究中，使用 o 个自动测试站（操作员）来评估 p 个磁头（部件）的质量。为了测量磁头的特性，在每个测试站都使用了 t 种磁带。在该设计中，所有

p 个磁头都是通过 ot 测试站×磁带组合进行测量的。每个处理条件有 $r=2$ 个重复。响应变量是磁头的正向分辨率。在将信息写入磁带的过程中，以两个不同的频率测量电压，分辨率是这两个电压的比率，该比率没有度量单位，用百分比表示。理想情况下，该比例应为100%。规格限为 $LSL=90\%$ 和 $USL=110\%$。（数据文件：磁头分辨率.mtw）

表 9.10   三个随机因子交叉设计的举例数据

样件	操作员	磁带	Y
1	1	1	102.8917
1	1	1	103.3077
1	1	2	104.1766
1	1	2	103.9411
1	1	3	103.6517
1	1	3	103.8112
1	2	1	102.4783
1	2	1	103.3801
...	...	...	...
9	3	1	97.08995
9	3	1	96.94569
9	3	2	97.28612
9	3	2	97.72192
9	3	3	96.66787
9	3	3	96.74137

用于表示三因子随机效应的模型是

$$y_{ijkl} = \mu + \tau_i + \beta_j + \gamma_k + (\tau\beta)_{ij} + (\tau\gamma)_{ik} + (\beta\gamma)_{jk} + (\tau\beta\gamma)_{ijk} + \varepsilon_{ijkl} \quad 式（9.3.1）$$
$$i=1,\cdots,p,\quad j=1,\cdots,o,\quad k=1,\cdots,t,\quad l=1,\cdots,r$$

式中：μ_y 为常数，而 τ_i、β_j、γ_k、$(\tau\beta)_{ij}$、$(\tau\gamma)_{ik}$、$(\beta\gamma)_{jk}$、$(\tau\beta\gamma)_{ijk}$ 和 ε_{ijkl} 指均值为零、相对应的方差为 σ_τ^2、σ_β^2、σ_γ^2、$\sigma_{\tau\beta}^2$、$\sigma_{\tau\gamma}^2$、$\sigma_{\beta\gamma}^2$、$\sigma_{\tau\beta\gamma}^2$、$\sigma_\varepsilon^2$ 的联合独立正态随机变量。

使用一般线性模型进行分析，得到如下结果：

因子信息

因子	类型	水平数	值
样件	随机	9	1, 2, 3, 4, 5, 6, 7, 8, 9
操作员	随机	3	1, 2, 3
磁带	随机	3	1, 2, 3

续表

方差分析

来源	自由度	Adj SS	Adj MS	F	P
样件	8	822.77	102.847	40.50	0 x
操作员	2	26.16	13.081	3.65	0.095 x
磁带	2	58.46	29.231	6.65	0.019 x
样件×操作员	16	17.19	1.074	2.57	0.011
样件×磁带	16	30.14	1.884	4.50	0
操作员×磁带	4	11.73	2.932	7.01	0
样件×操作员×磁带	32	13.39	0.418	3.00	0
误差	81	11.29	0.139		
合计	161	991.13			

x 不是确切的 F 检验。

残差检验结果如图 9.3 所示。

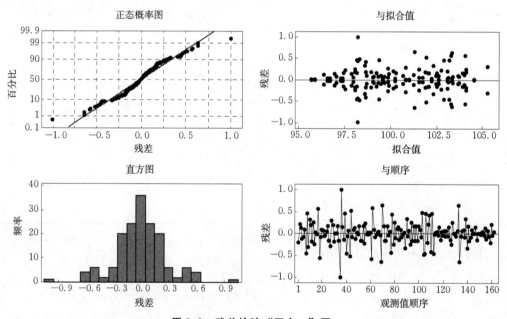

图 9.3　残差检验"四合一"图

生产过程的变差由样件变差 σ_τ^2 表示。操作员、磁带和所有二阶和三阶交互作用的变差及残差都归因于测量系统,因此有:$\sigma_M^2 = \sigma_\beta^2 + \sigma_\gamma^2 + \sigma_{\tau\beta}^2 + \sigma_{\tau\gamma}^2 + \sigma_{\beta\gamma}^2 + \sigma_{\tau\beta\gamma}^2 + \sigma_\varepsilon^2$。

进一步使用 Minitab 进行扩展的 $R\&R$ 分析,输出如下结果:

方差分量

来源	方差分量	方差分量 贡献率
合计量具 $R\&R$	1.40772	20.17
重复性	0.13937	2.00

续表

再现性	1.26834	18.17
操作员	0.17579	2.52
磁带	0.45988	6.59
样件×操作员	0.10935	1.57
样件×磁带	0.24421	3.50
操作员×磁带	0.13966	2.00
样件×操作员×磁带	0.13946	2.00
部件间	5.57261	79.83
样件	5.57261	79.83
合计变异	6.98033	100.00

量具评估

来源	标准差（SD）	研究变异 （6×SD）	%研究变异 （%SV）	%公差 （%P/T）
合计量具 R&R	1.18647	7.1188	44.91	35.59
重复性	0.37333	2.2400	14.13	11.20
再现性	1.12621	6.7572	42.63	33.79
操作员	0.41927	2.5156	15.87	12.58
磁带	0.67814	4.0689	25.67	20.34
样件×操作员	0.33069	1.9841	12.52	9.92
样件×磁带	0.49418	2.9651	18.70	14.83
操作员×磁带	0.37371	2.2422	14.14	11.21
样件×操作员×磁带	0.37344	2.2406	14.13	11.20
部件间	2.36064	14.1638	89.35	70.82
样件	2.36064	14.1638	89.35	70.82
合计变异	2.64203	15.8522	100.00	79.26

可区分的类别数＝2

图形结果如图 9.4 所示。

可见，％ GRR 和％ P/T 均超过了规定界限 30％，说明测量系统能力不足。再现性变差值得格外关注，特别是磁带差异及其与操作员和样件的交互作用变差都应该去改善。

此例是三个随机效应因子的交叉设计模型，下面再介绍一个三因子混合效应交叉设计模型的例子。

例 9.4 某工程师要评估环氧管涂层过程中的测量系统变异。随机选择了 10 根可表示过程变异的管件。每根管件都涂上一层慢干或快干的环氧涂层。工程师想确定涂层差异是否会导致部件之间的变异性。三名操作员按随机顺序测量 10 个部件，每个部件测 4 次（每种涂层测两次）。此例考虑的是具有两个随机因子和一个固定因子（涂层）的混合模型。表 9.11 显示了部分数据。（该案例来自于 minitab 数据集，文件名称：环氧管涂层 .mtw）

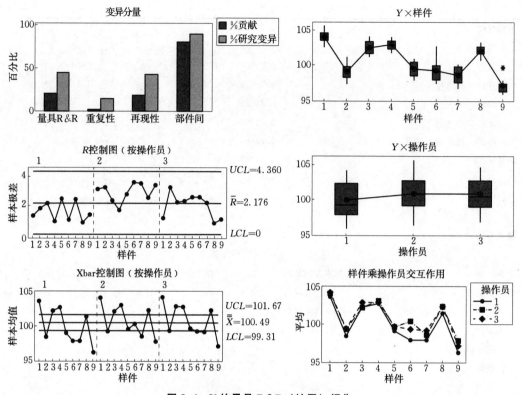

图 9.4　Y 的量具 R&R（扩展）报告

表 9.11 　　　　　　　　　　　　　　　　环氧管涂层的部分数据

管件	操作员	涂层	涂层厚度
1	John	Fast-Cure	34.35
1	John	Fast-Cure	36.15
1	John	Slow-Cure	39.6
1	John	Slow-Cure	38.85
2	John	Fast-Cure	21.6
2	John	Slow-Cure	22.8
2	John	Fast-Cure	21.3
2	John	Slow-Cure	23.7
3	John	Slow-Cure	50.1
3	John	Fast-Cure	47.55
3	John	Fast-Cure	49.05
3	John	Slow-Cure	49.5

　　适用的线性统计模型同式（9.3.1），式中，μ_y 是常数，而 τ_i、β_j、$(\tau\beta)_{ij}$、$(\tau\gamma)_{ik}$、$(\beta\gamma)_{jk}$、$(\tau\beta\gamma)_{ijk}$ 和 ε_{ijkl} 是均值为零、相对应的方差为 σ_τ^2、σ_β^2、$\sigma_{\tau\beta}^2$、$\sigma_{\tau\gamma}^2$、$\sigma_{\beta\gamma}^2$、$\sigma_{\tau\beta\gamma}^2$、$\sigma_\varepsilon^2$ 的联合独立正态随机变量。涂层效应 γ_k 是固定的，对应方差 σ_γ^2。

生产过程的变差由样件变差 σ_τ^2 表示。操作员、涂层和所有交互作用的变差都归因于测量系统，因此有 $\sigma_M^2 = \sigma_\beta^2 + \sigma_\gamma^2 + \sigma_{\tau\beta}^2 + \sigma_{\tau\gamma}^2 + \sigma_{\beta\gamma}^2 + \sigma_{\tau\beta\gamma}^2 + \sigma_\varepsilon^2$。

这里直接使用 minitab 进行扩展的 $R\&R$ 分析，得到如下输出：

量具 $R\&R$ 研究：涂层厚度与管件，操作员，涂层

因子信息

因子	类型	水平数	值
管件	随机	10	1, 2, 3, 4, 5, 6, 7, 8, 9, 10
操作员	随机	3	John, Maria, Sergio
涂层	固定	2	Fast-Cure, Slow-Cure

具有所有项的方差分析表

来源	自由度	Seq SS	Adj SS	Adj MS	F	P
管件	9	22007.77	21445.36	2382.82	207.90	0 x
操作员	2	787.58	833.33	416.67	11.19	0.040 x
涂层	1	405.42	382.75	382.75	14.45	0.091 x
管件×操作员	18	291.08	267.04	14.84	2.00	0.075
管件×涂层	9	36.94	36.48	4.05	0.55	0.821 x
操作员×涂层	2	60.28	59.67	29.84	4.04	0.036 x
管件×操作员×涂层	18	133.32	133.32	7.41	2.08	0.018
重复性	60	214.04	214.04	3.57		
合计	119	23936.41				

x 不是确切的 F 检验。

用于删除交互作用项的 $\alpha = 0.05$

方差分量

来源	方差分量	方差分量贡献率
合计量具 $R\&R$	21.318	9.65
重复性	3.567	1.61
再现性	17.751	8.03
操作员	9.587	4.34
涂层	3.225	1.46
管件×操作员	1.871	0.85
管件×涂层	0.000	0.00
操作员×涂层	1.134	0.51
管件×操作员×涂层	1.934	0.88
部件间	199.629	90.35
管件	199.629	90.35
合计变异	220.948	100.00

续表

量具评估

来源	标准差（SD）	研究变异 （6×SD）	%研究变异 （%SV）
合计量具 R&R	4.6172	27.7031	31.06
重复性	1.8887	11.3323	12.71
再现性	4.2132	25.2793	28.34
操作员	3.0963	18.5780	20.83
涂层	1.7958	10.7750	12.08
管件×操作员	1.3678	8.2069	9.20
管件×涂层	0.0000	0.0000	0.00
操作员×涂层	1.0650	6.3898	7.16
管件×操作员×涂层	1.3906	8.3436	9.36
部件间	14.1290	84.7742	95.05
管件	14.1290	84.7742	95.05
合计变异	14.8643	89.1859	100.00

可区分的类别数＝4

得到如图 9.5 所示的结果。

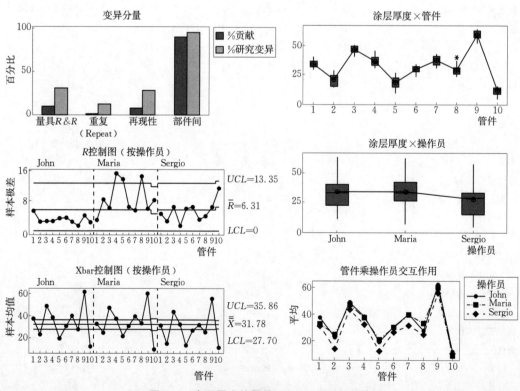

图 9.5　涂层厚度的量具 R&R（扩展）报告

可见，% GRR 为 31.06% 刚刚超过了规定界限 30%，说明测量系统能力处于边缘水平。再现性变差值得关注，可能需要对操作员进行必要的培训以提高其技能。

下面第三个示例介绍的是一个"三因子完全嵌套"设计模型的例子。

例 9.5 轮胎生产中的终炼胶在密炼（一道炼胶工序）完成后需要检验其门尼粘度，由门尼粘度仪来检测完成。设计如下试验：从众多检验员中随机选择了三名，每人随机从不同车（摆放单位）上分别剪取六大片终炼胶，然后再在每大片胶上的随机位置剪取 3 个中片，每个中片再切分出 3 个试样小片。试样小片在检验过程后被破坏，不能进行重复测量。

该试验设计的因子结构如图 9.6 所示。

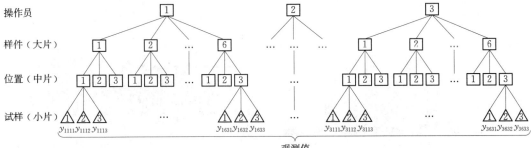

图 9.6 三级嵌套设计因子关系结构图

在此试验者，涉及三个随机因子：检验员、样件（大片）、位置（中片），且样件（大片）嵌套在检验员因子的水平下，位置（中片）嵌套在样件（大片）因子的水平下，因此，假设试样（小片）是均匀同质的，这就是有三次重复的三级嵌套设计。试验过程中保证了随机化（数据文件：门尼粘度（三级嵌套设计）.mtw）。

适用的设计模型为：

$$y_{ijkl} = \mu + \tau_i + \beta_{j(i)} + \gamma_{k(ij)} + \varepsilon_{(ijk)l}$$

式（9.3.2）

$$i = 1, 2, \cdots, a; \ j = 1, 2, \cdots, b; \ k = 1, 2, \cdots, c; \ l = 1, 2, \cdots, n$$

此例中，$a = 3$，$b = 6$，$c = 3$，$n = 3$。式中：τ_i 为第 i 个操作员的效应；$\beta_{j(i)}$ 为第 i 个操作员的第 j 个样件（大片）的效应；$\gamma_{k(ij)}$ 为第 k 个位置（中片）在第 i 个操作员的第 j 个样件（大片）下的效应；$\varepsilon_{(ijk)l}$ 为通常的 N（0，σ^2）误差项。

采用适合嵌套关系的方差分析方法，这里使用 minitab 中的一般线性模型（GLM）分析，得到如下方差分析表 9.12。

表 9.12　　　　　　　　　　　　**三级嵌套设计的方差分析表**

来源	自由度	Adj SS	Adj MS	F	P
操作员	2	297.91	148.954	1.05	0.375
样本（操作员）	15	2135.24	142.350	2669.06	0
位置（操作员，样本）	36	1.92	0.053	1.02	0.460
误差	108	5.67	0.053		
合计	161	2440.74			

还有，残差检验如图 9.7 所示。

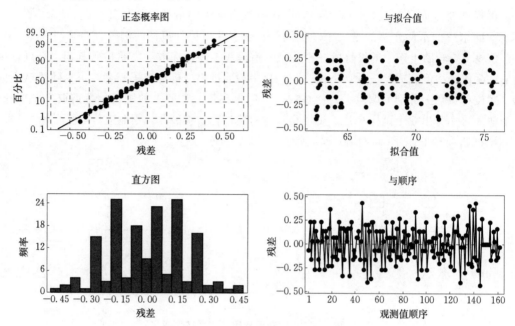

图 9.7　门尼粘度残差检验"四合一"图

从方差分析结果看，操作员和位置的主效应并不显著（p 值大于 0.05），而样本效应是显著的，说明其差异明显。残差图说明模型是适合的。

下面使用 Minitab 中扩展的 $R\&R$ 分析，输出结果如下：

量具 $R\&R$ 研究：门尼粘度与操作员，样本，位置

因子信息

因子	类型	水平数	值
操作员	随机	3	1，2，3
样本	随机	18	1，2，3，4，5，6，1，2，3，4，5，6，1，2，3，4，5，6
位置	随机	54	1，2，3，1，2，3，1，2，3，1，2，3，1，2，3，1，2，3，1，2，3，1，2，3，1，2，3， 1，2，3，1，2，3，1，2，3，1，2，3，1，2，3，1，2，3，1，2，3，1，2，3， 1，2，3，1，2，3

具有所有项的方差分析表

来源	自由度	Seq SS	Adj SS	Adj MS	F	P
样本（操作员）	15	2135.244	2135.244	142.350	2669.06	0
操作员	2	297.907	297.907	148.954	1.05	0.375
位置（操作员 样本）	36	1.920	1.920	0.053	1.02	0.460
重复性	108	5.673	5.673	0.053		
合计	161	2440.744				

续表

方差分量

来源	方差分量	方差分量 贡献率
合计量具 R&R	0.1748	1.09
重复性	0.0525	0.33
再现性	0.1223	0.77
操作员	0.1223	0.77
部件间	15.8110	98.91
样本（操作员）	15.8107	98.90
位置（操作员 样本）	0.0003	0.00
合计变异	15.9858	100.00

量具评估

来源	标准差（SD）	研究变异 （6×SD）	%研究变异 （%SV）
合计量具 R&R	0.41812	2.5087	10.46
重复性	0.22920	1.3752	5.73
再现性	0.34971	2.0982	8.75
操作员	0.34971	2.0982	8.75
部件间	3.97630	23.8578	99.45
样本（操作员）	3.97627	23.8576	99.45
位置（操作员 样本）	0.01636	0.0981	0.41
合计变异	3.99822	23.9893	100.00

可区分的类别数＝13

图形结果如图 9.8 所示。

从上述分析结果可见，量具 R&R 百分比为 10.46％，相对于样件间差异（包括位置差异）所占比例较小，虽然再现性值得关注并应采取措施改进，但当前测量系统还是符合使用要求的。

在本节中，介绍了三因子设计模型下的量具 R&R 研究的一般策略［见式（9.3.1）和式（9.3.2）］，并提供了三个示例来解释这些策略。该策略可用于平衡和不平衡设计。对于交叉和嵌套设计结构的试验设计模型的分析请参见第 11 章。

测量技术随着科技发展和软硬件技术的进步而不断提升，测量系统种类也越来越丰富多彩，对测量系统进行分析的新方法也逐渐涌现。就测量系统分析的本质来说，它是一种多变异源的分析，在认清楚变异来源的情况下，方差分析是基本的、有效的分析方法。

为了更有效地进行变差分析，试验设计通常被认为是一种结构化的、高效的研究方法。在第 11 章的应用案例中提供了有关拉丁方设计、交错嵌套设计等应用于测量系统分析的研究方法。

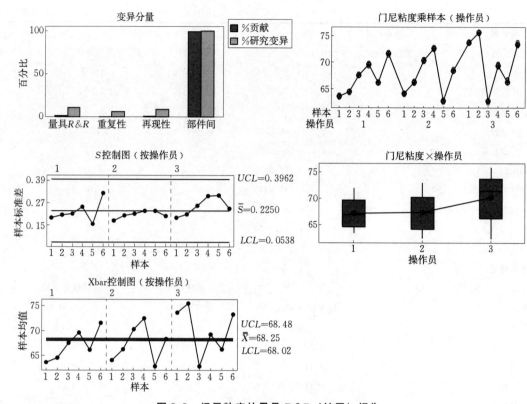

图 9.8 门尼粘度的量具 *R&R*（扩展）报告

第10章
测量过程评估（EMP）方法

当今世界，测量误差问题已得到广泛认可，在不同的研究和应用领域中也存在许多不同的应用实践。对误差的理解历经了从"测得不准""精度不够"的武断认知到理解准确度和精密度、从简单到复杂以及从错误到正确的过程。

在前面章节提及的 AIAG 量具 $R\&R$ 研究方法已在汽车领域及其他领域得到广泛应用及推广。尽管这项技术可以追溯到 1960 年代，但多年来它经历了几代人的变革，经过认真的修订后，一些严重的错误已被消除。但是，美国知名统计学家 Donald J. Wheeler 指出，这种方法仍然存在根本的错误问题，并继而提出了一种既简单又正确的替代方法，即测量过程评估（EMP）方法。为了更加清楚地理解 EMP 方法，下面首先就其中涉及的术语予以解释。

10.1 术语释义

10.1.1 或然误差

实际应用中，表征测量系统精密度常用估计的标准差，但其实还有另一种简单而强大的表征测量误差的方法——或然误差（Probable Error，P. E），定义为 1P. E＝0.675σ_e。

要理解或然误差提供的有关测量过程的信息，需要考虑对同一事物进行数百次甚或上千次测量的结果。如果测量系统始终保持其良好的一致性，数据的平均值用作被测特性的"最佳推测"是很直观自然的。

自中心极限定理被提出以来，正态概率模型一直是测量误差的主要模型。这样就可将正态分布的中间 50％的区域定义为如下区间，如图 10.1 所示。

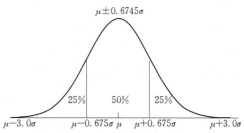

图 10.1 正态曲线下的区域

即对同一事物的重复测量的大约一半应该落在该区间内

$$\overline{X} \pm 0.6745\hat{\sigma}_e \quad 或 \quad 最佳推测值 \pm 1P. E$$

其实，对或然误差的合理使用是考虑单个测量的"误差"。即使在不确切知道最佳推测值的情况下，仍然可以将一次测量与最佳推测之间的差理解为测量误差，如图 10.2 所示。

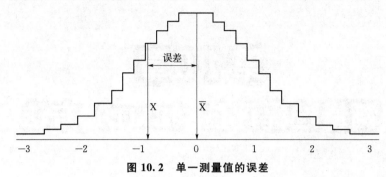

图 10.2　单一测量值的误差

结合图 10.1 和图 10.2，可以说单个测量值的误差应在一半时间内小于一个或然误差，而在一半时间内则应大于一个或然误差。因此，或然误差似乎是单个测量值将产生误差的中位数（即单个测量值的中位误差），而连续测量值的确如此。然而，由于测量的粗略性也可能影响单个测量的中位误差，事实证明或然误差是单个测量的中位误差的最小值。

或然误差限制了任何测量的分辨率。基于或然误差可以确定记录任何测量的正确位数。如果测量值被过度地四舍五入，以致于测量增量（measurement increment）比或然误差大得多，则该测量将失去本来面目。另一方面，如果记录的位数过多，则测量增量比或然误差小得多，则测量看起来会比实际情况好。要希望测量增量的大小与或然误差大致相同，可以使用以下准则。

根据需要记录尽可能多的数字，以使测量增量介于以下两个值之间：

$$0.2 \text{P.E} \leqslant \text{测量增量} \leqslant 2 \text{P.E}$$

10.1.2　组内相关系数

解释组内相关系数（Intraclass Correlation Coefficient，ICC）需假定测量变差与产品变差相互独立，则可以写出下面的基本公式

$$
\underset{\substack{\text{产品测量值}\\\text{的总变差}}}{\sigma_x^2} \quad = \quad \underset{\text{产品变差}}{\sigma_p^2} \quad + \quad \underset{\text{测量系统的变差}}{\sigma_e^2}
$$
　　　　　　　　　　　　　　　　　　　　　　　　　式（10.1.1）

组内相关系数是用于描述测量系统相对效用的传统关联指标。该系数由费舍尔（R. A. Fisher）在 20 世纪 20 年代初提出，在模型中定义为产品变差与总变差（将"产品测量值的总变差"简称为"总变差"）之比

$$ICC = \rho = \frac{\sigma_p^2}{\sigma_x^2}$$
　　　　　　　　　　　　　　　　　　　　　　　　　式（10.1.2）

该比率真实且准确地代表了总变差中可归因于产品流（product stream）中常规变差的那部分。当然，组内相关系数的互补部分（$1-\rho$）表示了总变差中可归因于测量误差的那部分。

组内相关系数的常用估计称为组内相关统计量

$$\hat{ICC} = r = \frac{\hat{\sigma}_p^2}{\hat{\sigma}_x^2} = 1 - \frac{\hat{\sigma}_e^2}{\hat{\sigma}_x^2} \qquad\qquad 式（10.1.3）$$

为了估计该统计量需要两个值：对测量系统的方差的估计 $\hat{\sigma}_e^2$，以及对总变差的估计 $\hat{\sigma}_x^2$。组内相关系数取值限制在 0 到 1 范围，但上述统计量有时可能会小于零。当发生这种情况时，仅表示产品差异很小，以至于 σ_e 估计的不确定性已将其淹没。

下面将举例说明组内相关系数的计算方法。

例 10.1 橡胶的门尼粘度测量。通常，通过将一片胶片样品一分为二，并测量其每一半的门尼粘度，然后将这两次测量的平均值报告为样品测得的门尼粘度（因此重复测量次数 $n_r = 2$）。数据见表 10.1。

表 10.1   **胶片门尼粘度数据**

批	1	2	3	4	5	6	7	8
门尼	64.0	64.4	65.7	66.7	63.6	67.3	68.0	67.0
粘度	68.0	66.0	68.9	70.0	64.8	66.0	67.9	69.0

由于每对读数属于重复的，因此子组极差将代表重测误差而非产品变差，并且极差图将用于连续检查测量过程的一致性。同时，子组平均值的移动极差将直接估计总变差。图 10.3 显示了八批的门尼粘度（单位：M）。

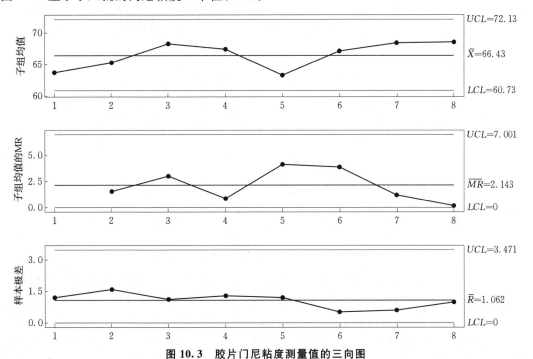

图 10.3 胶片门尼粘度测量值的三向图

根据图 10.3 中的样本极差图，可以将单个读数的测量误差估计为

$$\frac{\overline{R}}{d_2} = \frac{1.062}{1.128} = 0.94M$$

因此，重复读数的平均值将具有以下测量误差

$$\hat{\sigma}_e = \frac{\overline{R}}{d_2\sqrt{n_r}} = \frac{1.062}{1.128\sqrt{2}} = 0.66\text{M}$$

图 10.3 中的子组均值的移动极差图给出了总变差的估计值

$$\hat{\sigma}_x = \frac{\overline{MR}}{d_2} = \frac{2.143}{1.128} = 1.90\text{M}$$

因此，对于重复读数的平均值，组内相关统计量为

$$r = \frac{\hat{\sigma}_p^2}{\hat{\sigma}_x^2} = 1 - \frac{\hat{\sigma}_e^2}{\hat{\sigma}_x^2} = 1 - \frac{(0.66)^2}{(1.90)^2} = 0.877$$

报告的平均门尼粘度变化 87.7% 实际上是由于产品引起的，而只有 12.3% 是由于测量误差引起的。该组内相关统计量完全和正确地表征了这些产品的门尼粘度的重复测量值的相对效用。

10.1.3　四个过程监控等级

Donald. J. Wheeler 博士使用组内相关系数定义了四个过程监控的等级，用这四个等级来完全描述测量系统的相对效用。如图 10.4 中的两条曲线所表明。

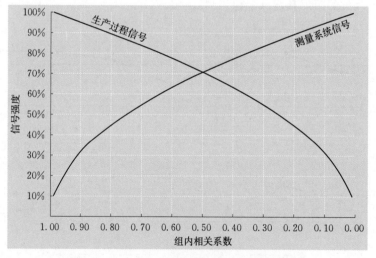

图 10.4　生产信号和测量系统信号的衰减曲线

监控一级（First Class Monitors）。具有组内相关系数在 0.80 至 1.00 范围。当测量系统的相对效用在此范围内时，生产过程变化信号受测量误差的影响将最小，此时过程信号将衰减不到 10%。同样，控制图检测此类信号的能力实际上不受影响。具体来说，在十个子组内通过第一条检验准则（一个点超出控制限之外）可以检测出三个标准差的偏移的机会超过 99%。监控一级可以跟踪过程改进，直至过程能力比率达到以下水平

$$C_{p80} = \frac{USL - LSL}{6\sigma_e}\sqrt{1 - 0.80} = \frac{USL - LSL}{6\sqrt{5}\sigma_e}$$

导致能力比率大于 C_{p80} 的过程变差的减少也将导致组内相关系数小于 0.80。

　　监控二级（Second Class Monitors）。具有组内相关系数在 0.80 至 0.50 范围。在此范围内，生产过程中任何变化的信号都会因测量误差的影响而衰减 10％到 30％。这种衰减只会稍微降低控制图检测过程变化的能力。具体来说，在十个子组内通过第一条检验准则（一个点超出控制限之外）可以检测出三个标准差的偏移的机会超过 88％。监控二级可以跟踪过程改进，直至过程能力比率达到以下水平

$$C_{p50} = \frac{USL - LSL}{6\sigma_e}\sqrt{1 - 0.50} = \frac{USL - LSL}{6\sqrt{2}\,\sigma_e}$$

导致能力比率大于 C_{p50} 的过程变差的减少也将导致组内相关系数小于 0.50。

　　监控三级（Third Class Monitors）。具有组内相关系数在 0.50 至 0.20 范围。在此范围内，生产过程中任何变化的信号都会因测量误差的影响而衰减 30％到 55％。这种衰减对我们检测信号能力的影响可以通过使用其他检测规则来克服。具体来说，在十个子组内通过第一条检验准则（一个点超出控制限之外）可以检测出三个标准差的偏移的机会在 40％至 88％之间。但使用控制图其他有效规则进行检测，仍有超过 91％的机会。监控三级可以跟踪过程改进，直至过程能力比率达到以下水平为

$$C_{p20} = \frac{USL - LSL}{6\sigma_e}\sqrt{1 - 0.20} = \frac{USL - LSL}{6\sqrt{1.25}\,\sigma_e}$$

导致能力比率大于 C_{p20} 的过程变差的减少也将导致组内相关系数小于 0.20。查看公式将发现 C_{p20} 始终是 C_{p80} 大小的两倍，C_{p20} 实际上是测量系统可用于跟踪过程改进的取值的上限。

　　监控四级（Fourth Class Monitors）。具有组内相关系数低于 0.20。生产过程中任何变化的信号都会因测量误差的影响而衰减超过 55％。随着组内相关系数减小到零，检测到过程变化的可能性将迅速消失。而且，实际上没有办法使用四级监控来跟踪任何过程改进。

　　过程监控的四个等级汇总如图 10.5 所示。因此，有三种不同的方式来解释特定的组内相关系数值的含义。可以利用测量误差使生产过程中的信号衰减量、控制图检测过程变化的能力或度量跟踪过程改进的能力 C_{p*}。

ICC		过程信号的衰减	检测一个3倍标准差偏移的机会	跟踪过程改进的能力
1.00				
	监控一级	小于10%	使用规则1 超过99%	达到 C_{p80}
0.80				
	监控二级	10%到30%	使用规则1 超过88%	达到 C_{p50}
0.50				
	监控三级	30%到55%	使用规则1，2，3，4 超过91%	达到 C_{p20}
0.20				
	监控四级	大于55%	快速消失	不能跟踪
0.00				

图 10.5　过程监控的四个等级

10.2　AIAG 方法、ANOVA 法和 EMP 方法

　　为了有更清晰地阐明 EMP 方法，将通过一个实例来回顾 AIAG 的量具 $R\&R$ 研究的

具体计算方法（平均值和极差法），说明该方法中存在的"缺陷"。同时，又与常用的方差分析（ANOVA）法的计算结果进行比较，然后详细地提出 EMP 方法是如何解决上述"缺陷"的。最后，明确了 EMP 方法的计算步骤和决策准则。

一般地，量具 $R\&R$ 研究会选择两个或更多操作员（O）、单一量具、多至十个部件（P）。然后，每名操作员测量每个部件 2 次或 3 次，产生具有子组大小（n）为 2 或 3 的完全交叉的数据结构。

实例说明：选择三名操作员，使用千分尺来测量 5 个金属垫片的厚度，每个垫片每人测量 2 次。因此，该研究具有 $n=2$，$o=3$ 和 $p=5$。共 30 个数据（以 mm 为单位）见表 10.2。

表 10.2 垫片厚度数据

操作员	A					B					C				
部件	1	2	3	4	5	1	2	3	4	5	1	2	3	4	5
1	167	210	187	189	156	155	206	182	184	143	152	206	180	180	146
2	162	213	183	196	147	157	199	179	178	142	155	203	181	182	154

10.2.1 对 AIAG 量具 $R\&R$ 研究的回顾

依据表 10.2 中的数据进行 AIAG 量具 $R\&R$ 研究，回顾计算过程。分析结果见表 10.3。

表 10.3 AIAG 量具 $R\&R$ 分析（均值和极差法）

步骤	计算说明	公式和结果
1	计算表 10.2 中子组大小为 $n=2$ 的 $k=15$ 子组的平均极差 $\overline{R}$，并找到相应的极差上限（URL）	$\overline{R}=4.267\text{mm}$，$URL=13.9\text{mm}$。表 10.2 中的极差均未超过极差上限
2	将步骤 1 的平均极差除以适当的偏倚校正因子，以获得测量误差的标准差的估计值。该估计称为重复性或设备变差（EV）	$EV=\hat{\sigma}_{pe}=\dfrac{\overline{R}}{d_2}=\dfrac{4.267}{1.128}=3.78$
3	估计再现性或评价者变差（AV）。当前使用的是评价者均值的极差为 R_o，已知 $o=3$ 个评价者均值分别是 181.0，172.5 和 173.9，则平均值的极差为 $R_o=8.5\text{mm}$。对于三个值的极差，对应的偏倚校正因子的值是 $d_2*=1.906$，且每个评价者均值基于 $[(nop)/o]=10$ 个原始数据	$AV=\hat{\sigma}_o=\sqrt{\left[\dfrac{R_o}{d_2^*}\right]^2-\dfrac{o}{nop}\hat{\sigma}_{pe}^2}$ $=\sqrt{\left[\dfrac{8.5}{1.906}\right]^2-\dfrac{3}{30}3.783^2}=4.296$
4	通过对步骤 2 和步骤 3 的结果进行平方求和，并取平方根，可得到合成的重复性和再现性（量具 $R\&R$）	$GRR=\hat{\sigma}_e=\sqrt{EV^2+AV^2}$ $=\sqrt{3.783^2+4.296^2}=5.724$

续表

步骤	计算说明	公式和结果
5	使用 $p=5$ 个零件平均值的极差估计产品变差（PV）。零件平均值分别为 158.0，206.167，182.0，184.833 和 148.0。其极差是 $R_p=58.167$。五个值极差的偏倚校正因子是用于估计方差的值，$d_2^*=2.477$。因此，产品变差估计	$PV=\hat{\sigma}_p=\dfrac{R_p}{d_2^*}=\dfrac{58.167}{2.477}=23.483$
6	通过将产品变差与重复性和再现性合成来估算总变差（TV）	$TV=\hat{\sigma}_x=\sqrt{EV^2+AV^2+PV^2}$ $=\sqrt{3.783^2+4.296^2+23.483^2}=24.171$
7	重复性（EV）除以总变差（TV）并乘以 100 表示为 $\%EV$，被解释为重复性或设备变差消耗的总变差的百分比	$\%EV=100\,[3.783/24.171]=15.65\%$
8	再现性（AV）除以总变差（TV）并乘以 100 得到 $\%AV$，被解释为再现性消耗的总变化的百分比	$\%AV=100\,[4.296/24.171]=17.77\%$
9	将合成重复性和再现性（GRR）除以总变差并乘以 100 得到 $\%GRR$，被解释为 GRR 消耗的总变差的百分比	$\%GRR=100\,[5.724/24.171]=23.68\%$
10	将产品变差除以总变差并乘以 100，得到 $\%PV$，被解释为产品变差消耗的总变差的百分比	$\%PV=100\,[23.483/24.171]=97.15\%$

量具 $R\&R$ 研究将步骤 2、步骤 3 和步骤 4 中的估计值与指定公差进行了比较（表 10.3 续）。每个估计值乘以 6（不再是乘以 5.15），除以指定公差，再乘以 100%。

已知表 10.2 中数据的规格是 $175mm-30/+50mm$。

表 10.3 续　　　　　　　　**AIAG 量具 $R\&R$ 分析（均值和极差法）**

步骤	计算说明	公式和结果
11	将重复性乘以 6 除以指定公差，再乘以 100 表示为 $\%EV$，被解释为重复性或量具变异所消耗的指定公差的百分比	$\%EV=600\times3.783/80=28.4\%$
12	再现性乘以 6 除以指定公差，再乘以 100 表示为 $\%AV$，被解释为再现性消耗的指定公差的百分比	$\%AV=600\times4.296/80=32.2\%$
13	将合计重复性和再现性乘以 6 除以指定公差，再乘以 100 表示为 $\%GRR$，被解释为合计 $R\&R$ 消耗的指定公差的百分比	$\%GRR=100\,\dfrac{6\hat{\sigma}_e}{USL-LSL}=600\,\dfrac{5.724}{80}=42.9\%$

上表中各项的比率的分母与步骤 7、步骤 8 和步骤 9 的分母相同。但由于这些分子不能相加，则这些"百分比"也不能相加。

这里需要说明的是，"每个因子消耗的百分比之和不等于 100%"。显然违反了算术规则，这将会导致解释偏差！

10.2.2 ANOVA 方法回顾

量具 $R\&R$ 的方差分析（ANOVA）方法需要使用统计软件来执行复杂的计算。可获得如下所示的 ANOVA 表 10.4。

表 10.4   方差分析表

来源	自由度	SS	MS	F	P
部件	4	12791.1	3197.78	247.730	0
操作员	2	415.4	207.70	16.090	0.002
部件×操作员	8	103.3	12.91	1.058	0.439
重复性	15	183.0	12.20		
合计	29	13492.8			

零件效应的 p 值小于 0.05 说明，测量系统可以检测到研究中使用的 5 个零件之间的差异。这是个好消息，因为我们希望能够检测到超出测量误差的零件之间的差异。

操作员效应的 p 值小于 0.05，说明可检验出操作员效应，这 3 个操作员对 5 个零件的测量并不具有相同的平均值。虽然方差分析方法检验出操作员效应，但并不会指出哪个操作员与其他操作员不一致。

交互作用效应的 p 值大于 0.05，说明操作员与零件交互作用不显著。如果操作员对同一零件的测量方式不同，则测量过程将存在严重问题，需要先解决该问题，然后测量系统才能真正发挥作用。

量具 $R\&R$ 分析结果见表 10.5。

表 10.5   量具 *R&R* 分析（方差分析法）

来源	标准差（SD）	研究变异（6×SD）	%研究变异（%SV）
合计量具 *R&R*	5.6544	33.926	23.83
重复性	3.5279	21.168	14.87
再现性	4.4188	26.513	18.63
操作员	4.4188	26.513	18.63
部件间	23.0410	138.246	97.12
合计变异	23.7247	142.348	100.00

（1）"百分比"不能相加

$\%EV$ 和 $\%AV$ 不会累加到 $\%GRR$，同样，$\%GRR$ 和 $\%PV$ 不会累加到 100%，它们是三角函数。图 10.6 显示了步骤 2 到步骤 6 中得到的五个估计值是如何相关联的。

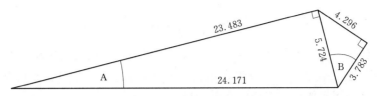

图 10.6 步骤 7、步骤 8、步骤 9 和步骤 10 中所用比率的数量

实际上，在乘以 100 之前，步骤 7 到步骤 10 中计算的比率可以用角度来表示，见表 10.6。

表 10.6 用三角函数形式表示的比率

对应比率	计算使用角度	公式和结果
$\%EV$	用角 A 和 B 表示	$\dfrac{\%EV}{100} = (\sin A)(\cos B) = \dfrac{5.724}{24.171} \times \dfrac{3.783}{5.724} = 0.1565$
$\%AV$		$\dfrac{\%AV}{100} = (\sin A)(\sin B) = \dfrac{5.724}{24.171} \times \dfrac{4.296}{5.724} = 0.1777$
$\%GRR$	用角 A 表示	$\dfrac{\%GRR}{100} = (\sin A) = \dfrac{5.724}{24.171} = 0.2368$
$\%PV$		$\dfrac{\%PV}{100} = (\cos A) = \dfrac{23.483}{24.171} = 0.9715$

虽然它们的"装扮"看起来像是比例，也被解释为比例，但它们一直都是三角函数。而三角函数满足所需的条件是

$$\frac{a}{a+b+c} + \frac{b}{a+b+c} + \frac{c}{a+b+c} = 1 \qquad \text{式 (10.2.1)}$$

分子的这种可加性才是比例的本质。

那么量具 $R\&R$ 研究中的可加性是什么？查看步骤 6 中公式的结构，总方差是重复性方差、再现性方差和产品方差的总和为

$$\hat{\sigma}_x^2 = \hat{\sigma}_{pe}^2 + \hat{\sigma}_o^2 + \hat{\sigma}_p^2 \qquad \text{式 (10.2.2)}$$

然而，当步骤 7、步骤 8、步骤 9 和步骤 10 的比率表示为百分比并且被解释为比例时，它们隐含地假设标准差是具有可加性的。这种隐含的可加性假设违反了"方差具有可加性"的定理。

（2）ANOVA 法求得方差分量

同样，方差分析法估计得到各类变差的方差分量，见表 10.7。

表 10.7 方差分量估计

来源	方差分量估计	贡献率/%
重复性（测量误差）	12.446	2.21
再现性（操作员效应）	19.525	3.47
部件间（产品流）	530.889	94.32
总变异	562.861	100.00

ANOVA 相对效用：一旦获得了上述估算值，就可以获得表征用于测量该产品的测量系统的相对效用的标准统计量——组内相关系数的估计。在表 10.7 可得出

$$\hat{ICC} = \frac{530.9}{562.9} = 0.9432$$

正确地解释该值意味着产品流中的变差占总变差的 94.32%。相反，重复性和再现性相结合，构成了总变差的 5.68%。组内相关系数定义了总变差中可直接归因于产品流中变差的百分比。这一事实使得在实践中易于解释。

（3）表征实际比例

上述归因于各类变差占总变差的比例，利用 EMP 方差变量计算其合理的估计值见表 10.8

表 10.8 各类变差比例的合理估计

各类变差比例	公式和结果	说明
归因于重复性或量具变差占总变差的比例	$\dfrac{\hat{\sigma}_{pe}^2}{\hat{\sigma}_x^2} = \dfrac{EV^2}{TV^2} = \dfrac{3.783^2}{24.171^2} = 0.0245$	占 2.45%，而不是步骤 7 中错误的 15.65%
归因于再现性或评价者变差占总变差的比例	$\dfrac{\hat{\sigma}_o^2}{\hat{\sigma}_x^2} = \dfrac{AV^2}{TV^2} = \dfrac{4.296^2}{24.171^2} = 0.0316$	占 3.16%，而不是步骤 8 中错误的 17.77%
归因于 GRR 占总变差的比例	$\dfrac{\hat{\sigma}_e^2}{\hat{\sigma}_x^2} = \dfrac{GRR^2}{TV^2} = \dfrac{5.724^2}{24.171^2} = 0.0561$	占 5.61%，而不是在步骤 9 中错误的 23.68%，注意，该值是前两个值的总和
归因于产品变差占总变差的比例	$\dfrac{\hat{\sigma}_p^2}{\hat{\sigma}_x^2} = \dfrac{PV^2}{TV^2} = \dfrac{23.483^2}{24.171^2} = 0.9438$	占 94.38% 而不是步骤 10 中错误的 97.15%，产品方差与总方差之比就是组内相关系数（ICC）

（4）可区分的类别数（ndc）

步骤 14. 量具 $R\&R$ 研究包括一个称为"可区分的类别数（ndc）"

$$ndc = 1.41 \frac{PV}{GRR} \qquad \text{式 (10.2.3)}$$

对于表 10.2 的数据，$ndc = 1.41 \times (23.483 \div 5.724) = 5.8$。AIAG 手册建议将此值四舍五入为整数，并且值等于或大于 5 为"良好"。

ndc 是分类比率的估计值

$$C_R = \sqrt{2} \frac{\sigma_p}{\sigma_e} \qquad \text{式 (10.2.4)}$$

分类比率（C_R）最初用于评估测量过程，它提供了分辨率（Discrimination Ratio, DR）的简单近似，因为

$$C_R = \sqrt{D_R^2 - 1.0} \qquad \text{式 (10.2.5)}$$

不幸的是，分辨率和分类比率在实践中都没有简单的解释，都没有定义可区分的类别数。因此，与 AIAG 量具 $R\&R$ 研究的步骤 6 之后的所有其他内容一样，"ndc"值并非它所声称的那样。

（5）可接受准则

尽管多年来在量具 $R\&R$ 研究中进行了许多修订，但指导方针仍保持不变。一直采用如下的可接受准则（或指南）：

①低于 10％的比率认为是好的。

②10％到 30％之间的比率认为是处于临界边缘的。

③超过 30％的比率认为是不可接受的。

这些指南给出了表 10.9 中的结果。

表 10.9 从垫片厚度的量具 R&R 研究中获得的"百分比"

	占指定公差的百分比	占总变差的百分比
重复性	28.4％＝边缘水平	15.7％＝边缘水平
再现性	32.2％＝不可接受	17.8％＝边缘水平
合计量具 R&R	42.9％＝不可接受	23.7％＝边缘水平
部件间变差		97.2％
可区分的类别数		5＝好

在 1984 年之前，仅通过量具 R&R 研究计算表 10.9 的第一列。此后，当第二列中的值开始被包括在内时，第一列中始终使用的指南也简单地应用于第二列。由于不存在这些指南的合理性，因此可以对它们进行调整以适应计算的任何比率。

（6）从量具 R&R 研究中发现了什么

表 10.10 中 ANOVA 和 EMP 方法的结果是通过方差分量占比计算的。三种方法给出的结果不一致性是量具 R&R 研究的固有特征。在步骤 6 之后，量具 R&R 研究的每个方面都是错误的。

表 10.10 三种方法得到的测量系统相对效用比较

对于表 10.2 垫片数据	ANOVA	AIAG	EMP
步骤 7：重复性占总变差的百分比	23.83％	15.7％	2.4％
步骤 8：再现性占总变差的百分比	14.87％	17.8％	3.2％
步骤 9：量具 R&R 占总变差的百分比	18.63％	23.7％	5.6％
步骤 10：产品变差占总变差的百分比	97.12％	97.2％	94.4％
总变差	100％	130.6％	100％

因此，尽管所有三种方法都从基本相同的估计值开始，但是只有 ANOVA 方法和 EMP 方法在理论上给出了合理、易于解释和有用的结果。虽然 ANOVA 方法和 EMP 方法都表明该测量系统具有很好的测量该产品的效用，但 AIAG 方法错误地表明，合计的 R&R 消耗了总偏差的 24％，因此，导致此测量系统具有了"边际"能力水平。那么在评估测量过程时应该信任哪个方法呢？当然，那些符合三角学及基于可靠的统计理论建立的方法都是可信的。

（7）可接受准则与四个监控级别相匹配

为了进行比较，考虑表 10.6 最后一栏中的第三个比率。GRR 除以总变异（表示为比例）来估计

$$\frac{\sigma_e}{\sigma_x} = \sqrt{1-\rho} \qquad 式（10.2.6）$$

如果在一个尺度上绘制 σ_e 与 σ_x 之比，并在另一个尺度上以降序绘制组内相关相关系数 ρ，可以图形化地显示这两个尺度之间的关系，如图 10.7 所示，两个刻度通过对应线连接。

使用两个量表之间的对应关系，可以看到 AIAG 指南批准了那些组内相关系数为 0.99 或更高的应用。组内相关系数在 $0.91\sim0.99$ 之间的应用处于边际，组内相关系数低于 0.91 的其他一切都是不可接受的。

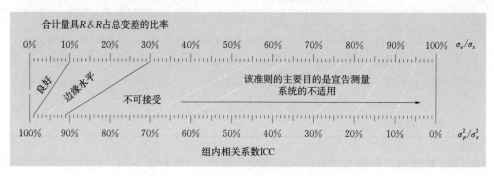

图 10.7　AIAG 量具 *R&R* 研究的保守性

使用与图 10.7 相同的比例，图 10.8 显示了四个监控等级。可见：

当 σ_e 与 σ_x 比率小于 45％，就会有监控一级。

当 σ_e 与 σ_x 之比在 45％ 和 71％ 之间时，有监控二级。

当 σ_e 与 σ_x 的比率介于 71％ 和 89％ 之间时，有监控三级。

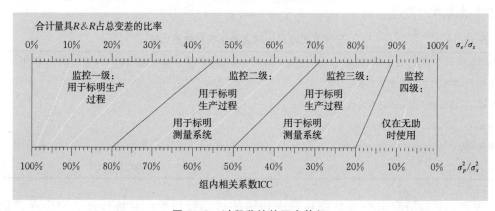

图 10.8　过程监控的四个等级

AIAG 指南背后的概念与四级监控之间存在实际的一致性。AIAG 指南过于保守，并未反映任何潜在的现实。四类监控可用于描述实践中真正发生的事情。此外，四类监控允许使用不完美的数据来实际改善生产过程。

10.2.3　EMP 量具 *R&R* 研究

（1）EMP 量具 *R&R* 分析

1）数据收集

让 o 个评价者分别测量 p 个部件 n（2、3 或 4）次。将收集的样本数据排列成大小为

n 的 $k=op$ 个子组，并计算这些 k 个子组中每个子组的极差。

S_1 使用大小为 n 的 k 个子组的平均极差来计算极差上限。如果任何子组极差超出此上限，需要找出原因

$$URL = D_4 \overline{R}$$ 式（10.2.7）

2）方差分量的估计

S_2 使用 S_1 的平均极差来估计重复性方差分量

$$\hat{\sigma}_{pe}^2 = \left[\frac{\overline{R}}{d_2}\right]^2$$ 式（10.2.8）

S_3 使用 o 个评价者平均值的极差来估计再现性方差分量

$$\hat{\sigma}_o^2 = \left\{ \left[\frac{R_o}{d_2^*}\right]^2 - \frac{o}{nop}\hat{\sigma}_{pe}^2 \right\}$$ 式（10.2.9）

S_4 相加上面的估算值以获得估算的合成 $R\&R$ 方差分量

$$\hat{\sigma}_e^2 = \hat{\sigma}_{pe}^2 + \hat{\sigma}_o^2$$ 式（10.2.10）

S_5 使用 p 个零件平均值的极差来估算产品方差分量

$$\hat{\sigma}_p^2 = \left[\frac{R_p}{d_2^*}\right]^2$$ 式（10.2.11）

S_6 在 S_4 和 S_5 中添加估算值以获得估计的总方差

$$\hat{\sigma}_x^2 = \hat{\sigma}_p^2 + \hat{\sigma}_e^2$$ 式（10.2.12）

3）表征相对效用

基于表 10.8，各类变差比例估计如下：

S_7 重复性消耗的总差异比例为

$$\%EV = \frac{\hat{\sigma}_{pe}^2}{\hat{\sigma}_x^2}$$ 式（10.2.13）

S_8 再现性消耗的总差异比例为

$$\%AV = \frac{\hat{\sigma}_o^2}{\hat{\sigma}_x^2}$$ 式（10.2.14）

S_9 合计重复性和再现性消耗的总差异比例为

$$\%R\&R = \frac{\hat{\sigma}_e^2}{\hat{\sigma}_x^2}$$ 式（10.2.15）

S_{10} 产品变异消耗的总方差的比例是对组内相关系数的估计

$$ICC = \frac{\hat{\sigma}_p^2}{\hat{\sigma}_x^2}$$ 式（10.2.16）

4）结果解释

S_{11} 表征测量系统的相对效用可用四类监控级别，描述过程信号的衰减，检测三个标准误差偏移的可能性，以及通过计算适当的能力比率来跟踪过程改进的能力。如图 10.8 所示。

S_{12} 使用 S_2 中的估计重复性方差分量来查找或然误差的估计值

$$P.E = 0.675\sqrt{\hat{\sigma}_{pe}^2}$$

S_{13} 计算测量增量的范围：

最小有效测量增量＝0.2P.E.。

最大有效测量增量＝2P.E.。

测量增量是否在上述区间内？如果不是，请根据需要添加或删除数字以更改测量增量，以用于将来的测量值。

（2）实例数据具体计算

对于表 10.2 数据，$o=3$，$p=5$，$n=2$，按照 EMP 量具 $R\&R$ 研究的步骤将产生：

S_1 平均极差是 4.267mm，没有极差超过 13.9mm 的 URL。

S_2 重复性：$\hat{\sigma}_{pe}^2=(3.7825)^2=14.307$。

S_3 再现性：$\hat{\sigma}_o^2=\left\{\left[\dfrac{8.5}{1.906}\right]^2-\dfrac{3}{30}(3.7825)^2\right\}=18.457$。

S_4 合计量具 $R\&R$：$\hat{\sigma}_e^2=\hat{\sigma}_{pe}^2+\hat{\sigma}_o^2=32.765$。

S_5 产品变差：$\hat{\sigma}_p^2=\left[\dfrac{58.167}{2.477}\right]^2=551.444$。

S_6 总变差：$\hat{\sigma}_x^2=\hat{\sigma}_p^2+\hat{\sigma}_e^2=584.209$。

S_7 重复性占总变差的比例：$\dfrac{14.309}{584.209}=0.0245$。

S_8 再现性占总变差的比例：$\dfrac{18.457}{584.209}=0.0316$。

S_9 重复性和再现性占总变差的比例：$\dfrac{32.765}{584.209}=0.0561$。

S_{10} 组内相关性统计量：$r_0=\dfrac{551.444}{584.209}=0.9439$。

S_{11} 该量具可以达到测量垫片厚度的一级监控级别。

生产过程信号将衰减：$1-\sqrt{0.9439}=0.028$ 或 2.8%。

检测到三个标准差偏移的可能性超过 99%。

当达到监控一级时，可以跟踪流程改进，最高可达 $C_{p80}=1.58$。

当达到监控二级时，可以跟踪流程改进，最高可达 $C_{p50}=2.49$。

当达到监控三级时，可以跟踪流程改进，最高可达 $C_{p20}=3.16$。

S_{12} 单次测量的或然误差是：$PE=0.675\sqrt{14.31}=2.55$。

S_{13} 最小有效测量增量为 $0.2PE=0.51$mm，最大有效测量增量为 $2PE=5.1$mm。数据记录到最接近的 1.0mm，这是合适的。

因此，通过以上实用方式对该测量系统进行了表征。EMP 量具 $R\&R$ 研究的最后四个步骤做出了比 AIAG 量具 $R\&R$ 更加清晰的表述。该方法与 AIAG 研究一样容易执行，但是它提供了表 10.5 中的正确值，而不是错误的值。此外，它还提供有关测量系统的其他有用信息。

（3）总结

EMP 量具 $R\&R$ 研究使用传统的、数学上正确的相对效用指标 ICC 来表征测量系统捕获有关生产流的有意义信息的能力。估计的 ICC 可用于建立四类过程监控级别。

可以通过以下方式估算来自生产过程的信号因测量误差的影响而衰减的量

$$生产过程信号衰减 = 1 - \sqrt{ICC} \qquad 式（10.2.17）$$

此外，EMP 量具 $R\&R$ 研究还引入或然误差定义了附加到任何测量的基本不确定性。使用此数字，可以确定需要记录的位数，量化解释任何值的积极程度，以及用来建立合理和正确的制造规范。

（4）实例数据在 JMP 软件中的分析

将表 10.2 数据使用 JMP13 软件进行分析，得到如图 10.9 平均值和极差图。

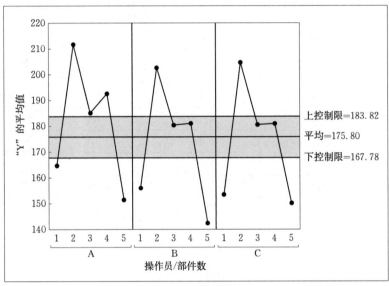

（a）平均值图

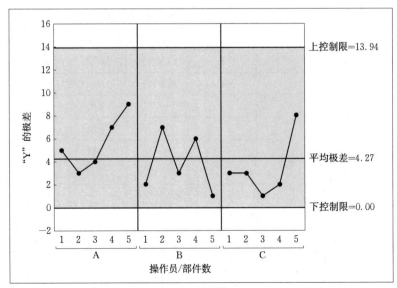

（b）极差图

图 10.9　平均值和极差图

数据分析结果见表10.11。

表 10.11 **EMP 量具 R&R 分析结果**

方差分量

成分	方差分量	占合计的百分比		标准差
操作员	19.47917	3.5	20 40 60 80	4.414
部件	530.81250	94.3		23.039
操作员×部件	0.35417	0.0629		0.595
组内	12.20000	2.2		3.493
合计	562.84583	100.0		23.724

EMP 量具 R&R 结果

成分	标准差	方差分量	占合计的百分比	
量具 R&R	5.628425	31.67917	5.6	20 40 60 80
重复性	3.492850	12.20000	2.2	
再现性	4.413521	19.47917	3.5	
产品变异	23.039368	530.81250	94.3	
交互作用变异	0.595119	0.35417	0.0629	
总变异	23.724372	562.84583	100.0	

EMP 结果

EMP 检验	结果	说明
复测误差	3.7812	组内误差
自由度	13.39	用于估计组内误差的信息量
概差	2.5504	单个测量值的误差中位数
组间相关（不含偏倚）	0.9745	归因于部件变异的变异比例（不带偏倚因子）
组间相关（带偏倚）	0.9437	归因于部件变异的变异比例（带偏倚因子）
偏倚影响	0.0308	偏移因子对组间相关性的降低量
系统		分类
当前（带偏倚）		一级
潜在（不含偏倚）		一级

监控等级图例

分类	组间相关系数	过程信号衰减	警告概率，仅检验 1 *	警告概率，检验 1-4 *
一级	0.80～1.00	小于 11%	0.99～1.00	1.00
二级	0.50～0.80	11%～29%	0.88～0.99	1.00
三级	0.20～0.50	29%～55%	0.40～0.88	0.92～1.00
四级	0.00～0.20	大于 55%	0.03～0.40	0.08～0.92

* 使用 Wheeler 检验在 10 个子组内的 3 倍标准误差偏移的警告概率，对应于 Nelson 检验 1、2、5 和 6。

有效分辨率

来源		值	说明
概差	（*PE*）	2.5504	单个测量值的误差中位数
增量下限	（0.1×*PE*）	0.255	测量值增量不应低于该值
最小有效增量	（0.22×*PE*）	0.5611	测量值增量高于该值更有效
当前测量值增量	（MI）	1	根据数据估计的测量值增量（以 1/10 为单位）
最大有效增量	（2.2×*PE*）	5.6109	测量值增量低于该值更有效

操作：原样使用

原因："1"的测量值增量有效。

可见，可得当前测量系统可达到过程监控一级，能很好地监控生产过程。

第11章
测量系统分析应用案例解析

11.1 常规的量具 *GRR* 研究案例解析

许多工业应用中，测量系统既重要又复杂，测量系统分析的标准程序常常是不经修改就无法适用。例如：

（1）被测样件内的显著变异性，例如，表面圆度、锥度、圆周长、压延胶片厚度等。

（2）不需要操作员的自动测量情况，例如，X 射线测厚仪。

（3）无法在同一零件上重复测量的仪器，必须进行离线评估，例如高速轧机上的测厚仪。

（4）无法在同一零件或位置上重复进行的破坏性测量，例如拉伸试验。

（5）在同一位置上的不可重复测量，例如硬度测量，等等。

实际上，进行 *R&R* 研究总是会有不止一种有效的方法，关键是其有效性和可操作性。必要时，可以做出某些合理的假设，以便于推进对测量系统的研究。有时，对于动态测量的情况至少可以考虑在静态或校准模式下进行研究。本节列举了一些在特殊情况下进行 *R&R* 研究的程序，多属于实践性总结，分析方法可能是多种多样的，但有些方法还是可适用于多种测量设备、状况和行业应用的。

GRR 案例解析的几种常规量具见表 11.1。

表 11.1   **GRR 常规解析案例汇总表**

序号	量具名称	测量特性	序号	量具名称	测量特性
（1）	X 射线测厚仪	厚度	（5）	表明粗糙度轮廓仪	表明粗糙度
（2）	电子测温仪	温度	（6）	千分尺	尺寸
（3）	化学分析仪器	化学制品特性	（7）	天平或秤	重量
（4）	物理测试	物理特性			

11.1.1 X 射线测厚仪

用途：在线测厚。

测量特性：厚度。

程序的一般性说明：

当材料在测量头下方移动时，厚度由 X 射线测量，不需要操作人员读取数据，也无法在完全相同的位置重复进行读数。对于精密度的要求就变成了估计 X 射线测厚仪的重复性。使用生产材料执行此操作可能是不可行的。此时，就必须使用用于校准的测试块（或样件），并在离线条件下进行评估。

这里，没有操作者（假设就只有一名操作者）就没有再现性的估计。将测试块顺序随机化，进行多次重复测量。然后可以使用极差法或控制图法计算重复性。由于再现性为零，因此重复性就是量具 R&R。

如果已知样件或测试块的厚度基准值（或参考值），还可使用类型 I 的研究计算 C_g/C_{gk}，同时估计出重复性和偏倚。

注意事项：

（1）确定设备制造商使用或建议的分析步骤，并考虑其兼容性和有效性。

（2）样件或测试块必须经过上级计量主管部门的检定和/或校准合格。

（3）如果仪器有自身校准功能系统，请在使用前严格遵守。

（4）如果发现几乎所有结果的极差为零，则说明测量分辨力不足。

11.1.2 电子测温仪

用途： 在线测温。

测量特性： 温度。

程序的一般性说明：

生产线上高速运转的材料表面的温度是通过电子设备测量的。在实际测量时，没有操作员对测量的影响，也不可能对被测特性进行有意义的重复测量。对于此类光电测量设备，需要确定其重复性。

重复测量需要准备测试源（模拟校准源），应至少连续测量 20 次。将数据绘制为移动极差控制图，这样可以检查统计控制状态，并可以通过以下方法估算标准差

$$\overline{MR} = \frac{1}{m-1}\sum_{i=2}^{m} |X_i - X_{i-1}|, \quad \hat{\sigma} = \frac{\overline{MR}}{d_2} = \frac{\overline{MR}}{1.128} \qquad \text{式 (11.1.1)}$$

$$\%R = \frac{6\hat{\sigma}}{T} \times 100 \qquad \text{式 (11.1.2)}$$

如果已知校准源的基准值（或参考值），还可使用类型 I 的研究计算 C_g/C_{gk}，同时估计出重复性和偏倚。

注意事项：

（1）如果测试设置的校准源不止一个，则必须重复此程序。

（2）征求设备制造商的建议，以确保使用了最佳、最合理的程序。

（3）计算标准差之前，应使用移动极差控制图确定该过程处于统计受控状态。

11.1.3 化学分析仪器

用途： 化学制品特性检测。

测量特性：化学制品特性。

程序的一般性说明：

化学分析同样适合采用标准的量具 $R\&R$ 研究程序，但需注意样品内的同质性，以便于消除样品内的变异性的影响。如果无法保证可获得同质样品，有必要采用可获得的标准材料或样品（比如橡胶流变仪校准所采用的标准胶）来完成量具 $R\&R$ 分析。

注意事项：

（1）如果必须使用特殊样品以避免样品中材料的变异性，则表明需要对该材料内的变异性进行单独研究。对 $R\&R$ 研究而言可能更为重要。请参阅附录 5。

（2）要尽可能保证在规定的时间内完成所有测量。

11.1.4　物理测试

用途：物理特性测试（破坏性）。

测量特性：物理特性。

程序的一般性说明：

物理特性（屈服强度、拉伸强度、模量 R、伸长率、硬度、LDH 等）大多数属于破坏性测试，或者不能在完全相同的位置重复进行测量。为了执行 $R\&R$ 评估，必须从样品的相邻区域获得样件以确保均匀性。

每个操作员必须从每个样品中至少分割出两个样件，并尽可能地分割开。例如，在拉伸试验中，样件应与线卷样品中心相邻。对于 LDH 测试，测试片应为相邻的片，其长度应足以从相邻区域分割出五个子片。

一旦选择了样品材料并按照常规的样件制备程序制备了样件，就将样件随机地分配给操作员。这样就可以采用标准的量具 $R\&R$ 分析，更多地使用嵌套方法。

注意事项：

（1）制备样件的目的是使样品的样件在被测性能方面尽可能相同。这将需要以不同于正常样件生成的方式选择样件，关键是代表性。

（2）在这些研究中应首先使用生产样件。如果先验知识或重复性评估不理想，表明样件中可能存在明显的变异性，则必须使用标准品将 $R\&R$ 变异与材料变异分开。请参阅附录 5。

（3）尽量保证一次性备好所有样件。

11.1.5　表面粗糙度轮廓仪

用途：表面粗糙度测量。

测量特性：表面粗糙度。

程序一般性说明：

用轮廓仪测量表面粗糙度是独特的，非常容易受样件内变异的影响。如果样件的选择、操作员的数量和重复试验的数量得以明确，应遵循标准 $R\&R$ 研究方法。但是，还应该关注以下方面的要求：

（1）为了最大程度地减少样品中变异性的影响，要标记检测点。每个操作员应在同一位置进行测试。

（2）报告的结果应该是多个测试值的平均值。

注意事项：

（1）应依据适用的标准定义取样长度和评定长度，以确定求取平均值的测试次数。

（2）可能需要在每次测试后充分移动测试位置，以免产生"沟槽"效应。如果是这样，材料变异可能成为一个因素。

11.1.6　千分尺

用途：几何尺寸测量。

测量特性：尺寸。

程序的一般性说明：

许多测量都是使用各种类型的千分尺进行的，这是标准 $R\&R$ 程序的经典应用。始终将结果报告到尽可能多的小数位。操作人员在每个样品的同一位置进行测量也很重要。否则，样本中的变异性将包括在 $R\&R$ 研究中。

（1）一种便捷方法

有时要分析的千分尺数量众多，因此有必要制定一种便捷方法，可以减少测试量。该方法的重要变化是让每个操作员在 $R\&R$ 研究中使用不同的千分尺。这样，再现性的效应（操作员影响）与各千分尺的效应（校准影响）混合在一起（统计术语"混杂"）。如果正常的 $R\&R$ 估计值是可以接受的，则在一次研究即可通过若干把千分尺；如果结果不可接受，则必须对每把千分尺进行 $R\&R$ 研究，以便有效分离 $R\&R$ 效应。程序如下：

1）选择操作员和样本的数量，以满足至少 16 个操作员——样本组合数量的要求。一般需最大化研究中的操作员数量。建议使用 4 个操作员和 10 个样本。这将允许在一次研究中可评估 4 把千分尺。

2）为每个操作员分配一把不同的千分尺，每个操作员在整个研究中都应使用相同的千分尺。请注意，这将无法分辨出操作员效应和千分尺效应之间的区别。

3）让每个操作员至少进行两次试验。

4）使用标准 $R\&R$ 程序进行分析。分析中唯一的独特功能是再现性实际上是操作员、千分尺和校准差异的组合。如果结果可接受，则无需在再现性性估算中分离混合成分；所有涉及的千分尺都是可以接受的。如果结果不可接受，请对每把千分尺单独进行 $R\&R$。

（2）扩展的方法

不采用标准的 $R\&R$ 分析方法，除了必要数据的操作员和随机样件两个参与试验的因子外，还可以将千分尺量具作为第三个因子纳入，从而可设计出扩展的量具 $R\&R$ 研究。该程序的最大好处是可以将量具千分尺的效应及与操作员的交互作用分离出来。详见第 6 章相应章节。

注意：此过程也适用于数量很大的其他类型的测量设备。

11.1.7 天平或秤

用途：称重。

测量特性：重量。

程序的一般性说明：

对于天平或秤这类衡器最便捷有效的研究是采用类型 I 的研究方法，即针对标准砝码进行重复测量，然后可计算 C_g/C_{gk} 指数。在大多数情况下可能没有操作员的影响，当然操作员之间放置产品的位置之间的差异可能会产生影响，如果需要考虑，则应用标准的 $R\&R$ 分析方法。

类型 I 的研究属于短期研究，对于秤的使用来说，还需跟踪其长期的能力保持情况。假定不考虑操作员的影响，可依据如下步骤：

S_1，完成秤的实验室校准。

S_2，称量测试砝码或产品。如果在每次测量之前常规地将秤调零，此处照做。如果没有，那就不需要。

S_3，卸下被测物。

S_4，重复步骤 S_2 和 S_3 至少三次。

S_5，在下一次秤的常规校准时，重复步骤 S_1 至 S_4。

S_6，重复此过程（步骤 S_1 至 S_5），要至少累积得到八组测量值。

S_7，将每组的三个测量值视为一个样本的三次重复测量（子组大小），八个时间段充当八个样本（8 个子组）。

S_8．分析。建立 $\overline{X}$ 和 R 图判断称量过程的受控状态，并通过控制图法估计重复性（参见 6.2.4.4）。

11.2 测量系统研究应用案例

本节提供了一些不同行业测量系统研究的应用案例，包括量具 $R\&R$ 研究和准确度研究。案例中所选用的方法并非唯一可用分析方法，只是起到"敲砖引玉"的作用，引起读者思考，提供给读者一种学习和实践的参考。各案例的汇总信息见表 11.2。

表 11.2 测量系统研究应用案例汇总列表

案例	试验	简要描述
11.2.1	废水处理后有害物质含量检测	此例是多响应测量，对废水处理后所含的 COD 浓度、氨氮浓度、酚浓度、氰浓度、悬浮物浓度等 5 项指标进行同时采样测量，判定该测量系统是否有能力监视废水处理过程以及处理后的废水是否达标，可以回用。使用两因子交叉、平衡的设计
11.2.2	镀锌钢板涂层厚度	在此 GRR 研究中，量具是一种涂层磁性测厚仪，用于测量车身面板的镀锌钢板表面涂层厚度。分别提供平均值和极差法及方差分析的结果用于比较。使用传统的两因子交叉设计

续表

案例	试验	简要描述
11.2.3	终炼胶流变参数	流变仪是橡胶内在质量参数测量的一种仪器,有多参数响应。测量过程属于破坏性;使用两因子嵌套设计
11.2.4	塑料的冲击强度	使用悬臂梁试验机对硬质热塑性模塑材料制备的试样进行冲击强度的测量。属于破坏性试验,使用嵌套设计
11.2.5	制动盘表面温度	此例被测对象是高速运转的制动盘,要在运转状态下测量其表面温度,使用2台红外测温仪同时测量同一位置点;使用三因子的 GRR 交叉试验
11.2.6	晶圆厚度测量	半导体制造过程中,晶圆的厚度是组件可用性的一个重要指标,对晶圆厚度的测量受到不同操作人员、不同位置和不同时间的影响。具有交叉和嵌套结构的试验设计模型,进行扩展的量具 R&R 分析
11.2.7	卫生保健体温测量	医院里对患者进行体温测量常使用耳温计,通过 GRR 分析找到护士测量过程中的改进内容,确定有效的测温方法
11.2.8	X 射线测厚仪准确度	带钢冷轧生产线中使用 X 射线测厚仪对带钢终轧厚度进行测量。在线使用时需要对其准确度进行分析。使用配对 t 检验和单本样 t 检验
11.2.9	燃气阀门流量自动测量	使用设计的自动测试台对燃气阀门流量进行测量,使用控制图法评估重复性
11.2.10	多台流变仪间准确度比较	流变参数在测量过程中受到操作员和标胶的影响,为了比对各台流变仪准确度间的差异,将操作员和标胶视为讨厌因子并作为区组,采用拉丁方设计
11.2.11	钢丝拉断力	为了提高钢丝拉断力的精确确定,从而判断钢丝能否满足生产的使用要求,使用一台拉力试验机进行破坏性的测量过程。使用 REML 方法

11.2.1 案例一 *GRR* 用于废水处理后COD等五项指标的评价

11.2.1.1 测量数据类型

测量特性是浓度,属于连续型数据。

11.2.1.2 用于测量的量具

量具名称:多参数水质分析仪。

测量参数	COD 浓度	氨氮浓度	酚浓度	氰浓度	悬浮物浓度
测量范围	0~16000mg/L	0~50mg/L	0.20~10.0mg/L	0~0.2mg/L	0~500mg/L
示值误差	≤5%	≤5%	≤5%	≤5%	≤5%
重复性	3%	3%	3%	3%	3%

11.2.1.3 测量过程描述

某焦化厂区废水经处理设备处理后进行动力回收，但处理后废水中 COD、氨氮、酚、氰、悬浮物等 5 项指标须同时达到回用标准，如下：

测量参数	COD 浓度	氨氮浓度	酚浓度	氰浓度	悬浮物浓度
回用标准/（mg/L）	100	15	0.50	0.50	70

选择使用多参数水质分析仪进行废水中各指标含量的检测。

11.2.1.4 测量系统变异的可能来源

该测量系统的可能变差源如下：
（1）选定分析仪（量具）内在的变异性。
（2）量具的校准过程可能会影响对水样进行的测量。
（3）检测员操作间的差异以及检测员与水样之间的交互作用。

11.2.1.5 抽样计划

从合格的检测员中随机选择两名，按照检测标准取样 15 个，并标记为 1～15，以确保两个检测员均看不到标签，以免"记忆效应"。每位检测员以随机顺序测量了 15 个水样，分别对每个水样进行重复测量了 2 次，记录仪器读数，包括 COD、氨氮、酚、氰、悬浮物等浓度。

这是 GRR 研究中典型的两因子交叉案例。

11.2.1.6 一个参数的测量数据

分析集中于一个指标，即 COD 浓度。该指标的标准为 $\leqslant 100\text{mg/L}$。测量数据见表 11.3。

表 11.3　COD 浓度试验结果

检测员	水样	COD 浓度	检测员	水样	COD 浓度	检测员	水样	COD 浓度
John	1	122	John	6	150	John	11	168
John	1	124	John	6	153	John	11	164
Bill	1	125	Bill	6	152	Bill	11	169
Bill	1	122	Bill	6	151	Bill	11	166
John	2	158	John	7	164	John	12	154
John	2	156	John	7	162	John	12	154
Bill	2	158	Bill	7	164	Bill	12	159
Bill	2	155	Bill	7	163	Bill	12	162
John	3	132	John	8	156	John	13	159
John	3	133	John	8	150	John	13	158

续表

检测员	水样	COD 浓度	检测员	水样	COD 浓度	检测员	水样	COD 浓度
Bill	3	133	Bill	8	154	Bill	13	155
Bill	3	134	Bill	8	148	Bill	13	160
John	4	131	John	9	133	John	14	143
John	4	133	John	9	132	John	14	141
Bill	4	133	Bill	9	136	Bill	14	146
Bil	4	135	Bill	9	133	Bill	14	143
John	5	142	John	10	153	John	15	153
John	5	137	John	10	155	John	15	151
Bill	5	141	Bill	10	157	Bill	15	153
Bill	5	138	Bill	10	151	Bill	15	152

11.2.1.7 用于 *GRR* 研究的统计方法

使用 JMP13 软件进行方差分析（ANVOA）。

11.2.1.8 统计分析

图 11.1 表明，测量系统变差相较于水样间的变差占比较小。

数据分析结果见表 11.4。

表 11.4   **COD 浓度测量系统分析变差比例**

量具 *R&R*

源测量值	变异（6×标准差）	容差百分比		6×以下项的平方根
重复性（*EV*）	11.864144	11.86	设备变异	V（组内）
再现性（*AV*）	4.939104	4.94	评估者变异	V（操作员）＋V（操作员×部件）
操作员	2.402543	2.40		V（操作员）
操作员×部件	4.315384	4.32		V（操作员×部件）
量具 *R&R*	12.851173	12.85	测量变异	V（组内）＋V（操作员）＋ V（操作员×部件）
部件变异（*PV*）	71.457507	71.46	部件变异	V（部件）
总变异（*TV*）	72.603911	72.60	总变异	V（组内）＋V（操作员）＋V（操作员× 部件）＋V（部件）
	6	k		
	17.7004	％量具 *R&R*＝100×（*RR/TV*）		
	0.17984	（精度/部件变异）比率＝*RR/PV*		
	7	区别分类数＝1.41（*PV/RR*）		

续表

量具 R&R			
源测量值	变异（6×标准差）	容差百分比	6×以下项的平方根
	100	容差＝上规格限－下规格限	
	0.12851	（精度/容差）比＝$RR/$（上规格限－下规格限）	

量具 R&R 的方差分量

成分	方差分量	占合计的百分比	
量具 R&R	4.58757	3.13	
重复性	3.90994	2.67	
再现性	0.67763	0.46	
部件间	141.83820	96.87	

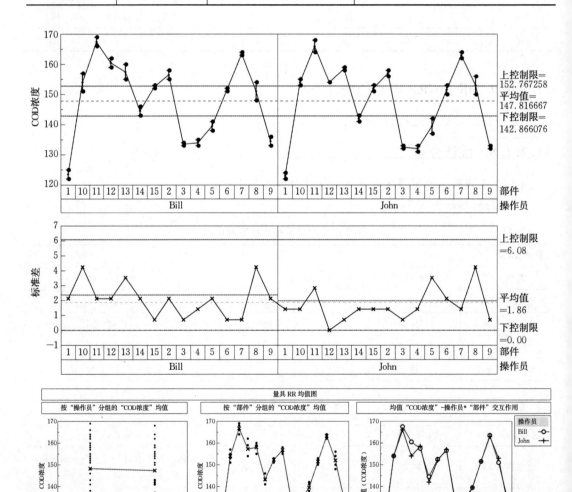

图 11.1　COD 浓度测量系统分析变差

11.2.1.9 结论

量具%R&R=17.70%,%P/T=12.85%,均介于规定的10%~30%之间,说明该测量系统在条件允许的情况下需要进行改进。

11.2.1.10 改进措施或建议

在本例中,GRR变差的主要变差源是重复性变差,说明所使用的分析仪固有变异需要关注,有必要进行调整或校准。

当然,由于本例中水样(液体)具有区别于硬件样件的特征,同一份水样的内在均匀性也会增大重复性,这方面需要做出检查。

11.2.1.11 分析所有测得的参数

对5个指标中的每一个进行了单变量GRR分析,得出%R&R和%P/T的结果,见表11.5。

表 11.5　　　　　　　　　　其他4个指标的量具GRR统计结果

指标	%R&R	%P/T	指标	%R&R	%P/T
氨氮浓度	15.34%	38%	氰浓度	14.63%	20.21%
酚浓度	10.12%	13.41%	悬浮物浓度	9.79%	8.69%

11.2.1.12 与所有指标有关的结论

总体上看,%R&R的值要比%P/T的值小。悬浮浓度的两个结果均小于10%,说明该量具测量此指标是有充足能力的。

从%R&R结果看,与不超过10%的下限要求比较接近,说明该测量系统对于废水处理过程的监视还是有能力的。但是,从%P/T结果看,对于判定氨氮浓度和氰浓度指标是否符合标准,该测量系统能力稍显不足,需要改进。

11.2.2 案例二 车身面板的镀锌钢板表面涂层厚度 GRR

11.2.2.1 测量数据类型

质量特性:涂层厚度,连续型数据。

11.2.2.2 用于测量的量具

量具名称:涂层磁性厚度测量仪。
分辨力:±1%。

11.2.2.3 测量过程描述

涂层钢板(带有锌或铝等涂层的黑色金属基材)是广泛应用于汽车行业的结构部件。

涂层厚度是钢板表面质量的重要特性。使用涂层磁性测厚仪对涂层厚度可以进行非破坏性测量，即可以实现重复测量。

涂层厚度公差为 7 微米（＋2/－0 微米）。

11.2.2.4 测量系统变异的可能来源

在测量过程中，不同的操作员测量的结果可能不同；对同一位置的多次重复测量会有不同。操作员和选择的样件之间也可能存在交互作用。

因此，此测量系统可能发生变异的原因是：操作员、重复测量产生的纯误差以及操作员与样件之间的交互作用。

11.2.2.5 抽样计划

从合格的操作员组中随机选择三名操作员（A，B，C）。

从当前的生产过程中随机选择了 10 块涂层钢板，并标记为 1 到 10，并确保 3 名操作员都看不到该标签，每个操作员以随机顺序测量了 10 块钢板，进行了 3 轮测量，以避免记忆效应。

这是 GRR 研究中典型的两因素交叉案例。

11.2.2.6 测量数据

测量数据（文件：钢板涂层厚度.mtw）见表 11.6。

表 11.6 涂层厚度数据 （单位：μm）

操作员	样件									
	1	2	3	4	5	6	7	8	9	10
	9.1	11.9	10.7	12.0	11.1	9.5	12.3	11.6	10.5	10.4
A	9.1	11.9	10.7	12.0	11.1	9.6	12.3	11.5	10.5	10.4
	9.1	11.8	10.6	12.1	11.1	9.6	12.3	11.5	10.6	10.4
	9.2	11.8	10.7	12.1	11.2	9.6	12.3	11.5	10.5	10.3
B	9.2	11.8	10.7	12.1	11.2	9.6	12.3	11.5	10.5	10.3
	9.2	11.8	10.6	12.1	11.1	9.5	12.3	11.5	10.5	10.3
	9.1	11.9	10.7	12.1	11.2	9.7	12.2	11.6	10.5	10.4
C	9.1	11.8	10.7	12.1	11.2	9.7	12.2	11.6	10.5	10.4
	9.1	11.8	10.6	12.1	11.1	9.7	12.2	11.6	10.6	10.3

11.2.2.7 用于 GRR 研究的统计方法

方法：分别使用平均值—极差法（$\overline{X}-R$）和方差分析法（ANOVA），从而进行结果的比较。

11.2.2.8 统计分析

（1）平均值—极差法（$\overline{X}-R$）

分析得到如图 11.2 所示。

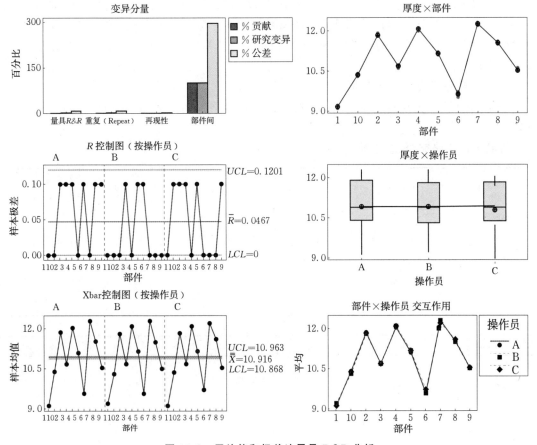

图 11.2　平均值和极差法量具 R&R 分析

GRR 分析结果如下：

量具 R&R 研究 $\overline{X}-R$ 法

来源	方差分量	方差分量贡献率/%	来源	方差分量	方差分量贡献率/%
合计量具 R&R	0.000811	0.08	部件间	0.971446	99.92
重复性	0.000760	0.08	合计变异	0.972256	100.00
再现性	0.000051	0.01			

过程公差＝2

来源	标准差（SD）	研究变异（6×SD）	%研究变异（%SV）	%公差（%P/T）
合计量具 R&R	0.028476	0.17085	2.89	8.54
重复性	0.027571	0.16543	2.80	8.27
再现性	0.007119	0.04271	0.72	2.14
部件间	0.985619	5.91372	99.96	295.69
合计变异	0.986031	5.91618	100.00	295.81

可区分的类别数＝48

根据以上结果，基于公差的%R&R 计算为 8.54%，基于过程总变异的%R&R 为 2.89%。根据低于 10% 的接受标准，该测量系统被认为是可以接受的。请注意，在再现性分量中未估算操作员零件的交互作用。使用平均值-极差分析方法时，会隐含地假定不存在此交互作用。

（2）方差分析法（ANOVA）

使用 ANOVA 方法进行了 GRR 分析输出，其结果用图形表示请参见平均值-极差方法图 11.2。

量具 R&R 研究-方差分析法

来源	方差分量	方差分量贡献率/%	来源	方差分量	方差分量贡献率/%
合计量具 R&R	0.00340	0.31	操作员×部件	0.00185	0.17
重复性	0.00156	0.14	部件间	1.09639	99.69
再现性	0.00185	0.17	合计变异	1.09979	100.00
操作员	0.00000	0.00			

过程公差＝2

来源	标准差（SD）	研究变异（6×SD）	%研究变异（%SV）	%公差（%P/T）
合计量具 R&R	0.05834	0.35003	5.56	17.50
重复性	0.03944	0.23664	3.76	11.83
再现性	0.04299	0.25791	4.10	12.90
操作员	0.00000	0.00000	0.00	0.00
操作员×部件	0.04299	0.25791	4.10	12.90
部件间	1.04709	6.28252	99.85	314.13
合计变异	1.04871	6.29226	100.00	314.61

可区分的类别数＝25

根据上面显示的结果，基于公差的%R&R 为 17.50%，基于过程总变异的%R&R 为 5.56%。这两个指标均高于接受 10% 的标准，这与使用平均值和极差法得到的结论相同。

11.2.2.9 结论

表 11.7 对两种方法的计算结果做一个比较。

表 11.7　　　　平均值和极差法以及两因素 ANOVA 法涂层厚度 GRR 结果比较

GRR 统计量	平均值-极差法	两因素 ANOVA 法	偏差
贡献率/%	0.08	0.31	−0.23
%研究变异（%SV）	2.89	5.56	−2.67
%公差（%P/T）	8.54	17.50	−8.96
ndc	48	25	

可见，平均值-极差法和 ANOVA 法得出了不同的结果。这取决于计算方法以及不同的参考变量（总变差、公差和过程总变差）。与 ANOVA 法相比，平均值-极差法对"％贡献率估计""％研究变异"及"％公差"统计量具有更小的估计值。

平均值—极差法不提供操作员与零件的交互作用分量。这样，估计的 GRR（2.89％）远小于通过 ANOVA 方法估计的 GRR（5.56％）。通过 ANOVA 方法进行估算的操作员与部件之间的交互作用的"％研究变异"占比为 4.10％。

对于"％公差"参数，按照设定的可接受性准则，平均值—极差法结果小于10％，说明测量系统能力充分，而 ANOVA 法结果却是大于10％，又说明测量系统能力处于边缘水平，虽短期内可用，但能力欠充分，尚需改进。

总而言之，从该案例可以得出结论，在估计测量系统的精度方面，ANOVA 法优于平均值—极差法。平均值—极差法无法估计操作员与部件之间的交互作用，因此往往会低估％R&R，使测量系统看起来比实际功能更强大，从而掩盖了改进测量系统的机会。

在此案例中，平均值—极差法导致的％R&R 值小于 ANVOA 方法，因此得出的测量系统可能更好。但是，这不应一概而论，因为在其他案例中，ANOVA 方法可能会导致％R&R 值小于平均值—极差法。

测量系统分析的目的是为了评定测量系统的能力是否能够满足需求，然而，如果测量系统分析的模型本身的适合性存在问题，将可能会导致分析无效，因此在进行测量系统分析时，有必要进行模型的残差分析。通过残差分析，检验模型对于正态性、方差齐性以及独立性等假定的满足情况。同时，还可以对测量系统存在的问题，包括进行试验时可能存在的问题有着更为深入的了解。

下面给出本案例采用两因素 ANOVA 模型的残差诊断，显示残差并不是很好地服从正态分布，如图 11.3 所示。

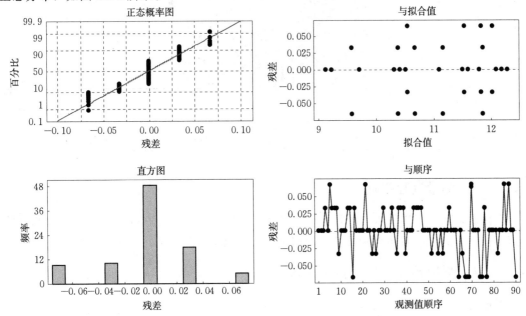

图 11.3　厚度残差检验"四合一"图

如果对测量系统分析结果存疑，更有效的方法是回到测量过程本身找找原因，而不是争论那种方法的结果更有效。

11.2.2.10 改进措施或建议

量具 $R\&R$ 分析中操作员与样件的交互作用变差是值得进一步关注的，对操作员进行培训以及细化 SOP 是很好的改进措施。

11.2.3 案例三 流变仪多参数测量系统 GRR

11.2.3.1 测量数据类型

终炼胶物性指标包括 ML、MH、T30、T90，均为计量型数据。

11.2.3.2 用于测量的量具

量具名称：自动型无转子硫化仪 Auto MFR100＋。

分辨力：有多个检测参数，如下表。

检测项目	分辨力	检测项目	分辨力
ML	0.1dnm	T30	1s
MH	0.1dnm	T90	1s

11.2.3.3 测量过程描述

操作员将橡胶试样放入一个几乎完全密闭的模腔内，并保持在规定的试验温度和试验时间条件下，温度和时间均为设备自动控制，测量数据自动采集并存储到计算机系统中。

11.2.3.4 测量系统变异的可能来源

测量过程中可能的变异源有：

（1）由于设备的长期使用会造成模腔间隙变化，上下模温度异常、压力异常等对测量结果产生影响。

（2）操作员未将样品放置在模腔中心，产生位置变差。

（3）样品本身也存在内在的不均匀或者裁切后试样质量波动大等产生较大的样品内的变异。

11.2.3.5　抽样计划

（1）随机选取覆盖 AQC481 胶料检测范围内的 10 块胶料作为样件，编号为 1-10。

（2）从上岗的胶料检查员中，随机选择 3 名作为操作员进行实验。

（3）每个操作员分别从每个样件上，使用同一个冲片机制备 3 个小样，做好标识：1-1、1-2、1-3、2-1……10-3。

（4）随机化试验次序，保证"盲测"。

（5）在流变仪上进行检测并收集数据。

11.2.3.6　测量数据

按照试验 SOP 完成了 MH 等各参数的试验数据收集，部分数据见表 11.8。

表 11.8　　　　　　　　　　　流变仪多参数试验数据（部分）

部件	操作员	MH	ML	T30	T90
1	A	23.7	2.4	44.1	105.9
1	B	23.8	2.4	44.5	108
1	C	24.1	2.4	44.9	107.4
2	A	25.7	2.7	47.9	109.1
2	B	25.6	2.7	48.2	107
2	C	25.8	2.6	48	110.7
3	A	24.8	2.5	48	108.9
3	B	25	2.4	48.3	109
3	C	24.9	2.4	48.7	111
4	A	22.4	2.1	45.4	105.9
4	B	22.4	2	45.8	107.6
…	…	…	…	…	…
8	B	25	2.5	44.1	107.4
8	C	25.3	2.5	44.8	109
9	A	25.5	2.5	46.8	107.9
9	B	25.6	2.6	46.8	108
9	C	25.5	2.5	47	108.9
10	A	24.8	2.9	43.6	107
10	B	25.5	2.9	44	108.4
10	C	24.6	2.9	44.4	108.8

数据文件：流变仪多参数（MH 等）.mtw。

11.2.3.7 用于 *GRR* 研究的统计方法

样件不能被重复测量，嵌套在操作员内，适用两因子嵌套关系。采用方差分析（ANOVA）法。

11.2.3.8 一个参数的统计分析

AQC481 胶料的检测标准见表 11.9。

表 11.9   **AQC481 胶料参数规范**

检测项目	规范下限（*LSL*）	规范上限（*USL*）	检测项目	规范下限（*LSL*）	规范上限（*USL*）
ML	2.0	3.2	T30	39	49
MH	18.5	26.5	T90	82	118

选取参数 MH 为代表做详细分析，得到如下分析结果

量具 *R&R* 研究－嵌套方差分析

MH 的量具 *R&R* （嵌套）

来源	自由度	*SS*	*MS*	*F*	*P*
操作员	2	0.0736	0.03678	0.011	0.989
部件（操作员）	27	86.6087	3.20773	159.500	0
重复性	60	1.2067	0.02011		
合计	89	87.8889			

量具 *R&R*

来源	方差分量	方差分量贡献率/%	来源	方差分量	方差分量贡献率/%
合计量具 *R&R*	0.02011	1.86	部件间	1.06254	98.14
重复性	0.02011	1.86	合计变异	1.08265	100.00
再现性	0.00000	0.00			

来源	标准差（*SD*）	研究变异 （6×*SD*）	%研究变异 （%*SV*）	%公差 （%*P/T*）
合计量具 *R&R*	0.14181	0.85088	13.63	10.64
重复性	0.14181	0.85088	13.63	10.64
再现性	0.00000	0.00000	0.00	0.00
部件间	1.03080	6.18477	99.07	77.31
合计变异	1.04050	6.24303	100.00	78.04

过程公差＝8

可区分的类别数＝10

得到如图 11.4 所示。

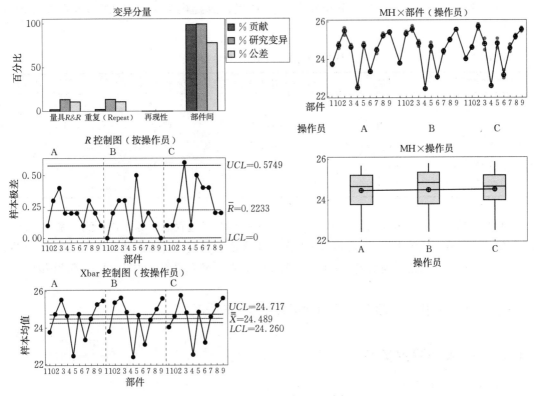

图 11.4　参数 MH 的 GRR 分析

11.2.3.9　结论

从以上分析结果可见，研究变异百分比为 13.63％，公差百分比为 10.64％，虽然超过了 10％，但未超过 30％，说明测量系统能力还是满足要求的。从以上图形也可以得出同样的结论。

11.2.3.10　改进措施或建议

在本例中，GRR 变差的主要变差源是重复性变差，除了量具固有变异外，还有样件内的差异不可忽视，试验研究假定制备的小样是均质的，它们之间差异忽略不计了。

11.2.3.11　分析所有测得的参数

对 4 个指标中剩余的每一个进行了单变量 GRR 分析，得出％R&R 和％P/T 的结果，见表 11.10。

表 11.10　　　　　　　　　　其他 3 个指标的量具 GRR 统计结果

指标	％R&R	％P/T	指标	％R&R	％P/T
ML	17.74％	20.41％	T90	63.66％	15.34％
T30	24.14％	21.17％			

从上表中可见参数 T90 的分析结果并不理想，故提供参数 T90 的具体分析结果见表 11.11。

表 11.11 　　　　　　　　　　　　**参数 T90 的量具 GRR 统计结果**

来源	标准差（SD）	研究变异（6×SD）	%研究变异（%SV）	%公差（%P/T）
合计量具 R&R	0.92032	5.52193	63.66	15.34
重复性	0.62066	3.72398	42.93	10.34
再现性	0.67954	4.07722	47.00	11.33
部件间	1.11492	6.68951	77.12	18.58
合计变异	1.44569	8.67417	100.00	24.09

可见，研究变异百分比为 63.66%＞30%，说明相对于过程总变异来说，测量系统是缺乏能力的。公差百分比为 15.34%，相对于公差范围来说，测量系统对产品决策尚可应用。但从测量系统总体能力来说，还是需要分析一下针对 T90 的试验，操作员的影响是显著的原因。

11.2.4　案例四　GRR 用于塑料的冲击强度

11.2.4.1　测量数据类型

冲击强度，连续型。

11.2.4.2　用于测量的量具

量具名称：悬臂梁冲击试验机（如图 11.5 所示）。

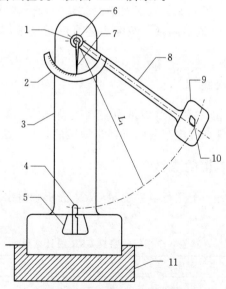

图 11.5　悬臂梁冲击试验机

1—摆锤轴承；2—标度盘；3—机架；4—试样；5—试样支架；6—摆轴；7—摩擦指针；
8—摆臂；9—垂体；10—冲击刃；11—基座

基本性能：见表 11.12。

表 11.12   **试验机基本性能**

势能 E/J	冲击速度 $v_1/$（m/s）	无试样时由摩擦引起的最大允许能量损失 E 的百分数/%
1.0		2
2.75		1
5.5	3.5（±10%）	0.5
11		0.5
22		0.5

11.2.4.3   测量过程描述

按标准要求调整设备状态，确定试验机有规定的冲击速度和合适的测量能力范围，选择能量最大的摆锤。试样由相关的材料制备，并按标准要求制备 A 型缺口。

按照规定的操作程序，释放摆锤，记录被试样吸收的冲击能量，并对其摩擦损失等进行必要的修正。

11.2.4.4   测量系统变异的可能来源

该测量装置的复杂性决定了在测量过程中可能存在的变异：

（1）评价人之间的差异。

（2）同一塑料板材中制备的 3 个试样间同质性差异是实际存在的。

（3）在试验中需要使用的直尺、游标卡尺、三角板、测力仪、称重传感器（或天平）等来检查试验机各部分的几何和物理性能的量具，虽然必须满足使用要求，但仍然可能存在准确度等方面的问题。

11.2.4.5   抽样计划

参与试验的 3 个评价人是随机选择的，每人获得了从不同批次的塑料板材中随机选择的 5 块，每块按标准加工出 3 个试样。

由于试验具有破坏性，采用两因子嵌套的量具 $R\&R$ 研究。

11.2.4.6   测量数据

表 11.13 显示了部分测量数据（数据表：gagedestructive. xls）：

表 11.13   **冲击强度测量数据表**

评价人	板材	试样	冲击强度 F/（KJ/m²）
1	3	1	110.7992
1	2	1	113.3381
1	4	1	111.8048
1	1	1	112.4749

续表

评价人	板材	试样	冲击强度 F/（KJ/m²）
1	5	1	113.6769
2	4	1	111.5155
2	5	1	109.9102
…	…	…	…
3	5	1	111.4066
3	1	1	111.5493

11.2.4.7 用于 *GRR* 研究的统计方法

采用方差分析法（ANOVA）进行数据统计分析。

11.2.4.8 统计分析

按照嵌套的量具 *R&R* 分析，得到分析结果显示在如下的表中。

量具 *R&R* 研究—嵌套方差分析

冲击强度的量具 *R&R*（嵌套）

来源	自由度	SS	MS	F	P
评价人	2	19.3012	9.65060	4.0675	0.045
板材（评价人）	12	28.4715	2.37262	40.3774	0.000
重复性	30	1.7628	0.05876		
合计	44	49.5355			

量具 *R&R*

来源	方差分量	贡献率/%	来源	方差分量	贡献率/%
合计量具 *R&R*	0.54396	41.36	部件间	0.77129	58.64
重复性	0.05876	4.47	合计变异	1.31525	100.00
再现性	0.48520	36.89			

来源	标准差（SD）	研究变差（6×SD）	%研究变差（%SV）
合计量具 *R&R*	0.73754	4.42522	64.31
重复性	0.24241	1.45444	21.14
再现性	0.69656	4.17937	60.74
部件间	0.87823	5.26938	76.58
合计变异	1.14684	6.88105	100.00

可区分的类别数＝1

通常认为，当研究变差百分比超过30％时，测量系统是不可接受的，而此例中已达到了64.31％，最大的变差贡献因素是再现性变差（60.74％）。

图形结果显示如图11.6。

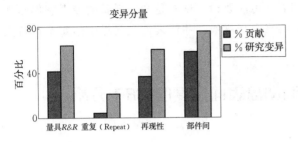

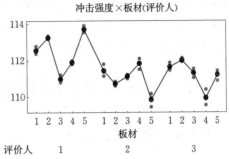

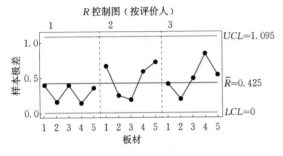

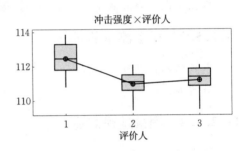

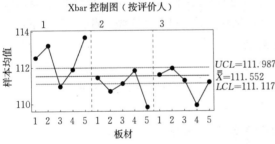

图11.6 塑料冲击强度的 *GRR* 分析

图形中的极差图（*R* 控制图）表明了每批板材内表现出的变差水平基本上是常量。因为使用此例数据所计算的极差实际上代表了一种合成变差，是测量系统的重复性和板材内变差的合成。

从均值图（Xbar）可见，板材的均值与控制限相比变化较大，这表明了板材间差异相对重复性误差能够被检测出来，这是比较理想的结果，因为控制限是基于重复性和板材内变差的合成变差而绘制的。

11.2.4.9 结论

再现性变差占比最大，评价人之间的差异是显著的，有些评价人的测量结果均值明显高于其他评价人。

11.2.4.10 改进措施或建议

除了要考察评价人的操作技能外，还应设计另外的研究，按照程序评估评价人在获得测量值这个重要方面的做法有何不同。例如，可能要检查试样是如何准备的或者它们是如何被装夹在测试设备上的。另外，在保证将来自板材的一些代表性试样提供给每个评价人时，随机化的程序可能是无效的。

11.2.5　案例五　高速运转的制动盘表面温度的 *GRR* 分析

11.2.5.1 测量数据类型

被测特性：表面温度，为连续型数据。

11.2.5.2 用于测量的量具

量具名称：红外测温仪。
分辨力：1℃。

11.2.5.3 测量过程描述

该研究是旨在解决建筑设备高速制动盘过热问题的项目的一部分。通过两台不同的红外测温仪（量具）随时间测量五个不同制动盘的温度，量具同时收集温度读数。测量过程如下：
（1）经过至少一小时的冷却后，机器才启动。
（2）机器的轮子以最大速度自由运转八分钟。
（3）在操作过程中，两台量具分别对准了制动盘上两个不同但相邻的点。
（4）同时用两台量具每分钟测量一次温度。
选择了八分钟的时间，因此不会对制动盘造成永久性损坏。

11.2.5.4 测量系统变异的可能来源

表面温度的测量是一种动态测量方式，这无疑增加了测量的复杂性以及变差源识别的难度。根据设计的测量试验，测量系统的变差源可能来自于：
（1）两台量具间的差异。
（2）制动盘高速运转下不同时刻的测量值之间的差异。
（3）制动盘表面不同位置点间存在的差异。
（4）不同的量具与不同的测量位置点间存在的交互作用。
（5）量具随时间而产生的读数变化。
当然，还应包括重复测量时量具自身的测量误差（重复性）。

11.2.5.5 抽样计划

选择两台相同的已经校准合格的红外测温仪（量具），选择五个不同的制动盘作为样件，在每个制动盘表面上选取并标注 2 个相邻位置点，两台量具每分钟采集一次测量数据。

11.2.5.6 测量数据

部分测量数据如表 11.14 所示。

表 11.14　　　　　　　　　　　制动盘温度测量数据（部分）

时间（d）	量具	
	1	2
零件 1		
1	35	31
2	43	40
3	51	48
4	69	56
5	91	83
6	103	91
7	117	103
8	138	119
零件 2		
1	57	51
2	79	67
3	125	98
4	156	142
5	202	187
6	236	214
...	...	...

11.2.5.7 用于 GRR 研究的统计方法

此案例介绍的是一种非静态下的量具 $R\&R$ 研究。该研究基于如下的假设：

（1）零件不稳定，即零件的被测特性在测量过程中随时间变化。

（2）随机测量误差是均质的。

（3）可以同时使用两个或多个量具进行测量。

（4）没有由评估人员引起的测量差异，也就是说，无论哪个评估员操作量具，测量误差均相等。

研究需要随机抽取一个包含 I 个零件的样本代表零件总体，然后在 T 个不同时间用 J 个量具同时测量每个零件。量具 j 在时间 t 对零件 i 的测量值记为 y_{ijt}，$i=1$，…，I，$j=1$，…，J，$t=1$，…，T。进行三因子分析，将量具和时间作为固定因子。量具在这里被视为固定因子，但如果对大量量具的效应感兴趣，也可以将其视为随机因子，而 J 个量具只是一个很小的样本。时间是一个固定因子，因为使用的时间不是随机样本，而是固定序列。见式（11.2.1）。

$$y_{ijt} = \mu + \alpha_i + \beta_j + \gamma_t + (\alpha\beta)_{ij} + (\alpha\gamma)_{it} + (\beta\gamma)_{jt} + \varepsilon_{ijt} \qquad 式（11.2.1）$$

在此，β_j、γ_t 和 $(\beta\gamma)_{jt}$ 是固定参数，它们在 j 和 t 上总和为零，表示量具和时间的效应及其交互作用。零件效应 α_i 及其与其他因子的交互作用 $(\alpha\beta)_{ij}$，$(\alpha\gamma)_{it}$ 是独立的随机变量，分别具有均值 0 和方差为 σ_α^2、$\sigma_{\alpha\beta}^2$、$\sigma_{\alpha\gamma}^2$，的正态和独立分布。误差项的平均值为 0，方差为 σ^2。量具的主效应和量具-时间的交互作用是量具之间系统差异的表征，误差项及零件-量具的交互作用的方差表示随机测量误差。重复性用 σ 表示，量具再现性用 $\sigma_{\alpha\beta}$ 表示。

该模型要进行混合模型的三因素方差分析（ANOVA）。

11.2.5.8 统计分析

图 11.7 是测量结果的图形表示。

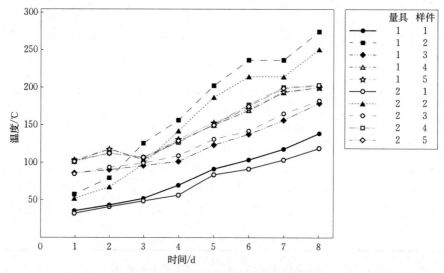

图 11.7　制动盘温度测量结果的散点图

不同的时间和部件的平均温度明显不同，因此部件不稳定。还比较了方差，没有发现统计学上的显着差异，支持了测量误差是均匀的假设。在此案例中，操作员引起的变异不是问题，因为操作员对测量结果的影响可以忽略不计。考虑到所有这些，模型［3］似乎是评估该测量系统的重复性和衡量再现性的合适模型。

通过三因素混合模型 ANOVA 对模型进行分析，结果示于表 11.15。

表 11.15		模型［3］的方差分析表			
来源	自由度	*Adj SS*	*Adj MS*	*F*	*P*
量具	1	340	340.3	0.96	0.382
零件	4	72208	18051.9	16.34	0.000
时间（天）	7	140728	20104.0	26.25	0.000

续表

来源	自由度	Adj SS	Adj MS	F	P
量具×零件	4	1415	353.7	23.42	0.000
量具×时间（天）	7	29	4.2	0.28	0.958
零件×时间（天）	28	21447	766.0	50.70	0.000
误差	28	423	15.1		
合计	79	236590			

F 检验对固定效应和随机效应有不同的解释。对于固定效应，它测试固定效应是否偏离零，而对于随机效应，它测试随机效应是否具有正方差。回想一下，量具和时间效果是固定的，而零件效果是随机的。

基于其 P 值，量具-时间交互作用与零没有显着差异。这是一个令人愉悦的结果，因为量具-时间之间的交互作用表明取决于时间的系统性测量误差。量具-时间的交互作用将被假定为零，并被排除在模型之外，从而得出模型见式（11.2.2）。

$$y_{ijt} = \mu + \alpha_i + \beta_j + \gamma_t + (\alpha\beta)_{ij} + (\alpha\gamma)_{it} + \varepsilon_{ijt} \qquad 式（11.2.2）$$

表 11.16 显示了模型式（11.2.2）的 ANOVA 结果。

表 11.16　　　　　　　　　　　　模型式（11.2.2）的方差分析表

来源	自由度	Adj SS	Adj MS	F	P
量具	1	340.3	340.3	0.96	0.382
零件	4	72207.6	18051.9	16.31	0.000
时间（d）	7	140728.1	20104.0	26.25	0.000
零件×量具	4	1415.0	353.7	27.38	0.000
零件×时间（d）	28	21446.9	766.0	59.29	0.000
重复性	35	452.2	12.9		
合计	79	236590.0			

没有迹象表明量具之间存在系统差异，因为量具主效应与零之间没有显着差异，但是随机的零件-量规交互作用具有显着的正方差。这意味着对于任何给定的制动盘，平均而言，一个量具的测量与另一个量具的测量有所不同。但是，对于某些零件，量具1测得的温度较高，对于某些零件，量具2测得的温度较高，取所有零件的平均值。可以通过量具在制动盘上的放置方式来解释。可能导致两个量具测量值差异的因素实际上并不是量具本身，而是量具在制动盘上的位置。

以上结论可以通过图形方式说明。在图11-8中量具1与量具2的测量散点图中，标绘点似乎平均落在45°线附近，这支持了量具之间没有系统差异的假设。但是，某些零件的两个量具对它们的测量结果有所不同。例如，零件2的温度是由量具1测得的，而不是由量具 2 测得的。这说明了以下结论：没有主效应，但存在显着的零件-量具交互作用。

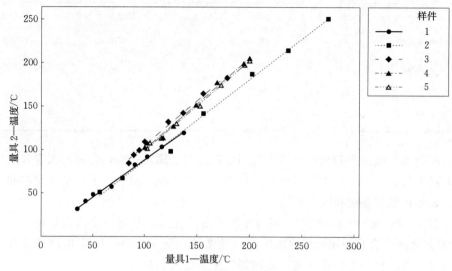

图 11.8　测量值配对的散点图

图 11.9 显示了对每个零件用两个量具同时测量，测量值配对差异的箱形图。因为温度读数是同时获取的，所以读数中所描绘的差异仅是由于量具的缘故。在测量零件 1 和零件 2 时，量具 1 的测量值平均高于量具 2 的值，而在测量零件 3、零件 4 和零件 5 时，则相反，这再次证明了没有主效应，但是，重要的零件-量具的交互作用。

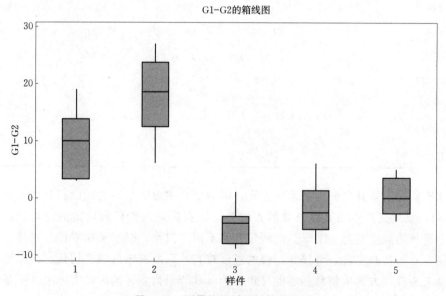

图 11.9　测量值配对差异的箱线图

表 11.17 显示了所有项的方差估计以及方差相对于总方差的百分比贡献。请注意，量具和时间的主效应没有方差，因为它们是固定效应。

表 11.17		制动盘温度案例的方差贡献率			
来源	方差	贡献率/%	来源	方差	贡献率/%
零件	1059.21	70.99	误差	15.1071	1.01
量具×零件	42.3304	2.84	合计	1492.07	100
零件×时间（天）	375.426	25.16			

表 11.18 总结了代表量具重复性 σ 和量具再现性 $\sigma_{\alpha\beta}$ 的标准偏差。

表 11.18		量具 $R\&R$			
来源	标准差	%研究变异	来源	标准差	%研究变异
量具 $R\&R$	7.5787	19.62	再现性	6.5062	16.84
重复性	3.8868	10.06	合计变异	38.6273	100.00

11.2.5.9 结论

由于重复性和再现性（零件-量具的交互作用）导致的测量变差占观察到的总变异的 19.62%，这是相当大的一部分。当然，如果零件是生产过程中通常使用的所有产品的代表样品，则此%$R\&R$只是具有实际意义。此外，本案例研究中使用的五个零件的样本量很小。将测量变差与基于历史数据的总变差的估计值进行比较会比较安全。

在实践中，有时无法维持零件的测量特性随时间恒定的假设。标准的量具 $R\&R$ 方法无法处理此类系统。我们介绍了一种针对此类难以重复测量的测量系统分析方法。提出了一种用于评估量具重复性和再现性的新试验设置以及分析工具。

11.2.5.10 改进措施或建议

由于量具与零件的交互作用和零件与时间的交互作用都是显著的，要减小%$R\&R$可以考虑降低制动盘运转速度，延长测量时间或缩短测量间隔；还可以在制动盘表面进一步准确标记测量位置点，同时也可以测量多于五个的零件，进一步增加试验的样本量。

11.2.6 案例六 扩展的 *GRR* 用于晶圆厚度测量

11.2.6.1 测量数据类型

测量特性：晶圆厚度（单位：μm），连续型数据。

11.2.6.2 用于测量的量具

量具名称：晶圆测厚仪。

分辨力：$0.1\mu m$。

11.2.6.3 测量过程描述

针对某半导体制造过程，要在每个晶圆的四个不同位置上测量并记录厚度值。

11.2.6.4 测量系统变异的可能来源

在实际测量过程中，测厚仪、操作员以及晶圆都会带来测量变差，需考虑的变异来源有：

（1）不同操作员（班次）之间的变差。

（2）不同晶圆及其不同位置产生的变差。

（3）操作员和测量位置之间的交互作用变差。

（4）不同时间（天）带来的变差。

另外，还有测厚仪重复使用时自身产生的差异。

11.2.6.5 抽样计划

试验涉及操作员、天和位置三个随机效应因子，选择在 7 天的时间里，每天三个班次（操作员）收集数据，且在每个位置重复测量 4 次。由于操作员每天都发生变化，因此操作员嵌套在天内。

11.2.6.6 测量数据

下表 11.19 显示了第一天的测量数据，鉴于保密原因数据已经过编码处理（数据文件：半导体研究 1. mtw）。

表 11.19   半导体研究收集的一日的部分数据

操作员	位置	厚度/mm			
1	1	30.81	30.82	30.86	30.85
1	2	30.85	30.88	30.85	30.88
1	3	30.85	30.88	30.88	30.87
1	4	30.85	30.86	30.87	30.85
2	1	30.8	30.95	30.88	31.08
2	2	30.82	30.88	30.83	30.86
2	3	30.83	30.84	30.84	30.83
2	4	30.83	30.82	30.84	30.84
3	1	30.89	30.85	30.84	30.85
3	2	30.88	30.83	30.84	30.85
3	3	30.88	30.84	30.82	30.83
3	4	30.86	30.83	30.84	30.84

11.2.6.7 用于 *GRR* 研究的统计方法

考虑具有交叉因子和嵌套因子，表征数据的随机效应的模型是

$$y_{ijkl}=\mu_y+\tau_i+\beta_{j(i)}+\gamma_k+(\beta\gamma)_{jk(i)}+\varepsilon_{ijkl},$$
$$i=1,\cdots,7,\quad j=1,\cdots,3,\quad k=1,\cdots,4,\quad l=1,\cdots,4$$

式中 μ_y 为常数；τ_i、$\beta_{j(i)}$、γ_k、$(\beta\gamma)_{jk(i)}$ 和 ε_{ijkl} 为均值为零、相对应的方差为 σ_τ^2、$\sigma_{\beta(\tau)}^2$、σ_γ^2、$\sigma_{\beta\gamma(\tau)}^2$、$\sigma_\varepsilon^2$ 的联合独立正态随机变量。因子"天"可被视为区组变量，因此"天×位置"的交互作用表示为 $\beta\gamma(\tau)$。

过程的变差是 $\sigma_p^2=\sigma_\tau^2+\sigma_\gamma^2$，归因于测量系统的变差是

$$\sigma_M^2=\sigma_{\beta(\tau)}^2+\sigma_{\beta\gamma(\tau)}^2+\sigma_E^2 \qquad\qquad 式（11.2.4）$$

11.2.6.8 统计分析

使用一般线性模型（GLM）方法进行分析，得到如表 11.20 结果。

表 11.20 晶圆厚度方差分析表

来源	自由度	Adj SS	Adj MS	F	P
天	6	0.3888	0.064797	1.94	0.126
位置	3	1.0565	0.352170	12.59	0.000
操作员（天）	14	0.1965	0.014038	1.62	0.115
天×位置	18	0.5036	0.027976	3.22	0.001
操作员×位置（天）	42	0.3648	0.008686	1.64	0.011
误差	252	1.3337	0.005292		
合计	335	3.8439			

模型的残差检验如图 11.10 所示。

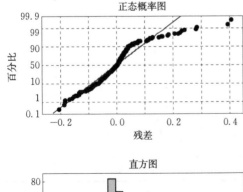
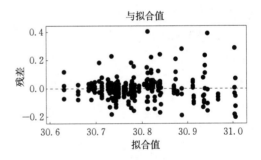
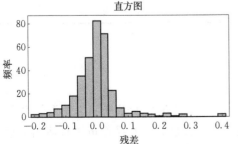
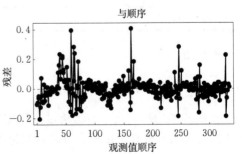

图 11.10 残差检验"四合一"图

进一步使用 Minitab 进行扩展的量具 $R\&R$ 分析，输出如下结果：

方差分量		
来源	方差分量	贡献率/%
合计量具 $R\&R$	0.0080827	64.16
重复性	0.0052924	42.01
再现性	0.0027903	22.15
操作员（天）	0.0003345	2.66
天×位置	0.0016075	12.76
位置×操作员（天）	0.0008484	6.73
部件间	0.0045151	35.84
天	0.0006556	5.20
位置	0.0038595	30.64
合计变异	0.0125978	100.00

量具评估			
来源	标准差（SD）	研究变异（6×SD）	%研究变异（%SV）
合计量具 $R\&R$	0.089904	0.539423	80.10
重复性	0.072749	0.436492	64.82
再现性	0.052824	0.316942	47.06
操作员（天）	0.018289	0.109732	16.29
天×位置	0.040093	0.240560	35.72
位置×操作员（天）	0.029127	0.174763	25.95
部件间	0.067194	0.403166	59.87
天	0.025605	0.153631	22.81
位置	0.062125	0.372747	55.35
合计变异	0.112240	0.673439	100.00

可区分的类别数＝1

得到图 11.11。

11.2.6.9　结论和建议

可见，%GRR 为 80.1% 远超过了规定界限 30%，说明测量系统能力不足。残差图表明数据与正态分布有所偏离。重复性和再现性变差都很显著，对操作员进行适当的培训以及细化测量的 SOP 会对测量系统的改进有很大的帮助。

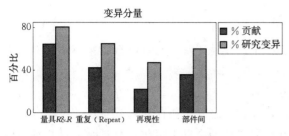

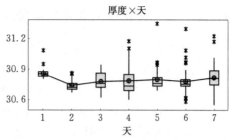

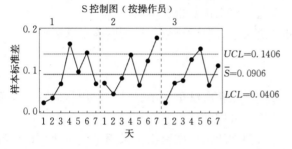

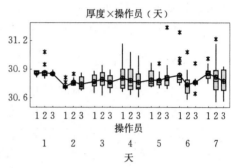

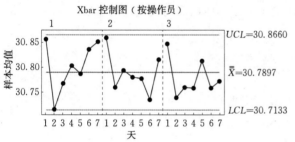

图 11.11　厚度的量具 *R&R*（扩展）报告

11.2.7　案例七　*GRR* 用于医疗保健体温测量

11.2.7.1　测量数据类型

测量特性：人体温度，连续型数据。

正常情况下，男性的体温的范围在 35～40℃ 之间（规格上下限 *USL/LSL*）。

11.2.7.2　用于测量的量具

量具名称：医用耳温计。

分辨力：±0.1℃。

11.2.7.3　测量过程描述

耳温计是属于非接触式温度测量仪，它是利用检测鼓膜所发出的红外线光谱来决定体温。测量时，要将测温头（内含传感器）插入耳内一定深度，停留规定的时间后，读取显示的温度数据。

11.2.7.4 测量系统变异的可能来源

在实际测量过程中，要注意耳温计、护士以及被测对象都可能会带来测量变差，需考虑的变异来源有：

（1）耳温计在重复使用过程中自身的变差。

（2）不同的护士可能会得出不同的数据，护士之间可能存在测量变差。

（3）测量时由于耳温计塞住耳孔，耳孔内温度场会发生变化，测量时间过长示值就会变化；重复多次测量时，如果测量间隔不合适，每次读数也会不同。

（4）被测对象身体状况的不佳，如外耳道狭窄、耵聍堵塞等也会影响测量结果。

11.2.7.5 抽样计划

将护士和被测对象视为两个因子，三名护士是从医院里几十名日常使用耳温计的医务人员中随机选择的，十名被测对象也是从健康人群中随机抽取出来的。

每名护士对每个人的右耳和左耳分别进行两次测量。试验次序采用了随机化，以消除随时间推移可能发生的干扰影响，并确保护士不记得他们之前测量过的温度。

11.2.7.6 测量数据

测量数据如表 11.21 所示。

表 11.21　　　　　　　　　　　　耳温测量数据　　　　　　　　　　（单位：℃）

测量对象	操作者1：J				操作者2：M				操作者3：P			
	1		2		1		2		1		2	
	R	L	R	L	R	L	R	L	R	L	R	L
1	37.3	37.5	37.3	37.5	37.5	37.7	37.3	37.6	37.5	37.6	37.4	37.5
2	37	37.3	36.7	36.8	37.5	37.3	37.4	37.2	37.4	37.4	37.3	37.1
3	36.4	37	37.3	37	37.5	37.3	37.4	37.1	37.6	37.4	37.2	37
4	37.6	37.5	37.6	37.4	37.5	37.5	37.5	37.7	37.7	37.6	37.6	37.5
5	36.7	37.6	37.8	37.5	37.9	37.5	37.6	37.6	37.9	37.6	37.9	37.8
6	37.5	37.7	37.6	37.3	38.4	38	37.8	37.8	37.6	37.9	37.8	37.8
7	37	36.9	37.1	37.3	37.1	37.4	37.4	37.5	37.2	37.4	37.1	37.2
8	37.7	37.4	37.6	37.4	37.6	37.5	37.5	37.1	37.5	37.4	37.2	36.9
9	36.4	36.5	36.6	36.1	37.1	36.9	36.7	36.8	37	36.4	36.9	36.8
10	37.2	37.4	37	37	37.1	37.2	37.2	37.2	37.1	37.2	37	37.3

11.2.7.7 用于 *GRR* 研究的统计方法

因为需要将护士与被测对象的交互作用变差分离出来，故采用方差分析法（ANO-VA）。

11.2.7.8 统计分析

（1）所有数据分析结果见表 11.22 和表 11.23。

表 11.22　　　　　　　　　　　耳温数据方差分析结果

来源	自由度	SS	MS	F	P
被测人	9	10.1251	1.12501	15.6594	0.000
护士	2	1.1085	0.55425	7.7148	0.004
被测人×护士	18	1.2932	0.07184	1.7416	0.046
重复性	90	3.7125	0.04125		
合计	119	16.2392			

表 11.23　　　　　　　　　　　量具 R&R 分析结果

来源	标准差（SD）	研究变异 （6×SD）	%研究变异 （%SV）	%公差 （%P/T）
合计量具 R&R	0.247	1.481	64.02	29.63
重复性	0.203	1.219	52.67	24.37
再现性	0.140	0.842	36.40	16.85
护士	0.110	0.659	28.48	13.18
护士×被测人	0.087	0.525	22.68	10.49
部件间	0.296	1.778	76.82	35.55
合计变异	0.386	2.314	100.00	46.28

方差分析表中可见，护士、护士和被测人的交互作用效应均是显著的。交互作用说明护士在测温过程中依据被测人有所偏好，比如有些护士更喜欢测量右耳或左耳。公差百分比（%P/T）为 29.63%，非常接近 30%，说明测量系统是需要改进的。

从图 11.12 看出，三名护士的测量数据均出现了离群值，且护士 J 的测量过程不稳定，其数据均值小于另外两名护士的均值水平，需要查找潜在的原因。

此时，一个有趣的问题是测量右耳还是左耳更合适呢？

（2）左耳和右耳分开数据分析结果

我们之前看到的两个离群值（第 5、6 号被测人）发生在右耳的测量中。我们可以使用上述数据，分别对每个耳朵进行分析。这样做得出表 11.24 中给出的结果。

表 11.24　　　对所有数据、左耳和右耳分别进行 R&R 分析结果比较

	所有测量数据	左耳	右耳
合计量具 R&R	0.247	0.193	0.281
重复性	0.203	0.177	0.244
再现性	0.140	0.078	0.138

续表

	所有测量数据	左耳	右耳
护士	0.110	0.078	0.138
护士×被测人	0.087		
%P/T	29.63%	23.19%	33.69%

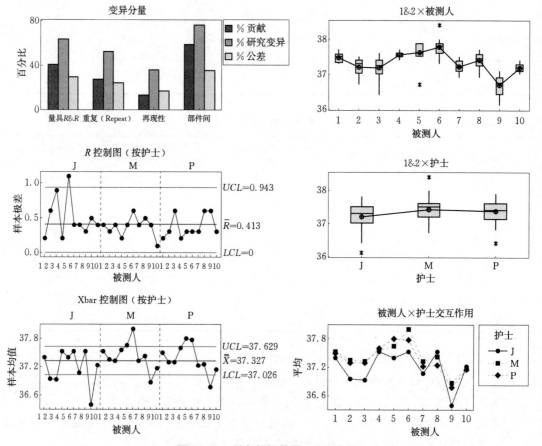

图 11.12　所有数据量具 R&R 分析

　　这证实了右耳比左耳更难测量的观测结果。右耳测量的总测量标准偏差为 0.28，左耳测量的总测量标准偏差为 0.19。一个可能的原因是，大多数护士都是惯用右手的，这使得当测温者站在被测人面前时，很难将温度计放在其右耳中。同样，对于惯用左手的人来说，左耳将更难测量。

　　（3）采用左右耳的最大值和平均值得到的分析结果

　　有时，如果测量"困难"是由于温度计没有足够深地插入耳朵，而导致温度测量值过低。防止这种情况发生的一种方法是让护士始终进行两次测量，一次左耳，一次右耳，然后取两者中的最大值。除此之外，另一种方法是使用左耳和右耳测量值的平均值。下面给出这两种方法的分析结果，见表 11.25。

表 11.25   对左右耳最大值和平均值分别进行 *R&R* 分析结果比较

	左右耳平均值	左右耳最大值		左右耳平均值	左右耳最大值
合计量具 *R&R*	0.206	0.188	护士	0.111	0.081
重复性	0.174	0.170	%*P/T*	24.73%	22.57%
再现性	0.111	0.081			

通过上述分析并结合实际,采用左右耳最大值应该是最佳选择。

11.2.7.9 结论和建议

有时测量值太低,因为温度计未正确插入耳朵,或没有保持足够的深度。这需要对护士进行操作指导或者培训,以保证测量过程的稳定性和有效性。一种非常可取的方法是测量两只耳朵,然后进行两次测量中的最大值。

11.2.8 案例八 X 射线测厚仪准确度研究

11.2.8.1 测量数据类型

带钢终轧厚度,连续型数据。

11.2.8.2 用于测量的量具

量具名称:X 射线测厚仪(TOSGAGE-7000 Series)。
精度等级:±0.1%。

11.2.8.3 量具的校准方式

测厚仪自身含有一个校准系统,存储了一条校准曲线,该曲线涵盖了整个量程范围,测量时,根据检测到的电流强度大小,检索所存储的校准曲线进行比对。

另外,为了尽可能减小 X 射线产生及检测元件对测量结果的影响,也常采用具有标准厚度的样片定期对测厚仪进行校准。

11.2.8.4 测量过程描述

测量过程是一种在线测量,由 X 射线分别穿过被测件和标准样片后,被 X 射线检测器接收并转换为不同的电信号,然后经信号转换单元和处理系统进行计算得到带钢厚度。

11.2.8.5 数据收集

采用具有标准厚度的样片对测厚仪进行校准,该校准属于静态校准,数据见表 11.26。

表 11.26　　　　厚度仪静态校准数据　　　　（单位：mm）

序号	标准厚度	测量厚度	序号	标准厚度	测量厚度
1	0.100693	0.100691	8	0.802987	0.803258
2	0.201002	0.200964	9	0.902643	0.902814
3	0.300910	0.300923	10	1.002489	1.002835
4	0.401279	0.401361	11	2.005330	2.006221
5	0.502011	0.502156	12	3.007622	3.007302
6	0.602756	0.602904	13	4.010649	4.009780
7	0.702741	0.702816			

通过补偿设定，对于设定输入厚度的动态测量结果数据见表 11.27。

表 11.27　　　　厚度仪动态测量数据　　　　（单位：mm）

序号	设定厚度	测量厚度	序号	设定厚度	测量厚度
1	0.20000	0.200117	21	2.81900	2.819436
2	0.30100	0.301253	22	3.22100	3.221496
3	0.50400	0.504104	23	3.92600	3.926363
4	0.60400	0.604017	24	4.32900	4.32918
5	0.60400	0.604021	25	3.42400	3.424984
6	0.70500	0.705116	26	3.82700	3.82801
7	0.90500	0.904605	27	4.73300	4.734612
8	1.00700	1.007177	28	5.13300	5.134021
9	1.20700	1.20731	29	3.92600	3.926295
10	1.30800	1.307764	30	4.43100	4.431304
11	1.61100	1.611479	31	5.43600	5.438087
12	1.81300	1.813247	32	5.93800	5.939661
13	1.71200	1.712265	33	4.53200	4.532182
14	2.01300	2.013267	34	5.13300	5.133888
15	2.41600	2.415693	35	6.24000	6.241148
16	2.61700	2.617138	36	6.74500	6.747554
17	2.31400	2.314033	37	5.03300	5.033667
18	2.61700	2.617113	38	5.73800	5.740351
19	3.12100	3.121704	39	6.94500	6.947973
20	3.42400	3.425055	40	7.65600	7.652211

11.2.8.6 用于准确度研究的统计方法

对于静态校准数据采用配对 T 检验，而对于在线测量数据计算厚度测量示值相对误差，并使用其绝对值与量具给定的线性度偏差进行单样本 T 检验。

11.2.8.7 统计分析

（1）静态校准数据偏倚的配对 T 检验分析结果见表11.28。

表 11.28 静态数据配对 T 检验

配对 T 检验和置信区间：标准厚度，测量厚度

标准厚度—测量厚度的配对 T

	N	均值	标准差	均值标准误
标准厚度	13	1.118701	1.181767	0.327763
测量厚度	13	1.118771	1.181575	0.327710
差值	13	−0.000070	0.000394	0.000109

平均差的 95% 置信区间：（−0.000309，0.000168）

平均差 = 0（与 ≠ 0）的 T 检验：T 值 = −0.64204　P 值 = 0.53290

（2）在线测量数据的厚度相对示值误差表11.29和 T 检验结果表11.30。

表 11.29 在线测量厚度数据相对示值误差 （单位：mm）

序号	设定厚度	测量厚度	示值误差	示值误差绝对值	相对示值误差
1	0.20000	0.200117	0.000117	0.000117	0.000585
2	0.30100	0.301253	0.000253	0.000253	0.000840532
3	0.50400	0.504104	0.000104	0.000104	0.000206349
4	0.60400	0.604017	0.000017	1.7E−05	2.81457E−05
5	0.60400	0.604021	0.000021	2.1E−05	3.47682E−05
6	0.70500	0.705116	0.000116	0.000116	0.000164539
7	0.90500	0.904605	−0.000395	0.000395	0.000436464
8	1.00700	1.007177	0.000177	0.000177	0.00017577
9	1.20700	1.20731	0.000310	0.00031	0.000256835
10	1.30800	1.307764	−0.000236	0.000236	0.000180428
11	1.61100	1.611479	0.000479	0.000479	0.000297331
12	1.81300	1.813247	0.000247	0.000247	0.000136238
13	1.71200	1.712265	0.000265	0.000265	0.00015479
14	2.01300	2.013267	0.000267	0.000267	0.000132638

续表

序号	设定厚度	测量厚度	示值误差	示值误差绝对值	相对示值误差
15	2.41600	2.415693	−0.000307	0.000307	0.00012707
16	2.61700	2.617138	0.000138	0.000138	5.27321E−05
17	2.31400	2.314033	0.000033	3.3E−05	1.4261E−05
18	2.61700	2.617113	0.000113	0.000113	4.31792E−05
19	3.12100	3.121704	0.000704	0.000704	0.000225569
20	3.42400	3.425055	0.001055	0.001055	0.000308119
21	2.81900	2.819436	0.000436	0.000436	0.000154665
22	3.22100	3.221496	0.000496	0.000496	0.000153989
23	3.92600	3.926363	0.000363	0.000363	9.24605E−05
24	4.32900	4.32918	0.000180	0.00018	4.158E−05
25	3.42400	3.424984	0.000984	0.000984	0.000287383
26	3.82700	3.82801	0.001010	0.00101	0.000263914
27	4.73300	4.734612	0.001612	0.001612	0.000340587
28	5.13300	5.134021	0.001021	0.001021	0.000198909
29	3.92600	3.926295	0.000295	0.000295	7.51401E−05
30	4.43100	4.431304	0.000304	0.000304	6.86075E−05
31	5.43600	5.438087	0.002087	0.002087	0.000383922
32	5.93800	5.939661	0.001661	0.001661	0.000279724
33	4.53200	4.532182	0.000182	0.000182	4.01589E−05
34	5.13300	5.133888	0.000888	0.000888	0.000172998
35	6.24000	6.241148	0.001148	0.001148	0.000183974
36	6.74500	6.747554	0.002554	0.002554	0.000378651
37	5.03300	5.033667	0.000667	0.000667	0.000132525
38	5.73800	5.740351	0.002351	0.002351	0.000409725
39	6.94500	6.947973	0.002973	0.002973	0.000428078
40	7.65600	7.652211	−0.003789	0.003789	0.000494906

表 11.30　　　　　　　　　　单样本 T 检验结果表

单样本 T：相对示值误差绝对值

原假设 H_0：$\mu \geqslant 0.001$　备择假设 H_1：$\mu < 0.001$

变量	N	均值	标准差	均值标准误	95%上限	T	P
相对示值误差绝对值	40	0.000225	0.000173	0.000027	0.000271	−28.41	0.000

11.2.8.8 结论

静态校准数据分析所得 $P=0.533$，说明测量厚度与标准厚度间并没有显著差异；在线测量数据分析所得 $P=0.000$，说明厚度偏差并没有超出设备的精度要求。

11.2.9 案例九 燃气阀门流量的测量系统重复性评估

11.2.9.1 研究背景

某工程师设计了一个新的燃气阀，必须在生产中测量通过该阀的燃气流量，于是设计了一个自动化燃气流量测量系统来完成此测量。该系统中所用量具的准确性已经过校准。现在，需要通过执行量具研究来评估系统的精密度。进行量具研究的目的是确定测量系统在用于生产之前是否存在需要解决的问题。

11.2.9.2 研究计划

为了保证研究试验的成功，需要提前做好计划，包括：

（1）选择被测零件

此例中，设法收集了 $n=8$ 个阀门，其中某些阀可能还存在超公差的缺陷。在量具研究中包含超出公差范围值的零件实际上是一个优势，将有助于确保量具在测量不良零件时与测量优质零件时一样有效。

（2）设定重复测量次数

每次测量大约需要五分钟，包括在测试之前将阀门安装在测试台上，然后在测试之后将其卸下。所以，决定设置重复测量次数 $r=4$。

（3）保证随机化

测量顺序随机化对于获得公平、完整的测量系统性能状况非常重要。测试台存在一个缓慢的漂移问题，相同流量值的测量值会随着时间缓慢变化。采用实验随机化，缓慢的漂移将作为重复性的一部分。

可以使用 Minitab 生成用于量具研究的随机测量顺序。表 11.31 列出了运行序和零件编号 1 到 8 的随机序列，每个编号在序列中出现四次。

表 11.31 零件的随机序列

运行序	1	2	3	4	5	6	7	8	9	10	11	12	13	14	15	16
零件	5	1	6	3	8	4	2	7	5	7	3	4	2	6	1	8
运行序	17	18	19	20	21	22	23	24	25	26	27	28	29	30	31	32
零件	7	4	1	5	8	3	2	6	6	4	1	7	3	5	8	2

（4）明确测量操作的 SOP

理想的测试台每次测量阀门时都应测量相同的流量值。如果阀门不稳定且在测量期间或测量之间改变其流量，则不应将其用于任何量具研究。当阀门完全打开时，通过阀门的流量应为545±3个流量单位。

随机序列中有时会出现连续两次测量同一阀门，如果发生这种情况，评估人员在第一次测试后从支架上卸下阀门，然后在第二次测试之前再次将其安装。这样做是因为安装和拆卸过程是测量过程的一部分。安装和拆卸可能会使阀门错位或以未知方式改变测量值。这种操作对测量系统的评估是非常必要的。

11.2.9.3 测量数据

评估人员按随机顺序完成了32次测量。流量数值范围介于540～550之间，为了计算方便，将数据前面的"54"去掉了，数据列于表11.32。

表 11.32 流量测量数据

阀门	流量				平均值	标准差
1	5.61	5.59	5.73	5.42	5.5875	0.1276
2	1.92	2.47	2.45	2.46	2.3250	0.2701
3	6.51	6.36	6.76	6.64	6.5675	0.1719
4	2.72	2.73	2.5	2.48	2.6075	0.1360
5	4.05	4.08	4.18	4.11	4.1050	0.0557
6	5.84	5.82	5.39	5.99	5.7600	0.2581
7	7.31	7.14	6.96	7	7.1025	0.1584
8	6.42	6.5	6.25	6.51	6.4200	0.1203

11.2.9.4 统计方法

使用控制图法，具体方法描述请参见第6章第6.2.3.4节。

11.2.9.5 统计分析

根据测量数据绘制平均值和标准差（$\overline{X}-s$）控制图，如图11.13。

依据控制图来计算指标以描述测量系统。σ_{EV}通过公式估计：$\hat{\sigma}_{EV}=\dfrac{\overline{s}}{c_4}$，$\overline{s}$是8个标准差的平均值，$c_4$基于子组大小4来确定的修正系数，查表有$c_4=0.9213$，于是

$$\hat{\sigma}_{EV}=\frac{0.1623}{0.9213}=0.1762$$

σ_{PV}零件变差可以通过估计样本均值的标准差$s_{\overline{X}}$来获得，但$s_{\overline{X}}$中既包括PV，也含有一点儿EV，所以

$$\hat{\sigma}_{PV}=\sqrt{s_{\overline{X}}^2-\frac{\hat{\sigma}_{EV}^2}{r}} \qquad 式（11.2.5）$$

$s_{\overline{X}}=1.8311$，得

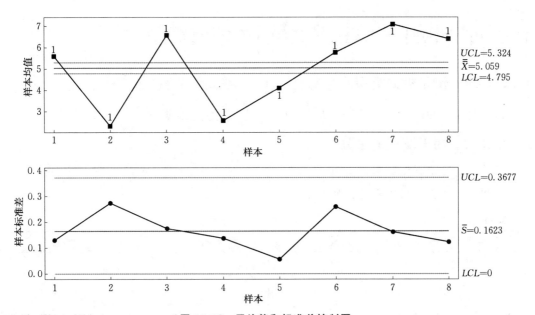

图 11.13 平均值和标准差控制图

$$\hat{\sigma}_{PV} = \sqrt{1.8311^2 - \frac{0.1762^2}{4}} = 1.8289$$

$$\hat{\sigma}_{TV} = \sqrt{\hat{\sigma}_{PV}^2 + \hat{\sigma}_{EV}^2} = \sqrt{1.8289^2 + 0.1762^2} = 1.8374$$

此例中采用置信度为 90%，则有 $\alpha = 0.1$，$n(r-1) = 24$。查 t 分布分位数表有 $T_2(24, 0.95) = 1.2366$，$T_2(24, 0.05) = 0.7544$。于是

重复性 σ_{EV} 的 90% 的置信区间下限为

$$L_{\sigma_{EV}} = \frac{\hat{\sigma}_{EV}}{T_2(n(r-1), 1-\alpha/2)} = \frac{0.1762}{1.2366} = 0.1425$$

重复性 σ_{EV} 的 90% 的置信区间上限为

$$U_{\sigma_{EV}} = \frac{\hat{\sigma}_{EV}}{T_2(n(r-1), \alpha/2)} = \frac{0.1762}{0.7544} = 0.2336$$

得到 σ_{EV} 的置信区间为（0.1425，0.2336）。

计算测量系统的可接受性度量。基于公差可计算 %P/T 作为可接受性指标为

在此案例中，公差范围为 6 个单位，

$$\%P/T = \frac{6\hat{\sigma}_{EV}}{\text{USL} - \text{LSL}} \times 100\% = \frac{6 \times 0.1762}{6} \times 100\% = 17.62\%$$

基于过程总变异（TV）计算 %$R\&R$ 为

$$\%R\&R = \frac{\hat{\sigma}_{EV}}{\hat{\sigma}_{TV}} \times 100\% = \frac{0.1762}{1.8374} \times 100\% = 9.59\%$$

11.2.9.6 结论

按照可接受性准则，%$P/T = 17.62\% < 30\%$，%$R\&R = 9.59\% < 10\%$，说明在整个研究过程中，测试试验台以稳定且可接受的方式进行。测量系统在此应用中是可接受的。

11.2.10 案例十 多台流变仪间准确度比较研究

11.2.10.1 测量数据类型

测量特性：ML、MH、T10、T50、T90。均为连续型数据。

11.2.10.2 用于测量的量具

量具名称：无转子硫化仪，属于同一厂家。本研究编号分别设为 A、B、C、D。

分辨力：有多个检测参数，如表 11.33。

表 11.33　　　　　　　　　　硫化仪参数检测分辨力

检测项目	分辨力	检测项目	分辨力
ML	0.1dnm	T50	1s
MH	0.1dnm	T90	1s
T10	1s		

11.2.10.3 测量过程描述

操作员将橡胶试样放入一个几乎完全密闭的模腔内，并保持在规定的试验温度和试验时间条件下，温度和时间均为设备自动控制，测量数据自动采集并存储到计算机系统中。

选用了 4 批同规格标准胶样（标胶）参与试验，给定各参数规格范围见表 11.34。

表 11.34　　　　　　　　　　检测参数规格范围

检测项目	规格上限	中值	规格下限
ML（dnm）	1.06	0.97	0.87
MH（dnm）	24.57	23.69	22.81
T10（s）	31.2	29.1	27.0
T50（s）	84.0	78.9	73.8
T90（s）	347.4	333.6	319.8

11.2.10.4 影响测量系统准确度的可能变异源

测量过程中可能的变异源有：

（1）由于设备的长期使用会造成模腔间隙变化，对测量结果产生影响。

（2）操作员未将样品放置在模腔中心，产生位置变差。

（3）样品本身也存在内在的不均匀或者裁切后试样质量波动大等产生较大的样品内的变异。

11.2.10.5 试验设计

试验研究的目的是要考察多台流变仪测量结果的准确度差异，但操作者和使用的标胶间的差异可能会给试验带来实质性的差异。这一问题的合理设计就是拉丁方设计,用来消除两个讨厌的变异源。故选择了4名日常操作该设备的操作员,采用了4批标胶,选择了4台同类型的流变仪。构建了拉丁方设计表11.35。

表 11.35　4×4拉丁方设计表

标胶批次	操作员			
	1	2	3	4
1	C	A	B	D
2	A	B	D	C
3	B	D	C	A
4	D	C	A	B

11.2.10.6　数据收集

试验次序是随机化的,表11.36对数据进行了整理,便于查看拉丁方设计。

表 11.36　检测参数测量数据

操作员	标胶批次	流变仪	ML	MH	T10	T50	T90
1	1	C	1.0	24.7	27	77	332
1	2	A	0.9	22.8	30	82	333
1	3	B	1.0	23.1	31	84	335
1	4	D	0.9	23.8	29	80	337
2	1	A	0.9	22.9	30	80	330
2	2	B	1.1	23.7	30	79	325
2	3	D	1.0	23.7	30	80	336
2	4	C	1.0	24.4	28	80	339
3	1	B	1.0	23.5	29	79	325
3	2	D	1.0	23.7	29	79	330
3	3	C	1.0	24.2	28	78	330
3	4	A	0.9	22.9	30	82	333
4	1	D	1.0	23.7	30	80	334
4	2	C	1.0	24.2	28	79	332
4	3	A	0.9	23.0	30	82	336
4	4	B	1.0	23.5	29	81	330

11.2.10.7　参数的统计分析

采用JMP 13软件首先对参数MH进行方差分析(ANOVA),如表11.37和表11.38以及预测值对残差图11.14结果。

表 11.37　　　　　　　　　　　**参数 MH 的方差分析**

源	参数数目	自由度	平方和	F 比	概率＞F
操作员	3	3	0.0225000	0.1636	0.9170
标胶	3	3	0.0875000	0.6364	0.6185
流变仪	3	3	4.5125000	32.8182	0.0004*

表 11.38　　　　　　　　　　**参数 MH 分析的统一尺度估计值**

统一尺度估计值

名义型因子-扩展至所有水平

项	统一尺度估计值		标准误差	T 比	概率＞|T|
截距	23.6125		0.053522	441.18	＜.0001*
操作员 [1]	−0.0125		0.092702	−0.13	0.8971
操作员 [2]	0.0625		0.092702	0.67	0.5253
操作员 [3]	−0.0375		0.092702	−0.40	0.6999
操作员 [4]	−0.0125		0.092702	−0.13	0.8971
标胶 [1]	0.0875		0.092702	0.94	0.3817
标胶 [2]	−0.0125		0.092702	−0.13	0.8971
标胶 [3]	−0.1125		0.092702	−1.21	0.2705
标胶 [4]	0.0375		0.092702	0.40	0.6999
流变仪 [A]	−0.7125		0.092702	−7.69	0.0003*
流变仪 [B]	−0.1625		0.092702	−1.75	0.1302
流变仪 [C]	0.7625		0.092702	8.23	0.0002*
流变仪 [D]	0.1125		0.092702	1.21	0.2705

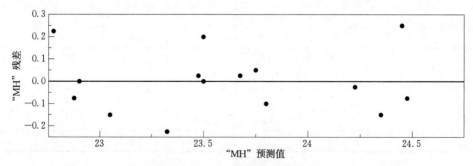

图 11.14　MH 预测值对残差图

可见，在效应检验表中流变仪对于的 p 值远小于置信水平 5%，说明流变仪间的差异是显著的。通过预测值对残差图中看出模型是适用的。从统一尺度估计值表中得到，流变仪 A 和 C 显著地与 B 和 C 存在差异。

下面给出对所有参数的分析汇总表 11.39。

表 11.39 所有参数分析结果的汇总表

概率＞｜T｜	ML	MH	T10	T50	90
流变仪 A	0.0010	0.0003	0.0364	0.0574	0.5429
流变仪 B	0.0071	0.1302	0.1238	0.3274	0.0156
流变仪 C	0.0924	0.0002	0.0017	0.0324	0.4131
流变仪 D	1.0000	0.2705	0.4055	0.5461	0.1191
总效应检验	0.0041	0.0004	0.0095	0.0818	0.0730

同时，得到了 5 个参数的预测刻画器，如图 11.15 所示。

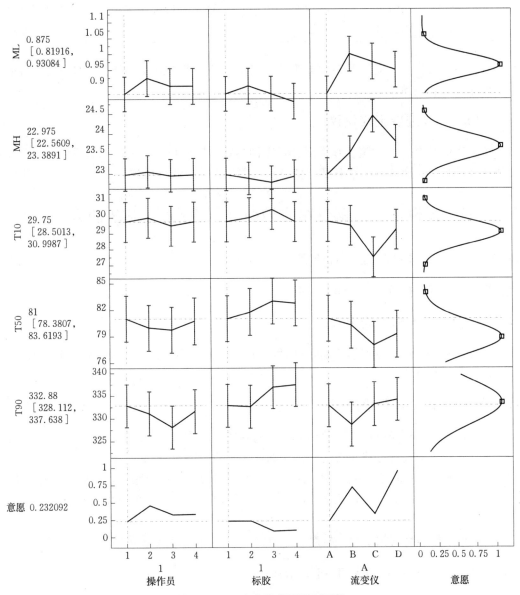

图 11.15 5 个参数的预测刻画器

11.2.10.8 结论

根据上面的刻画器，针对各台流变仪的测量结果结论如表 11.40 所示。

表 11.40　　　　　　　　　各台流变仪的测量结果结论

流变仪	参数				
	ML	MH	T10	T50	90
A	偏高	偏高	偏低	偏低	无显著差异
B	偏低	无显著差异	无显著差异	无显著差异	偏高
C	无显著差异	偏低	偏高	偏高	无显著差异
D	无显著差异	无显著差异	无显著差异	无显著差异	无显著差异

从上表中发现，流变仪 D 的测量准确度是最好的，其他流变仪分别针对不同参数的测量结果存在显著差异。

11.2.10.9 改进措施或建议

除流变仪 D 外，其他流变仪需要针对不同参数的测量结果状况进行原因分析，建议后续分别针对每台流变仪进行准确度（偏倚）研究，并采取改善措施。

11.2.11 案例十一 钢丝帘线拉断力测量系统 GRR 研究

11.2.11.1 测量参数及数据类型

测量特：钢丝拉断力，连续型数据。

11.2.11.2 用于测量的量具

量具名称：电子万能材料试验机（编号：TC-M-203；型号：3365；厂家：英斯特朗）
分辨力：0.01N。

11.2.11.3 测量过程描述

（1）首先安装渐开线夹具，并调节夹具的测试标准距离（1000±1mm）。
（2）调零拉力机的位移和载荷，设置钢帘线拉伸速度为 100mm/min。
（3）按照先上夹具后下夹具的顺序夹持，给予帘线一定的预张力，一般不超过 5N。
（4）启动拉力机测试，直至试样断裂；如在拉伸过程中出现单丝先后断裂，应舍去此样品数据。
（5）记录拉伸后的拉断力。拉断力≥618N。

11.2.11.4 测量系统变异的可能来源

拉力机的初始位移设置及载荷准确性等条件设置使拉力机本身产生重复性变差；操作员

设置夹具测试距离、钢帘线夹持时受力大小、钢丝帘线固定时紧绷程度、钢帘线拉伸速度时会有差异；另外，钢丝帘线分裁的长度、存在的分捻现象等也会存在一部分样件内部变差。

11.2.11.5 抽样计划

研究中有 3 个随机选择的操作员。每个操作员测量分配的 6 个锭子，每个锭子测量一个或两个样本，在此实验中总共进行了 24 次观测。

(1) 操作员：3。

(2) 样本锭子：随机选择 12 个锭子，并从每个锭子上各取 20m 钢丝帘线，并按照 1、2…12 做好标识；将取样的每份钢丝帘线分成长约 1.5m 的钢丝帘线，每 5 根为 1 组，分别标识 1-1、1-2…12-2。

(3) 重复测量次数：2（同一组钢丝中的 2 根，假设 2 根间差异不大，视为对同一根的 2 次测量）。

(4) 因子关系：嵌套（锭子嵌套在操作员内）。

(5) 设计结构表：见表 11.41。

表 11.41　　　　　　　　　　设计结构表

样本锭	B1	B2	B3	B4	B5	B6	B7	B8	B9	B10	B11	B12
操作员 A	1-1	2-1					7-1	8-1		10-2	11-2	
	1-2	2-2										
操作员 B			3-1	4-1			7-2		9-1	10-1		12-1
			3-2	4-2								
操作员 C					5-1	6-1		8-2	9-2		11-1	12-1
					5-2	6-2						

注：

B1＝抽取的第一个锭子钢丝取样

B2＝抽取的第二个锭子钢丝取样

…

B12＝抽取的第十二个锭子钢丝取样

11.2.11.6 测量数据

测量数据记录于表 11.42 中。

表 11.42　　　　　　　　钢丝帘线拉断力测量数据

操作员	锭子	根	拉断力（N）	操作员	锭子	根	拉断力（N）	操作员	锭子	根	拉断力（N）
A	1	1	639.4	B	3	1	628.3	C	5	1	631.2
A	1	2	638.5	B	3	2	627.9	C	5	2	632.4
A	2	1	637.5	B	4	1	639.4	C	6	1	643.8
A	2	2	636.2	B	4	2	638.1	C	6	2	642.6

续表

操作员	锭子	根	拉断力 (N)	操作员	锭子	根	拉断力 (N)	操作员	锭子	根	拉断力 (N)
A	7	1	625.8	B	7	2	624.2	C	8	2	633.2
A	8	1	634.6	B	10	1	635.8	C	9	2	624.7
A	10	2	636.8	B	9	1	625.2	C	11	1	642.4
A	11	2	641.2	B	12	2	634.7	C	12	1	635.6

11.2.11.7 用于 GRR 研究的统计方法

对于这种破坏性的测量过程，使用了一台拉力试验机。由于测量过程具有破坏性，因此无法在同一根钢丝上获得重复测量。处理这种情况的一种适当方法是使用嵌套设计，并考虑同一组钢丝中的 2 根是相似的。由一名操作员两次测量的同一组（用 2 根）可用于估计重复性。由不同操作人员测量的另一根可用于估计再现性。这样我们使用一种特殊类型的嵌套设计，称为"**交错嵌套设计（staggered nested design）**"或简称为"**错套设计**"。

11.2.11.8 统计分析

方法：最大似然约束估计（**restricted estimation maximum likelihood，REML**）。

软件：JMP 13。

11.2.11.9 结论

对收集的数据进行分析，得到如图 11.16 所示结果：

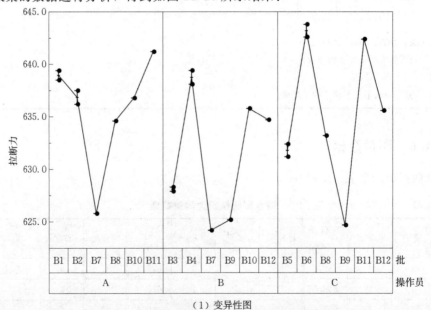

（1）变异性图

图 11.16 交错嵌套 GRR 分析的图形结果（一）

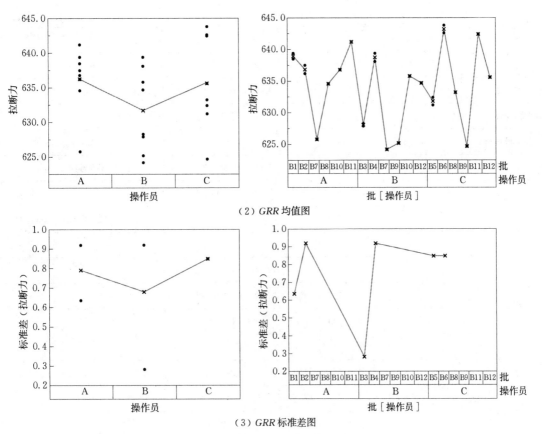

（2）*GRR* 均值图

（3）*GRR* 标准差图

图 11.16　交错嵌套 *GRR* 分析的图形结果（二）

数据分析结果汇总后形成报告表 11.43。

表 11.43　　　　　　　　数据分析结果汇总——*GRR* 报告

REML 方差分量的估计值

随机效应	方差分量	占合计的百分比
操作员	0	0
锭子［操作员］	37.360411	98.411
残差	0.6032228	1.589
合计	37.963634	100.000

－2 对数似然＝131.06511081

方差分量

成分	方差分量	占合计的百分比	20 40 60 80	平方根（方差分量）
操作员	0	0.0		0
锭子［操作员］	37.360411	98.4		6.1123
组内	0.603223	1.6		0.7767
合计	37.963634	100.0		6.1615

续表

量具 R&R

源测量值		变异（3×标准差）	容差百分比		3×以下项的平方根
重复性	（EV）	2.330023	14.07	设备变异	V（组内）
再现性	（AV）	0	0	评估者变异	V（操作员）
操作员		0	0		V（操作员）
量具 R&R	（RR）	2.330023	14.07	测量变异	V（组内）＋V（操作员）
部件变异	（PV）	18.336949	110.71	部件变异	V（批）
总变异	（TV）	18.484391	111.60	总变异	V（组内）＋V（操作员）＋V（批）
		3	k		
		12.6054	％量具 R&R＝100×（RR/TV）		
		0.12707	（精度/部件变异）比率＝RR/PV		
		11	区别分类数＝1.41（PV/RR）		
		618	下规格限		
		634.563	总均值		
		16.5625	容差＝总均值－下规格限		
		0.14068	（精度/容差）比＝RR/（容差）		

量具 R&R 的方差分量

成分	方差分量	占合计的百分比	
量具 R&R	0.60322	1.6	20 40 60 80
重复性	0.60322	1.6	
再现性	−1.887e−15	−5e−15	
部件间	37.36041	98.4	

从上述 GRR 报告可以看出量具 R&R 百分比为 12.6％，％P/T 比为 14.1％，均小于可接受规则 30％ 的边界水平，ndc＝11，测量系统能力较充分。

测量系统变差主要由重复性贡献，也许并非完全来自于拉力机本身，更有可能是同一组钢丝中所取的不同根之间的变差（样本内变差）导致的。

11.3 属性一致性分析案例研究

这里给出了属性一致性分析（AAA）的三个不同案例，这些案例已在表 11.44 中进行了汇总，并指出了不同的方面。

表 11. 44   属性一致性分析案例汇总列表

案例	说明	AAA 细节
11.3.1	半导体芯片封装	从评价人组中随机选择三名评价人，对 100 个样品的芯片裂纹缺陷检查两次。检查结果为二元值
11.3.2	轮胎外观缺陷	从评价人组中随机选择三名评价人，对 20 条轮胎样品通过目视检查两次。检验结果为名义数据，分为 8 类，无自然顺序
11.3.3	儿童社会技能等级评定	对儿童社会技能等级评定采用 1～5 分有序数据标尺，选择 2 名评价人，无重复，每名评价人评估 50 例。关于样本等级的标准是已知的

11.3.1 案例一 半导体芯片封装

11.3.1.1 概述

应用于 5G 基站防雷设计的某型号半导体芯片在封装后，会临时采取提前激发装置激发潜在缺陷，并由检验员通过 IR PAT 测试将潜在裂纹缺陷产品筛选出来。因此，评价人的经验及其培训非常重要。这项研究的目的是评估属性测量系统的一致性和准确性。

11.3.1.2 响应变量

响应变量是二元数据（两个水平，没有自然顺序）。

11.3.1.3 标准属性

在此案例中，将提供标准属性（正确的评分）。

11.3.1.4 错误判断的可能原因

不遵守作业说明可能会导致错误的判断。另一个因素可能是评价人的经验以及他们所接受的培训。

11.3.1.5 抽样计划

为了评估的一致性和准确性，各收集 50pcs 芯片裂纹和合格样品，从日常从事检验的人员中随机选择了三名检验员，并将缺陷品和正品随机排序并编号，三位评价人 DLX、HR、WQS 对 100 个芯片样品分别检查三次，并对质量进行了判断。

检查结果为二元数据。

11.3.1.6 测量数据

表 11.45 列出了 AAA 中使用的部分数据。

表 11.45　　　　　　　　　　　　　　　芯片的检验结果和标准

样品	标准	DLX			HR			WQS		
		第一次	第二次	第三次	第一次	第二次	第三次	第一次	第二次	第三次
1	1	1	1	1	1	1	1	1	1	1
2	1	1	1	1	1	1	0	1	1	1
3	1	1	1	1	1	1	1	1	1	1
4	1	1	1	1	1	1	1	1	1	1
5	1	1	1	1	1	1	0	1	1	1
...	...	...	...	...	...	...	...	...	...	...
98	0	0	0	0	0	0	0	0	0	0
99	0	0	0	0	0	0	0	0	0	0
100	0	0	0	0	0	0	0	0	0	0

11.3.1.7　属性一致性分析

AAA 用于通过检查评价人内、评价人间以及相对于标准的结果来评估主观分类的一致性和准确性。AAA 输出包括会话窗口和图形窗口结果。

会话窗口包括以下类型的一致性：

评价人内：表明评价人在不同试验中对同一样品进行评价的一致性。

评价人之间：显示评价人的评级是否彼此一致，即不同的评价人对同一样本的评级是否相同。

由于此案例中提供了标准属性（正确的评分），因此会话窗口输出包括两种附加的一致性类型。

每个评价人与标准的比较：显示每个评价人对每个样本的评估与标准的一致程度，换句话说，同一评价人的每个评分是否与标准评分一致。

所有评价人与标准的比较：它显示了所有评价人的反应与已知标准相结合的程度。

对于每种一致性，会话窗口输出都包括评估一致性和 Fleiss's Kappa 统计信息，以评估评价人的回答的一致性和准确性。

（1）评价人之间的一致性

会话窗口中的"评价人内"表可帮助回答每个评价人在整个试验中对芯片的评级是否保持一致。

如表 11.46 所示，每个评价人对 100 个芯片进行了评级（检查数量）。DLX、HR、WQS 在所有试验中匹配率分别为 94%、92% 和 93%。

表 11.46　　　　　　　　　　　　　　　评价人内评估一致性

检验员	#检验数	#相符数	百分比/%	95%置信区间
DLX	100	94	94.00	(87.40, 97.77)

续表

检验员	♯检验数	♯相符数	百分比/%	95%置信区间
HR	100	92	92.00	(84.84，96.48)
WQS	100	93	93.00	(86.11，97.14)

♯相符数：检验员在多个试验之间，他/她自身标准一致。

为了评估每个评价人在各次试验中评分的一致性，可以在评价人中使用 Kappa 统计量。

Kappa 统计量主要有两种：Cohen's Kappa 基于双向列联表，而 Fleiss's Kappa 基于匹配对。在计算偶然的一致性概率时，两种方法对评价人的选择会有所不同。Cohen's Kappa 假设评价人是经过特定选择并固定的，而 Fleiss's Kappa 则假设评价人是从一组可用的评价人中随机选择的。这导致估计概率的不同方法。在此案例中，从整个组中随机选择了三个评价人，因此不宜使用 Cohen's Kappa 来评估一致性。在下文中，仅考虑 Fleiss's Kappa。

一般来说，Kappa 值越高，评价人之间的一致性越强。如果 k=1，则表示完全一致（一致性）。如果 k=-1，则表示完全不同意。如果 k=0，则评级的一致性与偶然期望的一致。通常，Kappa 值高于 0.9 被认为是极好的。Kappa 值小于 0.7 表示测量系统（或服务质量）需要改进，而 Kappa 值小于 0.4 表示测量系统的能力不足。通常 Kappa 值至少需要为 0.70，但 Kappa 值最好接近 0.9。

p 值表示发生第 I 类错误的概率，即当原假设为真时而拒绝原假设（k=0，或者评价人之间的一致是偶然的）的概率。如果检验统计量的 p 值小于预先确定的显著性水平（alpha）（对于该显著性水平，通常使用的值为 0.05），则应拒绝原假设。由于 Fleiss Kappa 的三个整体的 p 值小于 0.05，因此必须做出拒绝原假设的选择。响应一致性与偶然的期望有很大的不同。表 11.47 中还显示了特定类别和评价人的 p 值。

表 11.47　　　　　　　评价人内的 Fleiss's Kpaa 统计量

检验员	响应	Kappa	Kappa 标准误	Z	P（与>0）
DLX	0	0.919943	0.0577350	15.9339	0.0000
	1	0.919943	0.0577350	15.9339	0.0000
HR	0	0.893329	0.0577350	15.4729	0.0000
	1	0.893329	0.0577350	15.4729	0.0000
WQS	0	0.906629	0.0577350	15.7033	0.0000
	1	0.906629	0.0577350	15.7033	0.0000

（2）每个评价人与标准的一致性

有必要确定每个评价人对每个样本的评估与标准的一致程度，即同一评价人的每个评级是否与标准评级相符（见表 11.48）。

表 11.48   每个评价人与标准的评估一致性和不一致性

评估一致性				
检验员	♯检验数	♯相符数	百分比/%	95％置信区间
DLX	100	94	94.00	(87.40，97.77)
HR	100	92	92.00	(84.84，96.48)
WQS	100	93	93.00	(86.11，97.14)

♯相符数：检验员在多次试验中的评估与已知标准一致。

评估不一致性					
检验员	♯1/0	百分比/%	♯0/1	百分比/%	♯混合	百分比/%
DLX	0	0	0	0	6	6.00
HR	0	0	0	0	8	8.00
WQS	0	0	0	0	7	7.00

♯1/0：多个试验中误将标准＝0 者一致评估为＝1 的次数

♯0/1：多个试验中误将标准＝1 者一致评估为＝0 的次数

♯混合：多个试验中所有的评估与标准不相同者

表 11.49 中的结果表明，每个评价人的 Kappa 均大于 0.7，表明每个评价人的评估与标准相符。

表 11.49   每个评价人对标准的 Fleiss's Kappa 统计量

检验员	响应	Kappa	Kappa 标准误	Z	P（与＞0）
DLX	0	0.959981	0.0577350	16.6274	0
	1	0.959981	0.0577350	16.6274	0
HR	0	0.939953	0.0577350	16.2805	0
	1	0.939953	0.0577350	16.2805	0
WQS	0	0.953329	0.0577350	16.5121	0
	1	0.953329	0.0577350	16.5121	0

（3）评价人之间的一致性

结果列于表 11.50。表 11.51 中的 Kappa 值为 0.904，表明评价人之间的一致性是可以接受的。

表 11.50   评价人之间评估的一致性

♯检验数	♯相符数	百分比/%	95％置信区间
100	80	80.00	(70.82，87.33)

♯相符数：所有检验员的评估一致。

表 11.51 评价人之间的 Fleiss's Kappa 统计量

响应	Kappa	Kappa 标准误	Z	P（与＞0）
0	0.904414	0.0166667	54.2649	0
1	0.904414	0.0166667	54.2649	0

（4）所有评价人与标准的一致性

表 11.52 和表 11.53 中的结果表明，将所有评价人的评估合并后，与标准一致。结果表明与标准品良好匹配。

表 11.52 所有评价人与标准的评估的一致性

♯检验数	♯相符数	百分比/%	95%置信区间
100	80	80.00	(70.82, 87.33)

♯相符数：所有检验员的评估一致。

表 11.53 所有评价人对标准的 Fleiss's Kappa 统计量

响应	Kappa	Kappa 标准误	Z	P（与＞0）
0	0.951088	0.0333333	28.5326	0
1	0.951088	0.0333333	28.5326	0

（5）一致性评估的图形

该图窗口还输出两个图：左侧为评价人的评估一致性百分比和95%CI，右侧为评价人对标准的评估一致性百分比和95%CI（参见图 11.17）。

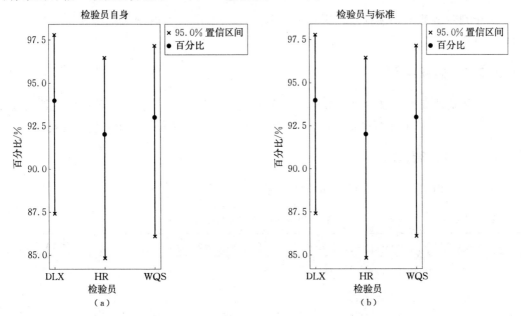

图 11.17 评估的一致性百分比和 95%CI

图 11.17（a）显示了每个评价人评分的一致性，而图 11.17（b）也显示了一致性和准确性。实心圆圈表示一致的百分比，连接数据点的线表示 95.0% 的置信区间。

11.3.1.8　结论

由于所有 Fleiss's Kappa 均大于 0.7，因此可以接受属性数据测量系统。

11.3.2　案例二　轮胎外观缺陷

11.3.2.1　概述

为了保证轮胎的合格交付，轮胎硫化完成后要进行外观检查，这里选择 7 个主要的潜在缺陷：缺胶（LR）、胎侧气泡（SB）、花纹圆角（RC）、胎圈露线（EC）、过硫（EV）、欠硫（IV）、杂质（IM）。但在外观检查时，检查员检查每条轮胎，并根据上述缺陷之一会将其主观分类为合格或不合格。因此，要有效判别每种缺陷，检查员的经验和对其培训非常重要。这项研究的目的是评估属性测量系统的一致性和准确性。

11.3.2.2　响应变量

响应变量是名义数据，分为八类（含合格品 Pass），没有自然顺序。

11.3.2.3　标准属性

此案例中，将提供标准属性（正确的评分）。

11.3.2.4　错误判断的可能原因

由于判断是基于外观检查，因此有时检查员会混淆类似的缺陷，例如：缺胶（LR）和欠硫（IV）。

11.3.2.5　抽样计划

为了评估评级的一致性和准确性，从具有相同入门培训和相似经验的小组中随机选择了三名评价人，对 20 个样本的轮胎外观质量进行了评判。评价过程中采用了随机化。

11.3.2.6　原始数据

表 11.54 列出了 AAA 中使用的原始数据。

表 11.54　　　　　　　　　轮胎外观和标准的检测结果

样本	标准	检查员 A		检查员 B		检查员 C	
		第一次	第二次	第一次	第二次	第一次	第二次
1	Pass	Pass	Pass	Pass	Pass	Pass	Pass
2	Pass	Pass	Pass	Pass	Pass	Pass	Pass

样本	标准	检查员 A		检查员 B		检查员 C	
		第一次	第二次	第一次	第二次	第一次	第二次
3	EV	EV	EV	EV	EV	IM	EV
4	LR	LR	LR	LR	LR	LR	LR
5	Pass	Pass	Pass	Pass	Pass	Pass	Pass
6	IV	LR	LR	IV	IV	IV	IV
7	Pass	Pass	Pass	Pass	Pass	Pass	Pass
8	LR	LR	LR	LR	IV	LR	LR
9	Pass	Pass	Pass	Pass	Pass	Pass	Pass
10	SB	SB	SB	Pass	SB	SB	SB
11	Pass	Pass	Pass	Pass	Pass	Pass	Pass
12	RC	RC	RC	RC	Pass	RC	RC
13	Pass	Pass	Pass	Pass	Pass	Pass	Pass
14	IM	IM	IM	IM	Pass	IM	EV
15	Pass	Pass	Pass	Pass	Pass	Pass	Pass
16	Pass	Pass	Pass	Pass	Pass	Pass	Pass
17	LR	LR	LR	Pass	LR	LR	LR
18	EV	EV	EV	EV	EV	EV	EV
19	Pass	Pass	Pass	Pass	Pass	EV	Pass
20	EC	EC	EC	EC	EC	EC	EC

11.3.2.7 属性一致性分析

AAA 用于通过检查评价人内、评价人之间以及相对于标准的结果来评估主观分类的一致性和准确性。AAA 输出包括会话窗口和图形窗口结果。

会话窗口包括以下类型的一致性：

在评价人内：显示每个评价人在整个试验中是否始终如一地判断样本，换句话说，评价人是否每次都对同一样本给予相同的评分。

评价人之间：显示评价人的评级是否彼此一致，即不同的评价人是否对同一样本给予相同的评级。

由于在此案例中提供了标准属性（正确的评分），因此会话窗口输出还包括两种额外的一致性。

每个评价人与标准的比较：显示每个评价人对每个样本的评估与标准的匹配程度，即同一评价人的每个评分是否与标准评分一致。

所有评价人与标准的比较：它显示了所有评价人的回答在组合时与已知标准的吻合程度。

对于每种一致性，会话窗口输出都包括评估一致性和 Fleiss's 的 Kappa 统计量，以评估评价人的回答的一致性和准确性。

（1）评价人内的一致性

会话窗口中的"评价人内"表可帮助回答每个评价人在各个试验中对轮胎外观的评价是否一致。

每个评价人检查了 20 个轮胎外观（检查数量）两次。表 11.55 显示了每个评价人在两次试验中对自己的认同程度。评价人 A 匹配了 20 个轮胎外观中的 20 个（100％）。评价人 B 匹配了 20 个轮胎外观中的 15 个（75％），评价人 C 匹配了 20 个轮胎外观中的 17 个（85％）。

对于评价人 A，匹配百分比的 95％置信区间（CI）为 86.09％至 100％。对于其他两个评价人，匹配百分比的 95％置信区间分别为 50.90％至 91.34％和 62.11％至 96.79％。

表 11.55 评价人内评估一致性

检验员	♯检验数	♯相符数	百分比/％	95％置信区间
A	20	20	100.00	(86.09，100.00)
B	20	15	75.00	(50.90，91.34)
C	20	17	85.00	(62.11，96.79)

♯相符数：检验员在多个试验之间，他/她自身标准一致。

根据表 11.56，评价人 A 的整体 Fleiss's Kappa 为 1，被认为是良好；对于评价人 B，总 Kappa 为 0.59，这是不可接受的。评价人 C 的总 Kappa 为 0.79，这是可以接受的。

表 11.56 还按缺陷提供了每个评价人的 Kappa 统计量。例如，缺陷类别"IM"的评价人 B 的 Kappa 值为 -0.02，这表明评价人 B 在对缺陷类别进行分类时在两个试验中均不一致。进一步的观察表明，评价人 B 在样本中将"IM"和"Pass"归为同一类。该信息将对希望改进测量系统的分析人员有所帮助。

p 值表示发生第 I 类错误的概率，即当原假设为真时而拒绝原假设（k＝0，或者评价人之间的一致是偶然的）。如果检验统计量的 p 值小于预先确定的显着性水平（alpha）（对于该显着性水平，通常使用的值为 0.05），则应拒绝原假设。因为三个整体 Fleiss's Kappa 的 p 值都小于 0.05，所以必须做出拒绝原假设的选择。响应一致性与偶然预期的一致性有很大不同。表 11.56 还显示了特定类别和评价人的 p 值。

（2）每个评价人与标准的一致性

有必要确定每个评价人对每个样本的评估与标准的匹配程度，换句话说，同一评价人的每个评分是否与标准评分相符。

表 11.57 中列出了每个评价人与标准和 95％ CI 的一致性百分比。

表 11. 56 　　　　　　　　　　评价人内 Fleiss's Kappa 统计量

检验员	响应	Kappa	Kappa 标准误	Z	P （与＞0）
A	EC	1.00000	0.223607	4.47214	0
	EV	1.00000	0.223607	4.47214	0
	IM	1.00000	0.223607	4.47214	0
	IV	—	—	—	—
	LR	1.00000	0.223607	4.47214	0
	Pass	1.00000	0.223607	4.47214	0
	RC	1.00000	0.223607	4.47214	0
	SB	1.00000	0.223607	4.47214	0
	整体	1.00000	0.119993	8.33384	0
B	EC	1.00000	0.223607	4.47214	0
	EV	1.00000	0.223607	4.47214	0
	IM	−0.02564	0.223607	−0.11467	0.5456
	IV	0.63964	0.223607	2.86056	0.0021
	LR	0.44444	0.223607	1.98762	0.0234
	Pass	0.58333	0.223607	2.60875	0.0045
	RC	−0.02564	0.223607	−0.11467	0.5456
	SB	−0.02564	0.223607	−0.11467	0.5456
	整体	0.59016	0.118732	4.97054	0
C	EC	1.00000	0.223607	4.47214	0
	EV	0.31429	0.223607	1.40553	0.0799
	IM	−0.05263	0.223607	−0.23538	0.5930
	IV	1.00000	0.223607	4.47214	0
	LR	1.00000	0.223607	4.47214	0
	Pass	0.89975	0.223607	4.02380	0
	RC	1.00000	0.223607	4.47214	0
	SB	1.00000	0.223607	4.47214	0
	整体	0.79275	0.109805	7.21958	0

＊当跨多个试验的响应均等于或不等于该值时，不能计算 Kappa。

　　表 11.57 显示了两个评估中每个评价人对每个样品的评估与标准的吻合程度。评价人 A、B 和 C 分别匹配 95％、75％和 85％。

表 11.57　　　　　　　　每个评价人与标准之间的评估一致性

检验员	♯检验数	♯相符数	百分比/%	95%置信区间
A	20	19	95.00	(75.13, 99.87)
B	20	15	75.00	(50.90, 91.34)
C	20	17	85.00	(62.11, 96.79)

♯相符数：检验员在多次试验中的评估与已知标准一致。

表 11.58 按缺陷类别显示了每个评价人与标准的一致程度。与标准相比，此信息有助于确定评价人是否对任何缺陷类型有问题。例如，评价人 A 的总体 Kappa 值良好；但是，在缺陷类别"欠硫（IV）"方面遇到了麻烦。

表 11.58　　　　　　　　Fleiss's Kappa 统计量（每个评价人对标准）

检验员	响应	Kappa	Kappa 标准误	Z	P（与>0）
A	EC	1.00000	0.158114	6.3246	0
	EV	1.00000	0.158114	6.3246	0
	IM	1.00000	0.158114	6.3246	0
	IV	−0.02564	0.158114	−0.1622	0.5644
	LR	0.82684	0.158114	5.2294	0
	Pass	1.00000	0.158114	6.3246	0
	RC	1.00000	0.158114	6.3246	0
	SB	1.00000	0.158114	6.3246	0
	整体	0.92844	0.081036	11.4571	0
B	EC	1.00000	0.158114	6.3246	0
	EV	1.00000	0.158114	6.3246	0
	IM	0.48718	0.158114	3.0812	0.0010
	IV	0.81982	0.158114	5.1850	0
	LR	0.77143	0.158114	4.8789	0
	Pass	0.79798	0.158114	5.0469	0
	RC	0.48718	0.158114	3.0812	0
	SB	0.48718	0.158114	3.0812	0
	整体	0.81075	0.081050	10.0030	0

检验员	响应	Kappa	Kappa 标准误	Z	P（与＞0）
C	EC	1.00000	0.158114	6.3246	0
	EV	0.60794	0.158114	3.8449	0.0001
	IM	0.30700	0.158114	1.9416	0.0261
	IV	1.00000	0.158114	6.3246	0
	LR	1.00000	0.158114	6.3246	0
	Pass	0.94987	0.158114	6.0075	0
	RC	1.00000	0.158114	6.3246	0
	SB	1.00000	0.158114	6.3246	0
	整体	0.89550	0.078382	11.4249	0

（3）评价人之间的一致性

表 11.59 显示了评价人之间的整体一致性（60％）。

表 11.59　　　　　　　　　　　　评价人之间的评估一致性

♯检验数	♯相符数	百分比/％	95％置信区间
20	12	60.00	(36.05，80.88)

♯相符数：所有检验员的评估一致。

表 11.60 按缺陷类别列出了评价人之间的一致性。总 Kappa 值为 0.77；但是，结果表明某些缺陷类别（例如"IM"和"IV"）仍有改进的空间。

表 11.60　　　　　　　　　　　评价人之间的 Fleiss's Kappa 统计量

响应	Kappa	Kappa 标准误	Z	P（与＞0）
EC	1.00000	0.0577350	17.3205	0
EV	0.74119	0.0577350	12.8378	0
IM	0.45739	0.0577350	7.9222	0
IV	0.45739	0.0577350	7.9222	0
LR	0.76471	0.0577350	13.2451	0
Pass	0.83292	0.0577350	14.4265	0
RC	0.79130	0.0577350	13.7058	0
SB	0.79130	0.0577350	13.7058	0
整体	0.76984	0.0295933	26.0141	0

（4）所有评价人与标准的一致性

表 11.61 列出了所有评价人的回答合并后按检测类别划分的符合标准的一致性。表 11.62 中整体的 Kappa 值表明该测量系统是可以接受的。但是，它可以进一步改进。

表 11.61 所有评价人与标准的评估一致性

♯检验数	♯相符数	百分比/%	95%置信区间
20	12	60.00	(36.05，80.88)

♯相符数：所有检验员的评估与已知的标准一致。

表 11.62 所有评价人对标准的 Fleiss's Kappa 统计量

响应	Kappa	Kappa 标准误	Z	P（与>0）
EC	1.00000	0.0912871	10.9545	0
EV	0.86931	0.0912871	9.5228	0
IM	0.59806	0.0912871	6.5514	0
IV	0.59806	0.0912871	6.5514	0
LR	0.86609	0.0912871	9.4875	0
Pass	0.91595	0.0912871	10.0337	0
RC	0.82906	0.0912871	9.0819	0
SB	0.82906	0.0912871	9.0819	0
整体	0.87823	0.0462838	18.9749	0

（5）一致性评估图形

该图形窗口还输出两个图形：左侧的评价人内评估一致性的百分比和95% CI，右侧的所有评价人与标准的评估一致性的百分比和95% CI（请参见图 11.18）。

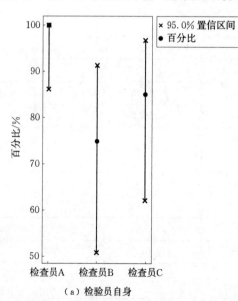

（a）检验员自身

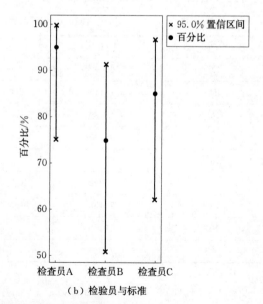

（b）检验员与标准

图 11.18 评估一致性的百分比和 95%CI

11.3.2.8 结论

有几个领域可以改进测量系统：

（1）当在评价人B内进行比较时，其Kappa值较低。这表明评价人B需要额外的培训。

（2）每个评价人内或与标准进行比较时，都会遇到某些缺陷类别的麻烦。缺陷类别的定义应进行修订并与评价人一起审查。

（3）最后是整个系统，例如缺陷定义，检查程序和培训需要检查以寻求进一步的改进机会。

11.3.3 案例三 儿童社会技能等级评定

11.3.3.1 概述

在心理学中，有时会评定儿童社会技能水平，要求对儿童的行为或某些特点做出判断。这种评估方法的操作形式是给出不同等级的定义和描述，然后针对每一个评价要素或绩效指标按照给定的等级进行评估，最后再给出总的评价结果。目的是要评价评估者所得结果的一致性和准确性。

11.3.3.2 响应变量

响应变量是评价等级得分。评级等级分为优秀、良好、中等、及格、不及格，采用李克特量表（Likert scale）将这些等级转化为有序数据（即5＝优秀，4＝良好，3＝中等，2＝及格，1＝不及格）。

11.3.3.3 标准属性

并没有"真实"的等级评分，事先由5名注册心理咨询师组成的小组对选出的儿童分别进行评估并给出共识得分，并作为"标准得分"。

11.3.3.4 错误判断的可能原因

同一名儿童在评估期间可能会表现出不完全相同的行为，表现为身体动作、情绪等状态，干扰评估结果。

11.3.3.5 抽样方案

从年龄为5周岁的学龄前儿童中随机选择了50名。两名评价人（A和B）分别随机地进行1次评估。

11.3.3.6 原始数据

表11.63列出了AAA中使用的原始数据。

表 11.63   评价等级得分及标准

样本	A	B	标准	样本	A	B	标准
1	1	2	1	26	3	3	3
2	1	1	1	27	3	3	3
3	1	1	1	28	3	3	3
4	2	2	2	29	3	3	3
5	2	3	2	30	4	4	4
6	2	2	2	31	4	4	4
7	4	4	4	32	4	4	3
8	4	4	4	33	4	4	4
9	4	4	4	34	3	4	3
10	2	2	2	35	4	4	4
11	2	2	2	36	4	5	4
12	3	3	3	37	4	4	4
13	3	3	3	38	4	4	4
14	4	4	4	39	3	4	3
15	4	5	4	40	4	4	4
16	4	4	4	41	4	5	4
17	5	5	5	42	4	4	4
18	5	5	5	43	4	4	4
19	5	5	5	44	5	5	5
20	3	3	3	45	1	1	1
21	3	3	3	46	1	2	2
22	2	4	3	47	5	5	5
23	3	3	3	48	5	5	5
24	3	3	4	49	4	4	4
25	2	3	2	50	4	4	4

11.3.3.7 属性一致性分析-评价人内

（1）概述

通过检查评价人内、评价人之间以及对照标准的结果，采用 AAA 来评估主观分类的一致性和准确性。

（2）各个试验中每个评价人的一致性

每个评价人仅评估一次。因此，无法计算和绘制评价人中评估一致性百分比。

（3）每个评价人对标准的有效性

1）一致性百分比

表 11.64 和图 11.19 提供了有关评价人得分与标准得分一致程度的信息。

表 11.64 每个评价人与标准的评估一致性

检验员	♯检验数	♯相符数	百分比/%	95%置信区间
A	50	45	90.00	(78.19，96.67)
B	50	40	80.00	(66.28，89.97)

♯相符数：检验员在多次试验中的评估与已知标准一致。

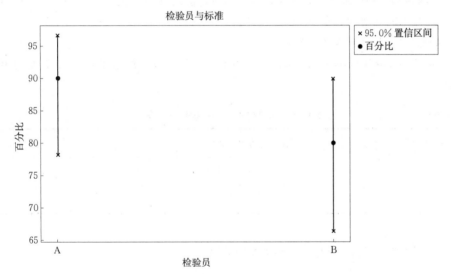

图 11.19 每个评价人与标准之间的一致性

2）Fleiss's 的 Kappa 统计量

表 11.65 提供了每个评价人的 Fleiss's Kappa 统计量，每个样本得分与标准得分以及每个评价人的整体统计量。

表 11.65 每个评价人对标准的 Fleiss's Kappa 统计量

检验员	响应	Kappa	Kappa 标准误	Z	P（与>0）
A	1	0.87790	0.141421	6.2077	0
	2	0.83389	0.141421	5.8965	0
	3	0.78070	0.141421	5.5204	0
	4	0.87598	0.141421	6.1941	0
	5	1.00000	0.141421	7.0711	0
	整体	0.86343	0.078129	11.0513	0

续表

检验员	响应	Kappa	Kappa 标准误	Z	P（与>0）
B	1	0.84639	0.141421	5.9849	0
	2	0.73475	0.141421	5.1955	0
	3	0.67105	0.141421	4.7451	0
	4	0.71062	0.141421	5.0249	0
	5	0.76471	0.141421	5.4073	0
	整体	0.72603	0.078831	9.2099	0

评价人 A 整体 Kappa 值为 0.86，与标准相比有较好的能力；评价人 B 整体 Kappa 值为 0.73，虽然符合可接受的水平（通常为 0.70），但对等级 3 的有效性评估是不足的，且评价人 B 的整体能力要比评价人 A 差一些。

（4）每个评价人对标准的一致性

考虑到评价得分和标准分数之间的差异幅度，表 11.66 显示了每个评价人的 Kendall 协和系数。

表 11.66　　　　　每个评价人对标准的 Kendall 协和系数

检验员	系数	系数标准误	Z	P
A	0.933369	0.0975900	9.55582	0
B	0.875969	0.0975900	8.96765	0

11.3.3.8　属性一致性分析（评价人之间）

（1）评价人之间的一致性

1）一致性百分比

表 11.67 表明，两个评价人在 50 个样本中彼此一致 40 个，达成了 80% 的评估一致性。

表 11.67　　　　　评价人之间的评估一致性

#检验数	#相符数	百分比/%	95%置信区间
50	40	80.00	(66.28，89.97)

#相符数：所有检验员的评估一致。

2）Fleiss's 的 Kappa 统计量

表 11.68 显示了 Fleiss's Kappa 统计量，该统计量描述了两个评价人针对样本得分每个级别所达成的一致性。最大分歧发生在得分等级 2。

表 11. 68　　　　　　　　评价人之间的 Fleiss's Kappa 统计量

响应	Kappa	Kappa 标准误	Z	P（与>0）
1	0.728261	0.141421	5.14958	0
2	0.557913	0.141421	3.94504	0
3	0.780702	0.141421	5.52040	0
4	0.750000	0.141421	5.30330	0
5	0.764706	0.141421	5.40729	0
整体	0.728482	0.077979	9.34204	0

3）评价人之间的一致性

表 11.69 显示了两个评价人之间的一致性。

表 11. 69　　　　　　　　评价人之间的 Kendall 协和系数

系数	卡方	自由度	P
0.957154	93.8011	49	0.0001

（2）所有评价人对标准的准确性

1）所有评价人与标准的一致性百分比

表 11.70 表明，评价人和标准之间的得分一致的只有 38 个样本。

表 11. 70　　　　　　　　所有评价人与标准的评估一致性

♯检验数	♯相符数	百分比/%	95%置信区间
50	38	76.00	(61.83, 86.94)

♯相符数：所有检验员的评估一致。

2）Fleiss's 的 Kappa 统计量，用于评估所有评价人是否符合标准

表 11.71 表明，对于 1 和 5 分数，两个评价人似乎都与标准分数更加一致，但是即使对于这些响应水平，与建议 0.9 相比也还有些差距。

表 11. 71　　　　　　　所有评价人对标准的 Fleiss's Kappa 统计量

响应	Kappa	Kappa 标准误	Z	P（与>0）
1	0.862145	0.100000	8.6215	0
2	0.784318	0.100000	7.8432	0
3	0.725877	0.100000	7.2588	0
4	0.793303	0.100000	7.9330	0
5	0.882353	0.100000	8.8235	0
整体	0.794726	0.055494	14.3209	0

3）所有评价人对标准的 Kendall 一致性系数

表 11.72 显示了 Kendall 在评价人和标准方面的一致性。

表 11.72		所有评价人对标准的 Kendall 协和系数	
系数	系数标准误	Z	P
0.904669	0.0690066	13.1040	0.0001

11.3.3.9 结论

评价人 A 比评价人 B 整体的有效性较好，但在等级 2 水平上差异较大，需要识别。另外，两者之间以及与标准的一致性水平也较好。

11.4 测量系统改善案例

本节提供两个测量系统的改善案例，均来自橡胶行业企业六西格玛改进（DMAIC）项目中的一部分。其实，就测量系统本身的改进来说，也完全可以单独立项为六西格玛项目并遵循 DMAIC 的改善路径。

改善案例一是汽车轮胎胎面压出生产线上称重的米秤（或称为连续秤）的准确度改善，主要评估指标是其偏倚和线性。改善案例二是输送带压延过程中的胶片厚度测量系统，其重复性和再现性的能力不足是造成胶片重量超标的主要原因。见表 11.73。

表 11.73　　　　　　　　　　　改善案例描述

改善案例一：胎面米秤 黄色玻璃罩下面是米秤称重区域，胎面在浮动辊上方从左向右滚动输送，压力传感器将受力转化为重量传递到显示器	
改善案例二：压延胶片 胶片从挤出要经过 4 个压延辊才能完成，测量对象指的是通过最后一个辊输出的胶片，其厚度是关键特性	

注：本节所提供的改善案例均已得到企业的授权认可。

11.4.1 改善案例一　米秤测量系统准确度改善

11.4.1.1 测量系统概述

轮胎生产过程中，胎面压出工序非常关键，在胎面的连续压出过程中需要控制胎面的尺寸和重量。通常是在生产线上设置一个称之为米秤的量具来监控每米胎面的重量，所以米秤要提供非常重要的重量调节反馈信息，其准确度决定了过程控制的有效性。

11.4.1.2 测量系统组成

图11.20展示了生产线上米秤的结构，并标注了重量传感器分布的物理位置（在浮动辊下面），包括左上、右上、左下和右下，中心位置并没有传感器，但可以做为一个测量点。

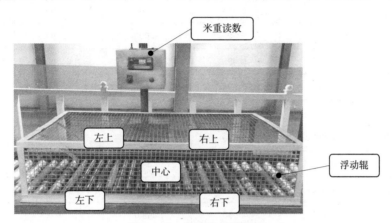

图11.20 米秤传感器布局

11.4.1.3 测量系统准确度现状分析

（1）测量计划

准备经过检定合格的2kg和5kg的标准砝码，组合出2kg、5kg和7kg的标准值。选择一名日常校秤的操作人员，确定米秤的5个测量点位（4个角及中心），每个测量点重复测量10次。

（2）试验过程描述

测量前确认生产线处于停机状态，无振动等其他干扰因素，并将米秤归零。测量过程中不允许归零操作。操作员将砝码放置在米秤测量点（四角为感应器平台），待米秤显示锁定时记录读数，读数后砝码取回再进行下个点位称量。每个组合的标准值均按相同的操作重复测量10次。

（3）测量数据收集

表11.74是不同标准重量下重复测量的数据。

表11.74		重量测量数据			（单位：kg）
标准	左上	右上	右下	左下	中心
2	2.000	1.995	2.000	2.000	1.995
2	1.995	1.995	2.000	2.000	2.000
2	1.995	1.995	2.000	2.000	1.995
2	2.000	1.995	2.000	2.000	1.995

标准	左上	右上	右下	左下	中心
2	2.000	1.995	2.000	1.995	2.000
2	1.995	1.995	2.000	2.000	1.995
2	1.995	1.995	2.000	2.000	2.000
2	2.000	1.995	2.000	2.000	2.000
2	1.995	1.995	2.000	2.000	2.000
2	1.995	1.995	2.000	1.995	1.995
5	4.995	4.990	5.000	4.995	4.995
5	4.995	4.990	5.000	4.995	4.995
5	4.995	4.990	4.995	4.995	4.995
5	4.995	4.990	5.000	4.995	4.995
5	4.995	4.990	5.000	4.995	4.995
5	4.995	4.990	4.995	4.995	4.995
5	4.995	4.990	4.995	4.995	4.995
5	4.995	4.990	4.995	4.995	4.995
5	4.995	4.990	4.995	4.995	4.995
5	4.995	4.995	4.995	4.995	4.995
7	6.995	6.990	6.995	6.995	6.995
7	6.995	6.990	6.995	6.995	6.990
7	6.995	6.990	6.995	6.995	6.995
7	6.995	6.990	6.995	6.995	6.990
7	6.995	6.990	6.995	6.995	6.990
7	6.995	6.990	6.995	6.995	6.990
7	6.995	6.990	6.995	6.995	6.990
7	6.995	6.990	6.995	6.990	6.990
7	6.995	6.990	6.995	6.995	6.990
7	6.995	6.990	6.995	6.995	6.995

（4）统计分析

以"左上"位置数据为例分析偏倚和线性，结果如图 11.21 所示。可见，在 2kg 标准时米秤的偏倚是显著的，不可接受。

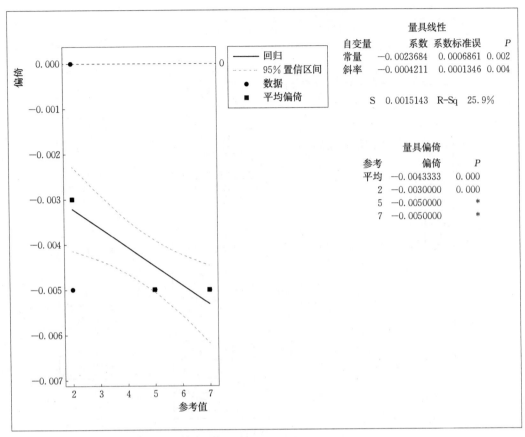

图 11.21 "左上"位置数据偏倚和线性分析

（5）结论

汇总统计各标准值下不同测量位置的偏倚的显著性情况，见表 11.75。

表 11.75　　　　　　　　　　　**不同位置的偏倚显著性对比**

标准	左上	右上	右下	左下	中心
2kg	●	○	○	●	●
5kg	○	●	●	○	○
7kg	○	○	○	●	●

●表示偏倚显著（α=0.05）；○表示偏倚不显著

11.4.1.4　原因分析

经过图 11.22 所示的"5Why"分析，找到米秤偏倚大的原因。

11.4.1.5　改善方案

根据"5Why"分析结果，提出并选择出有效的改善措施（部分），见表 11.76。

301

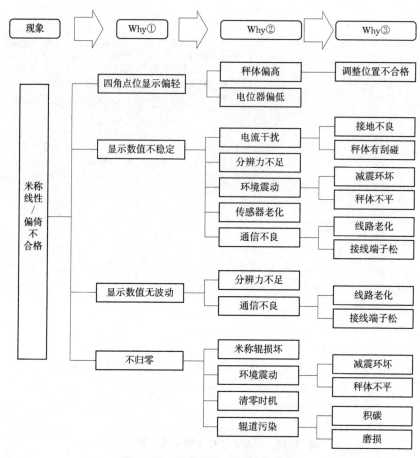

图 11.22 偏倚大的"5Why"分析

表 11.76   改善措施列表（部分）

改善措施	措施描述
秤体水平度校正	秤体局部偏高，导辊不水平，秤辊道不在同一水平高度上，秤体水平度找平
接地	米秤接地不良、秤体与护栏有轻微刮碰，重新进行接地并调整秤体位置无刮碰，消除米秤电流干扰
更换减振环	米秤秤体减震环串位导致减震环损坏失效，更换并调整减震环位置，消除米秤环境震动
换线，接线端子紧固	显示屏接线端子松同时存在老化的现象，更换老化线路，改善通信不良
干冰清理	秤体辊道污染清理，定期使用干冰进行辊道清理

11.4.1.6 改善后米秤准确度评估

重新用 2kg 的标准砝码组合出 2kg、4kg 和 6kg 的标准值。同一名日常校秤的操作人员，确定米秤的 5 个测量点位（4 个角及中心），每个测量点重复测量 20 次。数据见表 11.77。

表 11.77   **5 个测量点位重复测量数据**   （单位：kg）

砝码	标准	左上	右上	右下	左下	中心
2	2.000	2.000	2.000	2.000	2.000	2.000
2	2.000	2.000	1.995	2.000	2.000	2.000
2	2.000	2.000	2.000	2.000	2.000	2.000
2	2.000	2.000	2.000	2.005	2.000	2.000
...	...	...	...	...	...	...
4	4.000	4.000	4.000	4.000	4.000	4.000
4	4.000	4.000	4.000	4.000	4.000	4.000
4	4.000	4.000	4.000	4.000	4.000	4.000
4	4.000	4.000	3.995	4.000	4.000	4.000
...	...	...	...	...	...	...
6	6.000	6.000	6.000	6.000	6.000	6.000
6	6.000	6.000	6.000	6.000	6.000	6.000
6	6.000	6.000	6.000	6.000	6.000	6.000
6	6.000	6.000	6.000	6.000	6.000	6.000

对 5 个位置进行偏倚和线性分析，汇总统计各标准值下不同测量位置的偏倚和线性的显著性情况，见表 11.78。可见，各标准值在不同位置的偏倚均符合要求，线性变差也很小。

表 11.78   **不同测量位置的偏倚和线性的显著性汇总**

标准/kg	左上	右上	右下	左下	中心
2	○	○	○	○	○
4	○	○	○	○	○
6	○	○	○	○	○

●表示偏倚显著（α＝0.05）；○表示偏倚不显著

为了更全面的评估米秤测量系统的能力，改善后进行量具稳定性以及偏倚和重复性分析，选定标准值 5kg，测量数据见表 11.79。

分析结果如图 11.23 所示。

图 11.23 可见，米秤测量系统的偏倚、线性和稳定性均满足使用要求。通过量具类型 I 的研究得到 $C_g=2.71$，$C_{gk}=2.63$，说明测量系统偏倚和重复性均在可接受水平。

表 11.79   改善后在 5kg 标准值重复测量数据

标准/kg	序号	米重/kg	序号	米重/kg	序号	米重/kg	序号	米重/kg
5	1	5.000	9	5.000	17	5.000	25	5.000
5	2	5.000	10	5.005	18	5.005	26	5.000
5	3	5.000	11	5.000	19	5.000	27	5.000
5	4	5.005	12	5.000	20	5.000	28	5.000
5	5	5.005	13	5.000	21	4.995	29	5.005
5	6	4.995	14	5.005	22	5.000	30	5.000
5	7	5.000	15	5.000	23	5.000	31	5.000
5	8	5.000	16	5.000	24	5.000	32	5.000

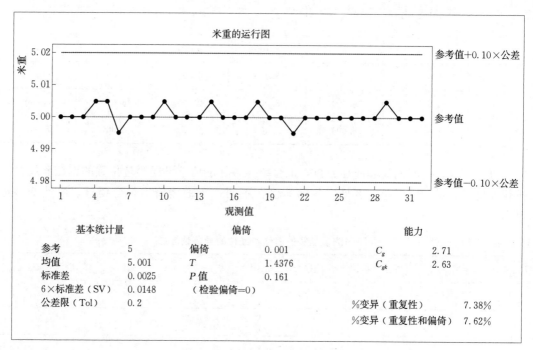

图 11.23 米秤的类型 I 研究结果

11.4.1.7 案例启示

通过米秤测量系统准确度改善，有如下几个方面值得总结借鉴：

（1）对于在线测量仪器，往往存在校准不及时、不方便，计量室采用自校准的方法难以发现测量系统的问题。

（2）米秤采用多传感器分布式测量，各传感器受力部位及其支撑结构对测量结果影响还是比较大的。有时并非都是传感器本身的问题引起测量的不准确。

（3）生产的日积月累，辊道上面粘附的胶等杂物会严重影响测量结果，定期的清理维护、通信线路保障等管理措施也尤为关键，不可忽视。

（4）建立起有效的准确度研究方法，关注其稳定性、偏倚和线性，必要时进行类型Ⅰ的研究，更有效地保障测量系统持续满足生产使用要求。

11.4.2 改善案例二 胶片厚度测量系统 GRR 改善

11.4.2.1 测量系统概述

某制造矿山用输送带工厂在生产的压延工序要监测胶片厚度，如果厚度超出规格范围将会导致用胶量消耗超标，进而导致产品质量问题或成本浪费。该公司绿带将用胶量消耗立为六西格玛项目，在测量阶段进行测量系统分析时发现了问题。

11.4.2.2 测量系统组成

量具名称：数显游标卡尺。
分辨力：0.02mm。

11.4.2.3 测量系统 GRR 现状水平

（1）测量计划

按照压延测量的取样规程，在胶片剪取三角试样，随机选取 10 个试样；随机选择三名测量员，每名测量员对每个试样重复测量两次。采用试样和操作者两因子"交叉"关系。

（2）测量过程描述

操作员按随机次序进行测量，保证测量过程"盲测"，卡尺夹臂覆盖试样上标识出的测试点，并在试样的相同位置上进行测量。

（3）测量数据

胶片厚度测量系统 R&R 研究测量数据见表 11.80。

表 11.80 **量具 R&R 研究测量数据** （单位：mm）

部件	操作员	厚度	部件	操作员	厚度	部件	操作员	厚度
1	1	4.69	4	2	4.53	7	1	4.77
1	2	4.65	4	1	4.88	7	3	4.83
1	3	4.76	4	1	4.86	8	2	4.87
1	1	4.72	4	3	4.9	8	1	4.94
1	2	4.71	5	3	4.8	8	3	4.89
1	3	4.83	5	2	4.76	8	1	4.95
2	2	4.87	5	1	4.88	8	3	4.87

续表

部件	操作员	厚度	部件	操作员	厚度	部件	操作员	厚度
2	1	4.84	5	1	4.83	8	2	4.88
2	2	4.81	5	3	4.8	9	2	4.99
2	1	4.87	5	2	4.79	9	1	5.04
2	3	4.85	6	3	4.86	9	3	4.85
2	3	4.88	6	3	4.84	9	2	4.85
3	3	4.76	6	1	4.98	9	3	4.87
3	1	4.99	6	2	4.81	9	1	4.92
3	2	4.89	6	2	4.72	10	1	4.77
3	3	4.79	6	1	4.83	10	3	4.73
3	1	5.05	7	2	4.63	10	2	4.72
3	2	4.79	7	2	4.76	10	3	4.72
4	2	4.55	7	3	4.56	10	1	4.76
4	3	4.67	7	1	4.81	10	2	4.73

（4）统计分析

使用 minitab 软件分析，得到如图 11.24 所示。

数据分析结果见表 11.81。

表 11.81   **胶片厚度量具 R&R 数据分析结果**

量具 R&R 研究-方差分析法

包含交互作用的双因子方差分析表

来源	自由度	SS	MS	F	P
部件	9	0.316475	0.0351639	4.26028	0.004
操作员	2	0.109830	0.0549150	6.65323	0.007
部件×操作员	18	0.148570	0.0082539	2.02881	0.042
重复性	30	0.122050	0.0040683		
合计	59	0.696925			

用于删除交互作用项的 $\alpha = 0.05$

量具 R&R

来源	方差分量	方差分量贡献率
合计量具 R&R	0.0084942	65.44
重复性	0.0040683	31.35
再现性	0.0044258	34.10
操作员	0.0023331	17.98
操作员×部件	0.0020928	16.12

续表

| 部件间 | 0.0044850 | 34.56 |
| 合计变异 | 0.0129792 | 100.00 |

过程公差＝0.4

来源	标准差（SD）	研究变异 （6×SD）	%研究变异 （%SV）	%公差 （%P/T）
合计量具 R&R	0.092164	0.552983	80.90	138.25
重复性	0.063783	0.382701	55.99	95.68
再现性	0.066527	0.399162	58.39	99.79
操作员	0.048302	0.289810	42.40	72.45
操作员×部件	0.045747	0.274481	40.15	68.62
部件间	0.066970	0.401821	58.78	100.46
合计变异	0.113926	0.683557	100.00	170.89

可区分的类别数＝1

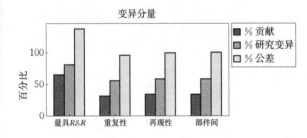

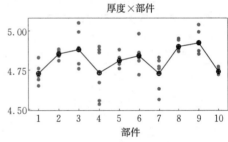

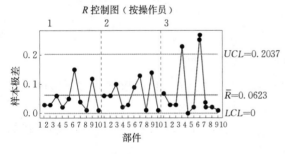

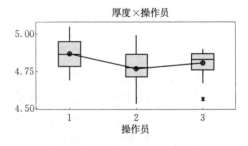

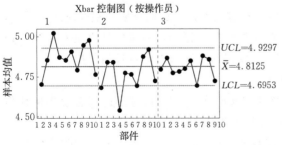

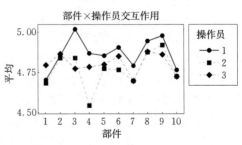

图 11.24　胶片厚度量具 R&R 分析

（5）结论

$\%R\&R=80.9\%$，$\%P/T=138.25\%$，$ndc=1$ 均说明目前的测量系统能力非常差。

11.4.2.4 原因分析和改善

实际上，该项目围绕测量系统的分析和改善进行了三轮。

第一轮分析采用鱼骨图 11.25 如下，并结合 CE 矩阵和 FMEA 分析，得出测量系统能力不足的根本原因之一在于所使用的量具——游标卡尺，经过分析确认游标卡尺主要适合对于刚性体的测量，但被测试样是胶片，属于塑性体，在测量过程中容易产生变形。

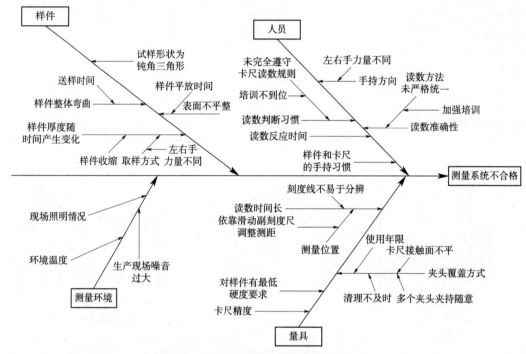

图 11.25　改善第一轮鱼骨图分析

于是将量具更换为电子数显卡表（测厚仪），同时改善了样件的取样方式、送样时间和测量位置，并将试验地点更改为噪音较小的流变测试实验室。

重新进行量具 $R\&R$ 分析得到，$\%R\&R=35.53\%$，$\%P/T=22.73\%$，$ndc=3$，结果仍不满足要求，但测量系统变差已经大大减小了。

第二轮采用 5Why 方法（图 11.26）将原因锁定在部件摆放面介质和采样时间，同时，进一步细化取样方法和操作定义。为彻底消除送样时间的影响，将试验地点设在距离生产现场较近，且相对安静的车间办公室，并密闭门窗以减小噪音对测量者的干扰。

进行改善后，进行第三次量具 $R\&R$ 分析。

得到，$\%R\&R=24.67\%$，$\%P/T=42.29\%$，$ndc=5$，虽然相对于过程总变差的比例降低到了 30% 以内，但公差百分比却超出了 30% 的界限。

第三轮通过小组讨论又发现了读数和测厚仪本身的一些原因并提出相应的改善方案：

研究中发现探头接触样件表面后，读数持续下降，下降速度随时间减慢。针对这一现象，做了读数随时间变化趋势试验。结果如曲线图11.27所示。

根据曲线数据将读数时间设定为探头接触样件表面后2min，总测量时间控制在3min。

卡表有两种规格的测量探头，规格分别为Ø6mm（1号）和2号Ø10mm（2号），对比试验显示使用Ø10mm探头读数变化趋势稍缓于Ø6mm规格探头。联系厂家进行了更换。

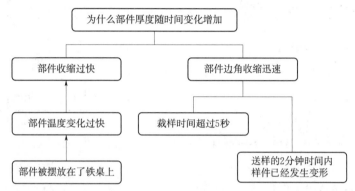

图11.26　改善第二轮5Why分析

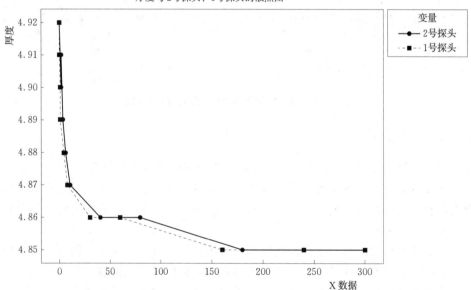

图11.27　两种规格的测量探头读数随时间的变化曲线

11.4.2.5　最终改善后GRR评估

最终改善实施后，重新进行量具$R\&R$分析，最终结果如图11.28所示。

数据分析结果如表11.82所示。

可见，$\%R\&R=5.23\%$，$\%P/T=8.61\%$，$ndc=26$，测量系统显示出具有充分的能力，满足使用要求。

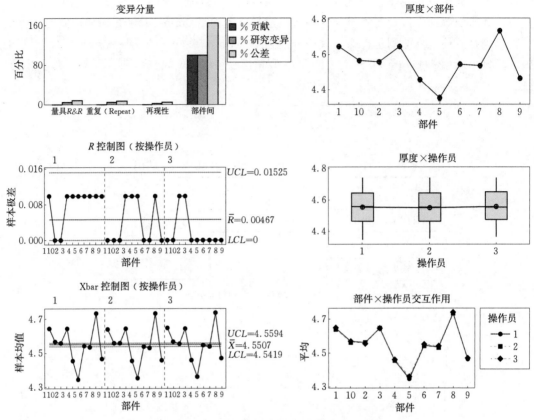

图 11.28　厚度的量具 R&R（方差分析）报告

11.4.2.6　案例启示

通过胶片厚度测量系统 GRR 改善，有如下几个方面值得总结借鉴：

（1）不断深入进行多轮次的分析和改善直至取得成功，这点是值得肯定的，但整个分析和改善过程尚属于经验式的"试错"过程。采用鱼骨图、5Why 和必要的数据分析等工具对改善起到了重要作用。

（2）从关注变异源开始，重点围绕样件、操作员和量具这三个主要的变差源，同时也考虑了环境震动、测量时间等因素可能造成的影响，把握住了改善的主线。

（3）将最初的游标卡尺更换为数显卡表说明量具本身对于测量的适用性不可忽视，需要从专业角度进行论证，测量系统表现出分辨率不足往往并非只是量具本身的分辨力不足造成的。

（4）严谨的操作定义对于测量系统分析至关重要。要弄清楚测量是否可重复、是否受时间的影响，从而形成有效的测量系统分析方案。

表 11.82   **最终改善后量具 *R&R* 数据分析**

量具 *R&R* 研究-方差分析法

包含交互作用的双因子方差分析表

来源	自由度	SS	MS	F	P
部件	9	0.648607	0.0720674	2629.49	0.000
操作员	2	0.000373	0.0001867	6.81	0.006
部件×操作员	18	0.000493	0.0000274	1.17	0.339
重复性	30	0.000700	0.0000233		
合计	59	0.650173			

用于删除交互作用项的 $\alpha = 0.05$

不包含交互作用的双因子方差分析表

来源	自由度	SS	MS	F	P
部件	9	0.648607	0.0720674	2898.80	0.000
操作员	2	0.000373	0.0001867	7.51	0.001
重复性	48	0.001193	0.0000249		
合计	59	0.650173			

量具 *R&R*

来源	方差分量	方差分量 贡献率
合计量具 *R&R*	0.0000330	0.27
重复性	0.0000249	0.21
再现性	0.0000081	0.07
操作员	0.0000081	0.07
部件间	0.0120071	99.73
合计变异	0.0120400	100.00

过程公差＝0.4

来源	标准差（SD）	研究变异 (6×SD)	%研究变异 (%SV)	%公差 (%P/T)
合计量具 *R&R*	0.005740	0.034442	5.23	8.61
重复性	0.004986	0.029917	4.54	7.48
再现性	0.002844	0.017066	2.59	4.27
操作员	0.002844	0.017066	2.59	4.27
部件间	0.109577	0.657461	99.86	164.37
合计变异	0.109727	0.658363	100.00	164.59

可区分的类别数＝26

第12章
测量系统管理与发展

12.1　供方测量保证能力

目前，许多企业为了减少与测量有关的费用和满足顾客的要求，都在努力研究各种测量方法之间的适宜性。一方面，是为了满足各种类型法规的要求，另一方面，是为了在市场上获得竞争优势。不论研究动机如何，对测量能力的研究兴趣比任何时候都要高涨。不同的行业对测量能力的研究偏重有所不同，例如，汽车行业等多用量具重复性和再现性研究（GRR），而化工、食品、药品及其他行业则更多地应用称之为相关性或一致性研究。

研究目的是要减少测量系统的变差，以保证顾客和供方得到同样的、互认结果。只有供方和顾客对交付的产品同一特性的测量结果一致时（符合双方约定的规范），产品才能被接收。但由于供方和顾客所使用的测量系统并不一定相同，所以提高测量系统的能力和加强测量系统的管理是非常重要的。

通常，供方要采取多种方法对测量系统进行评估和监视，以消除顾客对是否可提供准确数据的能力的怀疑。及时与顾客沟通，传递有关测量系统的评估参数，有助于获得顾客的信赖。一般情况下，供方应对测量系统进行常规的内部评定，必要时，邀请顾客参与评定。当供方数据受到顾客质疑时，也可采用测量系统结果比对测量的方法进行验证。当供方由于经济或安全性的限制不具备测量能力时，应寻求外部资源（经过国家或国际认证的校准/测试实验室或者有能力的供方）的帮助并获得合法性证明。

从管理体系的角度来说，供方应根据自身实践建立相关质量管理体系，如 ISO 9000、IATF 16949 等。此外，测量系统分析评定需求并不是孤立的，是测量管理体系要求的一部分，还应强化测量管理体系（如 ISO 10012），满足测量过程和测量设备的要求。以下几个方面可帮助保证测量系统的能力。

12.1.1　测量系统常规评定

对测量系统的常规评定包括两部分：测量设备的计量确认和测量系统分析。对于测量设备实施计量确认，目的是确保测量设备的计量特性满足测量过程的计量要求，可参照

《测量管理体系　测量过程和测量设备的要求》（ISO10012:2003）的图 2 和附录 A，在本书中将图 2 引用为附录 4。

根据测量系统类型是计量型测量系统还是计数型测量系统，并选择适宜的方法进行测量系统分析研究。建议进行测量系统分析所使用的数据采集表和报告最好得到顾客的认可，而且应该完好保存每次研究时的记录以及样品。

12.1.2　样件评估比对

有时，供方和顾客就某批零件的接收会产生分歧，这种情形常出现在某些精密加工和特殊过程测量的场合，产生分歧的主要原因也可能是由于使用了不同的测量系统而产生了不同的变差。在这种情况下，可使用相同的样件并分别应用供方和顾客的测量系统（甚至外部认证结构，如试验室）进行评估，必要时，互换供方和顾客的测量系统操作者（必须是经常操作该测量系统，并经培训合格的人员）来进行评估，便于准确评估测量系统变差中的重复性和再现性变差分量。

在进行比对评估之前，还要注意做到如下几个方面：首先，在进行量具 $R\&R$ 评定之前，应充分确定测量系统是稳定无偏倚的，且具有良好的线性。如果忽略了这个重要方面，则可能使得最终评估结果无法比对。其次，对于可重复性测量，样件应具有稳定的特性，能够被多次重复测量而不会导致显著的物理和化学的变化。在破坏性测试情况下，对于选择的样品或分割的样品应尽量满足同质性要求。再次，双方应对用于比较的参数（例如，%GRR、Kappa 系数等）及其可接收准则进行明确规定。另外，应注意消除零件内变差（WIV）的影响。

12.1.3　外部试验室证明

对于测量系统的综合评价并非只凭对某单个参数值的可接受性来判断，还应考虑其他相关因素的影响，甚至在分析参数结果时，还要对设定的前提条件再进行确认。即便如此，仍然可能出现不一致的情况，如供方的评定是可接受的，而顾客的评定则不可接受。对于这种情况，可能就需要外部权威机构来进行第三方的评定和确认，当然，这种做法应该得到供方和顾客共同的认可。

要尽量选择经国家或国际认证合格的机构，如校准/测试实验室等，以保证检测结果的准确性和公正性。但对于外部测量来说，只能是对样件进行测量，并非进行测量系统分析，所以它的检测结果只能表明被测样件的特性是否符合规范的要求。也就是说，它并不能最终反映供方或顾客的测量系统的可接受性。

12.2　公司范围的 MSA 规划与实施

根据过程和产品要求而进行的测量系统分析评定工作绝不单单是质量部门的任务，质量部门虽然是这项工作的组织者和实施者，但要保证 MSA 的顺利进行，在全公司范围建立测量系统分析规划（MSAP）是非常重要的。

规划应该涵盖如下方面的内容。

12.2.1 确定 MSA 的范围

首先应该对在用的测量仪器和专用试验设备进行分类，基于数量、使用频次、场合及其他要求，至少可以分为两类：常规量具和专用量具。一般将数量较多、使用分布较广的量具归为常规类，比如游标卡尺、手持式红外测温仪等；对于生产过程中的某些关键特性进行现场测量或实验室测量或对试验条件要求较高的场合所用的量具可归为专用类，比如 X 射线测厚仪、光谱仪等。

对分类量具分别建立台帐及其属性信息。有针对性地确定各类量具进行 MSA 的方法，对于连续型测量系统除考虑偏倚、线性和稳定性外，更要关注量具 $R\&R$ 的研究及所使用的统计分析方法。对于离散型测量系统考虑一致性、相关性及有效性，必要时也要评估偏倚和重复性。

对于数量众多的常规量具可采用随机抽样的方式，从量具总体中抽取少数量具进行研究，判断总体的可接受性，当然这种做法是要承担一定的风险的，选择这么做前要认真评估可能的风险。理想情况下，应对每一个量具进行单独的 MSA 研究。

有些用于生产线上产品检测混用的多台同类型检测设备，特别是不需要人员参与时，短期内可以同时纳入 MSA 研究以判断设备间的测量结果是否存在较大差异（设备间的差异将表现为再现性）。但从长期使用看，对于专用量具必须进行单台研究，评估其能力的充分性。

特别之处，对于各类量具均应确定其评价周期，这要根据量具的使用场合和频次等因素来确定，一般来说，在量具的一个校准/检定周期内最好进行至少一次评价。

当然，从管理有效性和效率来说，并非所有的测量设备都要被纳入到测量系统的常规评定中，要确定哪些测量设备应该进行评定，哪些则不必进行评定，应根据以下几个方面来决定：

（1）明确要管理和控制的测量过程及过程特性，对特殊过程的测量要特别注意，往往在这种过程中可能需要破坏性的测试。

（2）考虑产品要求，特别是新产品的测量。

（3）在允许成本范围内，尽量满足顾客对测量系统的要求。

12.2.2 确定职能及其所需的资源

明确实施 MSA 的管理职能及承担该职能的部门或小组，并制定 MSA 控制程序。同时，管理者应提供所需的资源，包括人力资源、信息资源和物质资源等。对资源方面的具体要求可参考 ISO 10012 标准的第 6 章"资源管理"。

这里，特别强调的是，一种适宜的用于进行 MSA 结果分析的统计软件是必不可少的资源。例如 Minitab、JMP、Statistica 及其他适宜的分析程序。

人力资源是永远值得格外关注的，进行 MSA 的研究人员，包括评价人、研究管理者等，应通过专门培训具备相应的知识和技能。特别是，生产线上配置的进口专用检测设备，不仅要熟悉设备的操作使用，更需要有人员熟知其校准方法、标准样件的使用以及设备操作的特殊要求，从而有效地进行 MSA，而不只是了解设备提供商提供的校准方法（所谓的自产自校），往往有时并不能保证设备有充分的测量能力。

从计量管理角度讲，对于测量设备的操作都应持有考核合格证书，而且根据测量设备的类别不同，所应持有的表明具有某项能力的项目也不同。但是对于进行测量系统评定的要求来说，操作人员严格按照测量评定程序的规定实施测量显得尤为重要，即便是由于操作人员非技能上的差错或失误（例如，疲劳、情绪波动等），都可能会使再现性变差的比例增大。

值得注意的是，要不断培养测量系统评定的实施人员正确的意识，使之明确对测量系统的评定是一项长期任务，而不是针对个别量具的短期行为。它是测量管理体系中测量过程控制的重要组成部分。

12.2.3　制定 MSA 实施计划

制定测量系统分析实施计划时，除了要考虑所针对的产品和过程以及涉及的量具外，还应特别注意要符合测量系统分析所要求的准备条件，如评价人的选择、产品和过程的选择要求等。可参见表 12.1。

表 12.1　　测量系统分析实施计划样表

过程/零件编号或名称：传动轴	量具名称：泰勒圆度仪	计划完成日期：2005-8-18
过程/零件特性：圆柱度	量具编号：LS33-02	评价人数：3
规　范：$5\mu m$	量具类型：☑计量型　□计数型	研究管理者：刘泽光
研究特性：GRR	研究方法：☑方差分析（ANOVA）　□均值和极差法（Xbar-R）	

可接受评定准则：

(1) 当 $GRR \geqslant 30\%$，测量系统不可接受；

(2) 当 $10\% \leqslant GRR < 30\%$，测量系统尚待改进，在规定条件下接受；

(3) 当 $GRR < 10\%$，测量系统能力充分，可接受；

(4) 其他内容（尚需写明）。

注：该准则必要时，应获得顾客认可。

12.2.4　测量系统管理与控制

根据实际需求或 IATF 16949 等管理规范的要求制定测量系统分析控制程序，明确实施测量系统分析的职责、权限和程序，以利于测量系统的持续改进。

随着管理信息化的需求和发展，应逐步实现测量系统的管理信息化并与设备管理、计量管理等系统实现互联互通，甚至集成，同时纳入到 ERP、MES 等信息化系统中。

12.3 测量系统监视与改进

12.3.1 测量管理循环

当测量系统设计完成投入使用时开始，就进入了一个新的"生命"循环中，即监视—控制—分析—改进，该循环不断往复螺旋上升，直至该测量系统退出，而新的测量系统取而代之。该循环表示如图 12.1 所示。

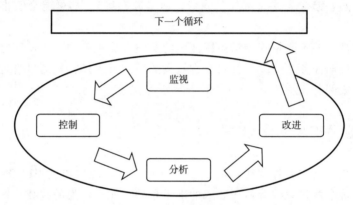

图 12.1 测量管理循环

（1）监视：该阶段主要是随时分析和了解影响测量系统的重要变差源及其变化，最好能够随时在第 3 章介绍的变差源因果图上表现出来。对某些显著变化的影响因素及引起变化的原因应予以记录，并分析这种变化对测量系统的影响。另外，在使用测量系统时，要明确量具是否已经过检定/校准合格，这一点非常重要，它还有助于了解测量系统是否存在偏倚。

（2）控制：测量系统变异的控制是否有效决定了测量系统是否有充分的能力。对测量系统短期变异和长期变异的控制最常用的是控制图，对于计量型测量系统能够选择平均值和极差或标准差图、单值和移动极差图等以及适用于检测过程小偏移的累积和（$CUSUM$）图和指数加权移动平均（$EWMA$）图。对于计数型测量系统可以选择 p 图和 u 图等。

通过对控制图的分析，有利于发现量具的退化现象，特别是急速的退化现象，因为有时量具的急速退化会严重影响测量系统的应用。另外，能够具备适宜的 SPC 统计软件是一种非常有效的并值得选择的方法。

（3）分析：根据过程和产品要求，特别注意满足顾客的要求，对测量系统进行分析评定，特别应注意测量系统的线性、重复性和再现性（GRR）。对于某些测量系统输出的属性数据，还要进行属性一致性研究。对测量系统所有的计划和分析结果的记录均应妥善保存，当然对使用的样件也要保存完好，便于以后的分析和比较。

应不断探索针对测量系统的新的分析方法，包括复杂的统计分析方法、AI、智能诊断技术等。

（4）改进：持续改进是永恒的追求目标，对测量系统的深刻了解也是通过不断地实施改进来实现的。对于出现的影响测量系统能力和性能的因素（可参考测量系统模型要素），及时采取纠正措施和预防措施。

12.3.2 测量系统的智能化发展

众所周知，没有更加精确及时的测量，就没有科学研究和现代化生产。智能工业时代需要智能的设备，**智能设备需要更加智能的测量系统。**智能设备在各个行业越来越多，这些设备不但融入了众多最新技术，而且品种多样，更新速度快，这就要求测量系统能够适应高度技术集成、更低的成本、适应快速变化和大数据处理分析等需求。制造业对于测量系统的柔性化，测量效率的提升和测量精度的稳定提升等方面的要求日益增高。

测量系统已经广泛融入到生产制造系统当中，随着在线、自动化、高速、智能成为当前精密测量系统和技术的主旋律，需要为高质量的产品质量保证提供灵活、柔性、高效、智能的解决方案，人工智能、机器学习、智能传感器、5G 等技术已经开始应用在这个领域。

例如，基于机器学习的统计过程控制技术，可实现对于质量问题的预测，及早发现生产瓶颈，并使设备停机时间最少；通过人工智能技术，将人的感知融入到生产评价，实现对于表面瑕疵的检测与产品感知质量的判定；通过在加工中心上安装智能传感器，利用 5G 超高速实时通信技术进行连接和数据反馈，通过为加工过程引入人工智能来识别可改进的问题和区域，建立优化加工制造的成熟度模型，可以实现在加工过程中的质量优化与保证。

随着工业自动化进程的加速，通过融合在自动化生产线的在线测量设备为批量生产的过程稳定性提供质量保证。最终利用数据实现系统的自我修正，而不是收集数据并将其传递给人工干预。基于智能制造过程的自动控制，需要多参数的同时自动在线测量。测量系统也将向自校正自评估的方向发展。

以"智能制造"为核心的"工业 4.0"时代的来临，测量系统的智能化发展是必然趋势。

参 考 文 献

[1] AIAG. 测量系统分析(第四版),2010. https://aiag.org.cn/publications.

[2] AIAG. 统计过程控制(第二版),2005. https://aiag.org.cn/publications.

[3] 蒙哥马利. 实验设计与分析(第 6 版). 傅珏生,张健,王振羽,等译. 北京:人民邮电出版社,2009.

[4] 中华人民共和国国家质量监督检验检疫总局,中国国家标准化管理委员会. 统计学词汇及符号 第 1
部分:一般统计术语与用于概率的术语:GB/T 3358.1—2009. 北京:中国标准出版社,2009.

[5] 中华人民共和国国家质量监督检验检疫总局,中国国家标准化管理委员会. 统计学词汇及符号 第 2
部分:应用统计:GB/T 3358.2—2009. 北京:中国标准出版社,2009.

[6] 中华人民共和国国家质量监督检验检疫总局,中国国家标准化管理委员会. 统计学词汇及符号 第 3
部分:实验设计:GB/T 3358.3—2009. 北京:中国标准出版社,2009.

[7] 中华人民共和国国家质量监督检验检疫总局,中国国家标准化管理委员会. 测量不确定度评定和表
示:GB/T 27418—2017. 北京:中国标准出版社,2017.

[8] 中国人民共和国国家发展和改革委员会. 专用检测设备评定方法指南:JB/T 10633—2006. 北京:机
械工业出版社,2006.

[9] 中华人民共和国国家质量监督检验检疫总局. 通用计量术语及定义:JJF 1001—2011. 北京:中国标
准出版社,2011.

[10] 中华人民共和国国家质量监督检验检疫总局. 测量管理体系 测量过程和测量设备的要求:GB/T
19022—2003. 北京:中国标准出版社,2003.

[11] 中华人民共和国国家质量监督检验检疫总局,中国国家标准化管理委员会. 质量管理体系 汽车生产
件及相关服务件组织应用:GB/T 18305—2016. 北京:中国标准出版社,2016.

[12] 吴喜之. 非参数统计(第四版). 北京:中国统计出版社,2013.

[13] 吴喜之. 统计学:从数据到结论(第四版). 北京:中国统计出版社,2013.

[14] 孙山泽. 非参数统计讲义. 北京:北京大学出版社,2002.

[15] 茆诗松等. 统计手册. 北京:科学出版社,2003.

[16] 盛骤,谢式千,潘承毅. 概率论与数理统计(第四版). 北京:高等教育出版社,2003.

[17] 钱绍圣. 测量不确定度—实验数据的处理与表示. 北京:清华大学出版社,2002.

[18] 叶德培. 测量不确定度. 北京:国防工业出版社,1996.

[19] 派兹德克,凯勒. 六西格玛手册:绿带、黑带和各级经理完全指南(原书第 4 版). 王其荣,译. 北京:机
械工业出版社,2019.

[20] 莫曰达. 中国古代统计思想史. 北京:中国统计出版社,2004.

[21] 李志辉,罗平. SPSS for Windows 统计分析教程(第 2 版). 北京:电子工业出版社,2005.

[22] WHEELER D J. EMP III:Evaluating The Measurement Process & Using Imperfect Data. [S.l.]:SPC
Press,2006.

[23] BARRENTINE L B. Concepts for R&R Studies(Second Editior). [S.l.]:ASQ Quality Press,2003.

[24] ASTM International. Standard Guide for Measurement Systems Analysis (MSA):E2782-17. 2017.
https://www.astm.org/e2782-17r22e01.html.

[25] ISO. Selected illustrations of gauge repeatability and reproducibility studies:ISO/TR 12888-2011. 2011. ht-
tps://www.iso.org/standard/52899.html.

[26] ISO. Selected illustrations of attribute agreement analysis:ISO/TR 14468-2010. 2010. https://www.iso.

318

org/standard/52900.html.

[27] MONTGOMERY D C,RUNGER G C. Applied Statistics and Probability for Engineers,Six Edition. [S.l.]:John Wiley&Sons,2014.

[28] WEDGEWOOD I. Lean Sigma:A Practitioner's Guide(2nd Edition). [S.l.]:Prentice Hall,2016.

[29] BURDICK R,BORROR C M,MONTGOMERY D C. A Review of Methods for Measurement Systems Capability Analysis. Journal of Quality Technology,2003,35(4):342-354.

[30] MAST J D. Albert Trip:GaugeR&RStudies for Destructive Measurements. Journal of Quality Technology,2005,37(1):40-49.

附　录

附录 1　偏倚研究用 d_2^* 参数表

在进行计量型测量系统的偏倚研究时，提出可以采用极差法计算重复性标准差，但计算公式中用到了一个参数 d_2^*，该参数与子组的大小（m）和子组的数量（g）有关。下表提供了 $m \leqslant 20$ 和 $g \leqslant 20$ 范围内的可以查阅的 d_2^* 参数的值，同时还可得到相应的 d_2，自由度 v 以及 cd 常数。

但是，当 $m > 20$ 和 $g > 20$ 时，则已经不能从表中直接查出 d_2^* 的值，那么该如何得到这些参数值呢？下面我们就介绍一种计算 d_2^* 的方法。

首先介绍平均极差（mean range）的近似分布。设 x_1，x_2，$\cdots$，x_m 为来自某个正态总体 $N(\mu, \sigma^2)$ 的简单随机样本，则样本极差为

$$R_m = \max(x_1, x_2, \cdots, x_m) - \min(x_1, x_2, \cdots, x_m)$$

如果有 g 个独立的样本，每个样本的大小为 m，则 g 个极差的平均值可表示为 $\overline{R}_{g, m}$。令 W_m 表示标准化极差，则

$$W_m = \max(z_1, z_2, \cdots, z_m) - \min(z_1, z_2, \cdots, z_m)$$

式中 $z_i = \dfrac{x_i - \mu}{\sigma}$，则 W_m 的概率积分可表达为

$$P(W_m) = m \int_{-\infty}^{\infty} f(z) \left\{ \int_{z}^{z+W_m} f(u) du \right\}^{m-1} dz$$

式中 $f(x)$ 是正态概率密度函数：$f(x) = \dfrac{1}{\sqrt{2\pi}} e^{-\frac{1}{2}x^2}$。

依据 W_m 的概率积分利用数值求积计算得到极差分布的均值和标准差见表 1。

表 1　　　　　　　　　　　　　　正态样本极差分布均值和标准差

样本大小	$\mu = d_2$	$\sigma = V_m$
2	1.12838	0.72676
3	1.69257	0.78922

样本大小	$\mu = d_2$	$\sigma = V_m$
4	2.05875	0.77407
5	2.32593	0.74661
6	2.53441	0.71916
7	2.70436	0.69424
8	2.8472	0.67213
9	2.97003	0.65262
10	3.07751	0.63531
11	3.17287	0.61984
12	3.25846	0.60601
13	3.33598	0.59353
14	3.40676	0.58217
15	3.47193	0.57186
16	3.53198	0.56237
17	3.58788	0.55363
18	3.64006	0.54554
19	3.68896	0.53802
20	3.73495	0.53097

由于极差是标准偏差的有偏估计，所以常采用一个修正因子（d_2）将平均极差转换为过程标准差的估计值。而

$$E(W_m) = \frac{\bar{R}_m}{\sigma} = d_2$$

故

$$\sigma = \frac{\bar{R}_m}{d_2}$$

但是，对于 $\bar{R}_{g,m}$ 的分布，事情就不那么简单了。经过若干统计学家的研究，证明可采用 χ 分布作为 $\bar{R}_{g,m}$ 的分布的一种合理的精确表示。

于是，与 R_m 相关的 $\bar{R}_{g,m}$ 的一阶矩和二阶矩为

$$E\left(\frac{\bar{R}_{g,m}}{\sigma}\right) = d_2$$

$$\mathrm{var}\left(\frac{\bar{R}_{g,m}}{\sigma}\right) = \frac{1}{g\sigma^2}\mathrm{var}(R_m) = \frac{1}{g\sigma^2}V_m = V_{g,m}$$

这两个矩估计值是与 $\frac{c}{\sqrt{v}}\chi$ 相关的，其中 χ 具有自由度为 v，则

$$d_2 = \frac{c\sqrt{2}}{\sqrt{v}}\Gamma\left(\frac{v+1}{2}\right)\Big/\Gamma\left(\frac{v}{2}\right)$$

$$V_{g.m} = \frac{c^2}{v}\left[v - 2\left\{\Gamma\left(\frac{v+1}{2}\right)\Big/\Gamma\left(\frac{v}{2}\right)\right\}^2\right]$$

式中：$c = d_2^*$。

通过对 Γ（伽玛）函数的扩展并对方程进行简化可以求得 d_2^* 和 v

$$(d_2^*)^2 = d_2^2 + V_m/g$$

$$v = A^{-1} + \frac{1}{4} - \frac{3}{16}A + \frac{3}{64}A^2 \qquad \text{其中，} A = \frac{2V_m}{d_2^2}$$

这就是在 AIAG 的 MSA 手册第三版附录 C 中用于生成 d_2^* 的表的公式。而表中给出的常量差异（constant difference，简写为 C.D.）是通过 $\dfrac{d_2^2}{2V_m}$ 计算的（即 $1/A$）。

（1）如何确定 g 与 m

对于初次接触到 d_2^* 表的人大多会感到迷惑，首先是不知如何确定 g 与 m。最好的方法是还原其本意：g 即有多少个极差用于计算平均极差，m 即有多少个数值用于计算每个极差。

在 MSA 3rd 中极差法的例子中，有 5 个极差用来计算平均极差，因此 $g=5$，而每个极差是大小为 2 的样本的差——$m=2$。从 d_2^* 表中对应 $g=5$（零件数量）和 $m=2$（评价人数量）的值是 1.19105。

在 GRR 研究的例子中的设置是 3，10，3，在重复性计算时，平均极差有 $g=30$（零件数×评价人数）个极差参与计算。每个极差基于的样本的大小 $m=3$（试验次数）。但是在 d_2^* 表中不能找到 $g=30$ 的行，因为在 d_2^* 表中的最大行数是 20。这里我们假设 $g=30$ 足够大，所以，可使用 $d_2 = 1.69257$ 替代 d_2^* 来计算

$$K_1 = \frac{1}{d_2^*} = \frac{1}{1.69257} \approx 0.59082$$

（2）如何使用 C.D. 和 df

当样本数量超出表中数值（$g>20$）时，变量差异项用来确定自由度（v）的值。

例如：要获得 $g=22$ 和 $m=8$ 时 d_2^* 和 v 的值。

从表中可知，当 $g=20$ 和 $m=8$ 时，$d_2^* = 2.85310$，$v = 120.9$，$d_2 = 2.8472$，C.D. = 6.0305。

当 $g=22$ 时，由于 22 接近 20 且为有限值，所以取 $d_2^* = 2.853$，而

$$v = 120.9 + 2 \times (6.0305) = 132.961（或 133.0）$$

当然，这也许有些"胡来"了，但要记住这些都是近似值。

表2

子组的大小/m

子组的数量/g	2	3	4	5	6	7	8	9	10	11
1	1.0 / 1.41421	2.0 / 1.91155	2.9 / 2.23887	3.8 / 2.48124	4.7 / 2.67253	5.5 / 2.82981	6.3 / 2.96288	7.0 / 3.07794	7.7 / 3.17905	8.3 / 3.26909
2	1.9 / 1.27931	3.8 / 1.80538	5.7 / 2.15069	7.5 / 2.40484	9.2 / 2.60438	10.8 / 2.76779	12.3 / 2.90562	13.8 / 3.02446	15.1 / 3.12869	16.5 / 3.22134
3	2.8 / 1.23105	5.7 / 1.76858	8.4 / 2.12049	11.1 / 2.37883	13.6 / 2.58127	16.0 / 2.74681	18.3 / 2.88628	20.5 / 3.00643	22.6 / 3.11173	24.6 / 3.20526
4	3.7 / 1.20621	7.5 / 1.74989	11.2 / 2.10522	14.7 / 2.36571	18.1 / 2.56964	21.3 / 2.73626	24.4 / 2.87656	27.3 / 2.99737	30.1 / 3.10321	32.7 / 3.19720
5	4.6 / 1.19105	9.3 / 1.73857	13.9 / 2.09601	18.4 / 2.35781	22.6 / 2.56263	26.6 / 2.72991	30.4 / 2.87071	34.0 / 2.99192	37.5 / 3.09808	40.8 / 3.19235
6	5.5 / 1.18083	11.1 / 1.73099	16.7 / 2.08985	22.0 / 2.35253	27.0 / 2.55795	31.8 / 2.72567	36.4 / 2.86680	40.8 / 2.98829	45.0 / 3.09467	49.0 / 3.18911
7	6.4 / 1.17348	12.9 / 1.72555	19.4 / 2.08543	25.6 / 2.34875	31.5 / 2.55460	37.1 / 2.72263	42.5 / 2.86401	47.6 / 2.98568	52.4 / 3.09222	57.1 / 3.18679
8	7.2 / 1.16794	14.8 / 1.72147	22.1 / 2.08212	29.2 / 2.34591	36.0 / 2.55208	42.4 / 2.72036	48.5 / 2.86192	54.3 / 2.98373	59.9 / 3.09039	65.2 / 3.18506
9	8.1 / 1.16361	16.6 / 1.71828	24.9 / 2.07953	32.9 / 2.34370	40.4 / 2.55013	47.7 / 2.71858	54.5 / 2.86028	61.1 / 2.98221	67.3 / 3.08896	73.3 / 3.18370
10	9.0 / 1.16014	18.4 / 1.71573	27.6 / 2.07746	36.5 / 2.34192	44.9 / 2.54856	52.9 / 2.71717	60.6 / 2.85898	67.8 / 2.98100	74.8 / 3.08781	81.5 / 3.18262
11	9.9 / 1.15729	20.2 / 1.71363	30.4 / 2.07577	40.1 / 2.34048	49.4 / 2.54728	58.2 / 2.71600	66.6 / 2.85791	74.6 / 2.98000	82.2 / 3.08688	89.6 / 3.18174

续表

子组的大小/m

子组的数量/g	12		13		14		15		16		17		18		19		20	
1	9.0	3.35016	9.6	3.42378	10.2	3.49116	10.8	3.55333	11.3	3.61071	11.9	3.66422	12.4	3.71424	12.9	3.76118	13.4	3.80537
2	17.8	3.30463	19.0	3.38017	20.2	3.44922	21.3	3.51287	22.4	3.57156	23.5	3.62625	24.5	3.67734	25.5	3.72524	26.5	3.77032
3	26.5	3.28931	28.4	3.36550	30.1	3.43512	31.9	3.49927	33.5	3.55842	35.1	3.61351	36.7	3.66495	38.2	3.71319	39.7	3.75857
4	35.3	3.28163	37.7	3.35815	40.1	3.42805	42.4	3.49246	44.6	3.55183	46.7	3.60712	48.8	3.65875	50.8	3.70715	52.8	3.75268
5	44.0	3.27701	47.1	3.35372	50.1	3.42381	52.9	3.48836	55.7	3.54787	58.4	3.60328	61.0	3.65502	63.5	3.70352	65.9	3.74914
6	52.8	3.27392	56.5	3.35077	60.1	3.42097	63.5	3.48563	66.8	3.54522	70.0	3.60072	73.1	3.65253	76.1	3.70109	79.1	3.74678
7	61.6	3.27172	65.9	3.34866	70.0	3.41894	74.0	3.48368	77.9	3.54333	81.6	3.59888	85.3	3.65075	88.8	3.69936	92.2	3.74509
8	70.3	3.27006	75.2	3.34708	80.0	3.41742	84.6	3.48221	89.0	3.54192	93.3	3.59751	97.4	3.64941	101.4	3.69806	105.3	3.74382
9	79.1	3.26878	84.6	3.34585	90.0	3.41624	95.1	3.48107	100.1	3.54081	104.9	3.59644	109.5	3.64838	114.1	3.69705	118.5	3.74284
10	87.9	3.26775	94.0	3.34486	99.9	3.41529	105.6	3.48016	111.2	3.53993	116.5	3.59559	121.7	3.64755	126.7	3.69625	131.6	3.74205
11	96.6	3.26690	103.4	3.34406	109.9	3.41452	116.2	3.47941	122.3	3.53921	128.1	3.59489	133.8	3.64687	139.4	3.69558	144.7	3.74141

续表

子组的数量/g	子组的大小/m									
	2	3	4	5	6	7	8	9	10	11
12	10.7	22.0	33.1	43.7	53.8	63.5	72.6	81.3	89.7	97.7
	1.15490	1.71189	2.07436	2.33927	2.54621	2.71504	2.85702	2.97917	3.08610	3.18100
13	11.6	23.8	35.8	47.3	58.3	68.7	78.6	88.1	97.1	105.8
	1.15289	1.71041	2.07316	2.33824	2.54530	2.71422	2.85627	2.97847	3.08544	3.18037
14	12.5	25.7	38.6	51.0	62.8	74.0	84.7	94.9	104.6	113.9
	1.15115	1.70914	2.07213	2.33737	2.54452	2.71351	2.85562	2.97787	3.08487	3.17984
15	13.4	27.5	41.3	54.6	67.2	79.3	90.7	101.6	112.1	122.1
	1.14965	1.70804	2.07125	2.33661	2.54385	2.71290	2.85506	2.97735	3.08438	3.17938
16	14.3	29.3	44.1	58.2	71.7	84.5	96.7	108.4	119.5	130.2
	1.14833	1.70708	2.07047	2.33594	2.54326	2.71237	2.85457	2.97689	3.08395	3.17897
17	15.1	31.1	46.8	61.8	76.2	89.8	102.8	115.1	127.0	138.3
	1.14717	1.70623	2.06978	2.33535	2.54274	2.71190	2.85413	2.97649	3.08358	3.17861
18	16.0	32.9	49.5	65.5	80.6	95.1	108.8	121.9	134.4	146.4
	1.14613	1.70547	2.06917	2.33483	2.54228	2.71148	2.85375	2.97613	3.08324	3.17829
19	16.9	34.7	52.3	69.1	85.1	100.3	114.8	128.7	141.9	154.5
	1.14520	1.70480	2.06862	2.33436	2.54187	2.71111	2.85341	2.97581	3.08294	3.17801
20	17.8	36.5	55.0	72.7	89.6	105.6	120.9	135.4	149.3	162.7
	1.14437	1.70419	2.06813	2.33394	2.54149	2.71077	2.85310	2.97552	3.08267	3.17775
d_2	1.12838	1.69257	2.05875	2.32593	2.53441	2.70436	2.8472	2.97003	3.07751	3.17287
cd	0.876	1.815	2.7378	3.623	4.4658	5.2673	6.0305	6.7582	7.4539	8.1207

测量系统分析——理论、方法和应用

子组的数量/g	子组的大小/m								
	12	13	14	15	16	17	18	19	20
12	105.4	112.7	119.9	126.7	133.3	139.8	146.0	152.0	157.9
	3.26620	3.34339	3.41387	3.47879	3.53861	3.59430	3.64630	3.69503	3.74087
13	114.1	122.1	129.8	137.3	144.4	151.4	158.1	164.7	171.0
	3.26561	3.34282	3.41333	3.47826	3.53810	3.59381	3.64582	3.69457	3.74041
14	122.9	131.5	139.8	147.8	155.5	163.0	170.3	177.3	184.2
	3.26510	3.34233	3.41286	3.47781	3.53766	3.59339	3.64541	3.69417	3.74002
15	131.7	140.9	149.8	158.3	166.6	174.6	182.4	190.0	197.3
	3.26465	3.34191	3.41245	3.47742	3.53728	3.59302	3.64505	3.69382	3.73969
16	140.4	150.2	159.7	168.9	177.7	186.3	194.6	202.6	210.4
	3.26427	3.34154	3.41210	3.47707	3.53695	3.59270	3.64474	3.69351	3.73939
17	149.2	159.6	169.7	179.4	188.8	197.9	206.7	215.2	223.6
	3.26393	3.34121	3.41178	3.47677	3.53666	3.59242	3.64447	3.69325	3.73913
18	157.9	169.0	179.7	190.0	199.9	209.5	218.8	227.9	236.7
	3.26362	3.34092	3.41150	3.47650	3.53640	3.59216	3.64422	3.69301	3.73890
19	166.7	178.4	189.6	200.5	211.0	221.1	231.0	240.5	249.8
	3.26335	3.34066	3.41125	3.47626	3.53617	3.59194	3.64400	3.69280	3.73869
20	175.5	187.8	199.6	211.0	222.1	232.8	243.1	253.2	263.0
	3.26311	3.34042	3.41103	3.47605	3.53596	3.59174	3.64380	3.69260	3.73850
d_2	3.25846	3.33598	3.40676	3.47193	3.53198	3.58788	3.64006	3.68896	3.73495
cd	8.7602	9.3751	9.9679	10.5396	11.0913	11.6259	12.144	12.6468	13.1362

数据表使用:每一栏的第一行是自由度(v),每一栏的第二行是d_2^*;d_2是d_2^*的无限值;额外的v值可以从不同的cd常数来建立。

$v(\bar{R}/d_2^*)^2/\sigma'^2$是当一个卡方分布于自由度$v$的近似分布,$\bar{R}$是子组大小$m$,子组数量$g$的平均极差。

附录 2 控制图系数表

样本大小 n	均值控制图					标准差控制图				极差控制图							中位数控制图	
	控制界限系数			中心线系数		控制界限系数				中心线系数			控制界限系数				控制界限系数	
	A	A_2	A_3	c_4	$1/c_4$	B_3	B_4	B_5	B_6	d_2	$1/d_2$	d_3	D_1	D_2	D_3	D_4	m_3	$m_3 A_2$
2	2.121	1.880	2.659	0.7979	1.2533	0	3.267	0	2.606	1.128	0.8865	0.853	0	3.686	0	3.267	1.000	1.880
3	1.732	1.023	1.954	0.8862	1.1284	0	2.568	0	2.276	1.693	0.5907	0.888	0	4.358	0	2.574	1.160	1.187
4	1.500	0.729	1.628	0.9213	1.0854	0	2.266	0	2.088	2.059	0.4857	0.880	0	4.698	0	2.282	1.092	0.796
5	1.342	0.577	1.427	0.9400	1.0638	0	2.089	0	1.964	2.326	0.4299	0.864	0	4.918	0	2.114	1.198	0.691
6	1.225	0.483	1.287	0.9515	1.0510	0.030	1.970	0.029	1.874	2.534	0.3946	0.848	0	5.078	0	2.004	1.135	0.549
7	1.134	0.419	1.182	0.9594	1.0423	0.118	1.882	0.113	1.806	2.704	0.3698	0.833	0.204	5.204	0.076	1.924	1.214	0.509
8	1.061	0.373	1.099	0.9650	1.0363	0.185	1.815	0.179	1.751	2.847	0.3512	0.820	0.388	5.306	0.136	1.864	1.160	0.432
9	1.000	0.337	1.032	0.9693	1.0317	0.239	1.761	0.232	1.707	2.970	0.3367	0.808	0.547	5.393	0.184	1.816	1.223	0.412
10	0.949	0.308	0.975	0.9727	1.0281	0.284	1.716	0.276	1.669	3.078	0.3249	0.797	0.687	5.469	0.223	1.777	1.176	0.363
11	0.905	0.285	0.927	0.9754	1.0252	0.321	1.679	0.313	1.637	3.173	0.3152	0.787	0.811	5.535	0.256	1.744		
12	0.866	0.266	0.886	0.9776	1.0229	0.354	1.646	0.346	1.610	3.258	0.3069	0.778	0.922	5.594	0.283	1.717		
13	0.832	0.249	0.850	0.9794	1.0210	0.382	1.618	0.374	1.585	3.336	0.2998	0.770	1.025	5.647	0.307	1.693		
14	0.802	0.235	0.817	0.9810	1.0194	0.406	1.594	0.399	1.563	3.407	0.2935	0.763	1.118	5.696	0.328	1.672		

续表

样本大小 n	均值控制图 控制界限系数			标准差控制图 中心线系数		标准差控制图 控制界限系数				极差控制图 中心线系数			极差控制图 控制界限系数				中位数控制图 控制界限系数	
	A	A_2	A_3	c_4	$1/c_4$	B_3	B_4	B_5	B_6	d_2	$1/d_2$	d_3	D_1	D_2	D_3	D_4	m_3	m_3A_2
15	0.775	0.223	0.789	0.9823	1.0180	0.428	1.572	0.421	1.544	3.472	0.2880	0.756	1.203	5.741	0.347	1.653		
16	0.750	0.212	0.763	0.9835	1.0168	0.448	1.552	0.440	1.526	3.532	0.2831	0.750	1.282	5.782	0.363	1.637		
17	0.728	0.203	0.739	0.9845	1.0157	0.466	1.534	0.458	1.511	3.588	0.2787	0.744	1.356	5.820	0.378	1.622		
18	0.707	0.194	0.718	0.9854	1.0148	0.482	1.518	0.475	1.496	3.640	0.2747	0.739	1.424	5.856	0.391	1.608		
19	0.688	0.187	0.698	0.9862	1.0140	0.497	1.503	0.490	1.483	3.689	0.2711	0.734	1.487	5.891	0.403	1.597		
20	0.671	0.180	0.680	0.9869	1.0133	0.510	1.490	0.504	1.470	3.735	0.2677	0.729	1.549	5.921	0.415	1.585		
21	0.655	0.173	0.663	0.9876	1.0126	0.523	1.477	0.516	1.459	3.778	0.2647	0.724	1.605	5.951	0.425	1.575		
22	0.640	0.167	0.647	0.9882	1.0119	0.534	1.466	0.528	1.448	3.819	0.2618	0.720	1.659	5.979	0.434	1.566		
23	0.626	0.162	0.633	0.9887	1.0114	0.545	1.455	0.539	1.438	3.858	0.2592	0.716	1.710	6.006	0.443	1.557		
24	0.612	0.157	0.619	0.9892	1.0109	0.555	1.445	0.549	1.429	3.895	0.2567	0.712	1.759	6.031	0.451	1.548		
25	0.600	0.153	0.606	0.9896	1.0105	0.565	1.435	0.559	1.420	3.931	0.2544	0.708	1.806	6.056	0.459	1.541		

（1）当 $2 \leqslant n \leqslant 25$ 时，表中各系数的计算采用如下公式：

$$\begin{cases} A = \dfrac{3}{\sqrt{n}} \\[2mm] A_2 = \dfrac{3}{d_2\sqrt{n}} \\[2mm] A_3 = \dfrac{3}{c_4\sqrt{n}} \end{cases} \qquad \begin{cases} D_3 = 1 - \dfrac{3d_3}{d_2} \\[2mm] D_4 = 1 + \dfrac{3d_3}{d_2} \end{cases}$$

$$\begin{cases} B_3 = 1 - \dfrac{3}{c_4}\sqrt{1-c_4^2} \\[2mm] B_4 = 1 + \dfrac{3}{c_4}\sqrt{1-c_4^2} \end{cases} \qquad \begin{cases} B_5 = c_4 - 3\sqrt{1-c_4^2} \\[2mm] B_6 = c_4 + 3\sqrt{1-c_4^2} \end{cases}$$

c_4 的计算公式未知，只能直接采用表中的数据。

（2）当 $n > 25$ 时，表中各系数的计算采用如下公式：

$$\begin{cases} A = \dfrac{3}{\sqrt{n}} \\[2mm] A_2 = \dfrac{3}{d_2\sqrt{n}} \\[2mm] A_3 = \dfrac{3}{c_4\sqrt{n}} \end{cases} \qquad \begin{cases} D_3 = 1 - \dfrac{3d_3}{d_2} \\[2mm] D_4 = 1 + \dfrac{3d_3}{d_2} \end{cases}$$

$$\begin{cases} B_3 = 1 - \dfrac{3}{c_4\sqrt{2(n-1)}} \\[2mm] B_4 = 1 + \dfrac{3}{c_4\sqrt{2(n-1)}} \end{cases} \qquad \begin{cases} B_5 = c_4 - 3\sqrt{1-c_4^2} \\[2mm] B_6 = c_4 + 3\sqrt{1-c_4^2} \end{cases}$$

$$c_4 = \frac{4(n-1)}{4n-3}$$

附录3 如何解决样本内的变差

在某些测量情况下，无法防止样本内变差影响量具 R&R 研究。例如测量钢筋的"不圆度"，测量中存在的变异性取决于在钢棒上具体的测量位置。再如，样本的表面粗糙度，其在整个样本中可能有很大的变差。还有破坏性测量（例如，抗拉强度），无法进行重复测量。

样本内的这种变差非常重要，并且可能是过程能力的主要组成部分。如果不定义样本内变差，将无法准确估计测量变差或过程变差。

一般按如下优先顺序入手：

（1）必须有一个校准程序。

（2）定义测量能力（R&R），不包括样本内的变差。

（3）定义样本内的变差。

（4）继续进行过程控制。

有两种情况需要考虑。

1）要么不考虑，要么从逻辑上假设样本内没有明显变差。

在这种情况下，可以常规方式执行量具 R&R，而不需努力避免样本内变差的影响。这就意味着并不会要求操作员必须在同一位置进行测量或重新测量。

①如果计算的量具 R&R 中重复性令人满意，则样本内的任何变差都可以忽略不计或目前并不紧迫。

②如果重复性计算的结果很差或位于临界水平，则必须定义样本内的变差并着手解决。量具 R&R 研究将提供 σ_{EV} 的估计值。如果样本内存在显着差异，则此估计实际上是以下两项的和：

$$\sigma_{EV} = \sqrt{\sigma_e^2 + \sigma_v^2}$$

式中：σ_e 为实际重复性的估计；σ_v 为样本内变差的估计。如果要将这两项分离估计，就必须重新进行研究。那么，在没有 σ_v 影响的情况下，如何估算 σ_e？

或者对已知没有样本内变差的特殊样本进行重复性研究，或者通过指定样本上进行重复测量的精确位置来进行量具 R&R 研究。比如在硬度测试时使用标准硬度块，或在棒上指定精确点以测量不圆度。如此则有

$$\sigma_e = \sigma_{EV}$$

下面举例说明，假设在表面粗糙度仪的 R&R 研究中 $\sigma_{EV} = 2.33$，这是不可接受的结果，说明该研究将样本内变差与重复性混在了一起。如果在样本上随机选择的位置进行测量，则该测量变差会同时包含样本内变差和测量设备重复性的影响。如果现在在每个样本的相同位置进行测量，那么测量变异将不包含样本内变差的影响。

于是，又重新进行了第二次重复性研究，这次控制了测量点。从而得到实际重复性估计 $\sigma_e = 1.21$。根据公式计算得，

$$\sigma_{EV} = 2.33 = \sqrt{\sigma_e^2 + \sigma_v^2}$$

$$2.33 = \sqrt{\sigma_e^2 + \sigma_v^2} = \sqrt{(1.21)^2 + \sigma_v^2}$$

$$\sigma_v = 1.99$$

图附 3.1 说明了这种情况

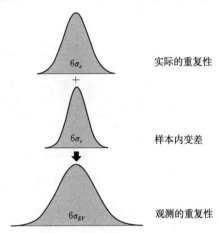

图附 3.1　重复性和样本内变差

有两种方法可以显示样本内变差的重要性（可以使用两个测量能力指标之一）为

第一种，计算样本内的变差百分比 $=\sigma_v/\sigma_t \times 100\%$；

第二种，计算 $R\&R$ 百分比（包含样本内的变差）$=\dfrac{\sqrt{\sigma_e^2+\sigma_v^2+\sigma_{AV}^2}}{\sigma_t} \times 100\%$。

这样可以描述样本内变差的相对重要性，并将其与 $\%EV,\%AV$ 和 $\%R\&R$ 进行比较。

2）知道样本内变差很显著。

①如果已知样本内存在明显的变差，则首先使用可以消除或避免样本内部变差的方法进行 $R\&R$ 研究。这可能意味着使用标准或特殊样本，和/或仔细识别和控制测量点。最终的 $R\&R$ 研究将估计 σ_{EV}，该估计值不包含样本内的变差，即，$\sigma_{EV}=\sigma_e$。

②接下来，对生产样本重新进行量具

$$\sigma_{EV}=\sqrt{\sigma_e^2+\sigma_v^2}$$

从而，可提供样本内变差 σ_v 的估计值。

附录 4 测量设备计量确认过程

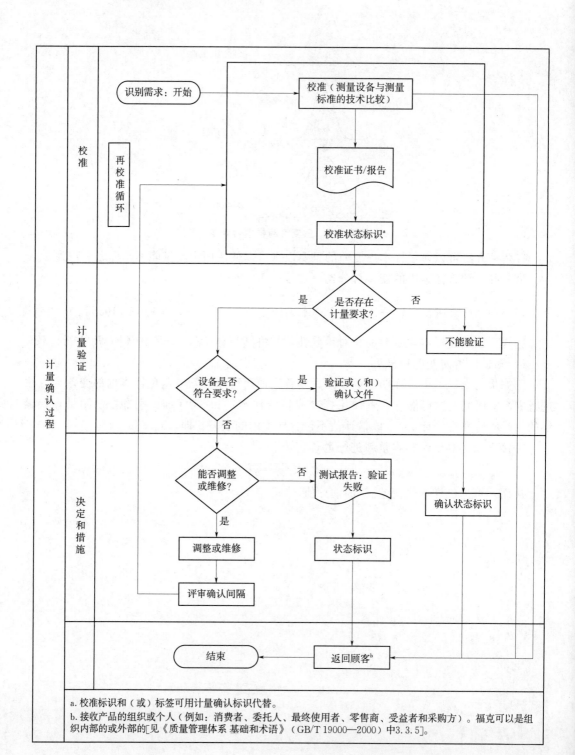

a. 校准标识和（或）标签可用计量确认标识代替。
b. 接收产品的组织或个人（例如：消费者、委托人、最终使用者、零售商、受益者和采购方）。福克可以是组织内部的或外部的[见《质量管理体系 基础和术语》（GB/T 19000—2000）中3.3.5]。

附录5　章节对应数据文件列表

章节	对应内容	数据文件（含后缀）
第1章　1.1.7	有关测量系统术语	ResoluThousdth. xls；ResoluRound. xls
第2章　2.2	单因子试验：方差分析（例2.1）	Tensile Strength. MTW
第2章　2.3.1	固定效应模型的统计分析（例2.2）	附着力 . mtw
第2章　2.3.4	一般析因试验（例2.3）	表面粗糙度 . mtw
第2章　2.3.5.2	含随机因子的两因子方差分析（例2.4、例2.5）	热抗能力_两因子随机效应 . mtw；热抗能力_两因子随机效应 . jmp
第2章　2.4.3	相关性检验（例2.8）	Kendallcc. xls
第2章　2.4.4	一致性检验（例2.9、例2.10）	CohenKappa. xls；Fleisskappa. xls
第3章　3.5.1	测量系统能力	longs0621. xls
第5章　5.1.1	稳定性研究流程图（例5.1）	data _ stable. xls
第5章　5.2.2	分析方法——独立样件法（例5.2）	GageBias. xls
第5章　5.2.3	分析方法——控制图法（例5.3）	Data _ Stable. xls
第5章　5.3.3	分析方法——数值法	gagelin. mtw
第6章　6.1	类型 I 研究（例6.1）	涂层厚度 . mtw
第6章　6.2.4.1	*GRR* 研究——方差分析法（ANOVA）——交互模型	Gageaiag. xls
	GRR 研究——方差分析法（ANOVA）——嵌套模型（例6.2）	GageNest. xls
	GRR 研究——方差分析法（ANOVA）——单因子简化模型（例6.3）	Gageaiag. xls
第6章　6.2.4.2	*GRR* 研究——均值和极差法（例6.4）	Gageaiag. xls
第6章　6.2.4.3	*GRR* 研究——极差法（例6.5）	GageRange. xls
第7章　7.2	两种分析方法（例7.1、例7.2）	autogage. xls；Attriagae. xls
第8章　8.3.3	一致性检验（例8.1—例8.5）	Colors. xls
	一致性检验（例8.6）	Agreement. xls
第8章　8.3.4.1	Kendall 相关系数（例8.7）	Colors. xls
	Kendall 相关系数（例8.8）	Agreement. xls
第8章　8.3.4.2	Kendall 协和系数（例8.10）	Colors. xls
第9章　9.2	破坏性测量的 *GRR* 研究的试验设计	destructive1. xls

续表

章节	对应内容	数据文件（含后级）
第9章　9.3	复杂设计模型下的量具 *R&R* 研究（例9.3、例9.4、例9.5）	磁头分辨率 .mtw；环氧管涂层 .mtw；门尼粘度（三级嵌套设计）.mtw
第10章　10.1.2	组内相关系数（例10.1）	ICC new. *MTW*
第10章　10.2	AIAG 方法、ANOVA 和 EMP 方法	EMP垫片厚度 .jmp；EMP垫片厚度 .mtw
第11章　11.2	案例一：*GRR* 用于废水处理后 COD 浓度等五项指示的评价	COD 浓度 .jmp；悬浮浓度 .jmp；氨氮浓度 .jmp；酚浓度 .jmp；氰浓度 .jmp
	案例二：车：车身面板的镀锌钢板表面涂层厚度 *GRR*	钢板涂层厚度 .*MTW*；钢板涂层厚度 .jmp；钢板涂层厚度 .xls
	案例三：流变仪多参数测量系统 *GRR*	流变仪多参数（MH等）.mtw
	案例四：*GRR* 用于塑料的冲击强度	gagedestructive. mtw；gagedestructive. jmp
	案例五：高速运转的制动盘表面温度	制动盘温度 .mtw
	案例六：扩展的 *GRR* 用于晶圆厚度测量	半导体研究 1. mtw；半导体研究 1. jmp
	案例七：*GRR* 医疗保健体温测量	耳温 .mtw；耳温 .jmp
	案例八：X 射线测厚仪准确度研究	X 射线测厚仪 .mtw；X 射线测厚仪 .xls；X 射线标准样片厚度 .mtw
	案例九：燃气阀门流量的测量系统重复性评估	阀门流量 .mtw
	案例十：多台流变仪间准确度比较研究	多台流变仪准确度对比分析（拉丁方设计）.jmp
	案例十一：钢丝帘线拉断力测量系统 *GRR* 研究	钢丝拉断力（交错嵌套设计）.jmp；钢丝拉断力（交错嵌套设计）.mtw
第11章　11.3	案例一：半导体芯片封装	电性后开盖检查-裂纹 .mtw
	案例二：轮胎外观缺陷	轮胎外观缺陷 .mtw
	案例三：儿童社会技能等级评定	儿童社会技能等级评定 .mtw；儿童社会技能等级评定 .jmp
第11章　11.4	改善案例一：米秤测量系统准确度改善	A6-3 米秤调整前 MSA.mtw；A6-3 米秤稳定性 12.1-12.31.mpj；调整后测量系统分析-张允飞 10.29.mpj
	改善案例二：胶片厚度测量系统 *GRR* 改善	纤维帘布厚度 .mtw